# Zentrale Hochschulbibliotheken

## Erfahrungen bei Planung, Bau und Betrieb

Planen und Bauen 22

Zentralarchiv für
Hochschulbau Stuttgart

Graphik und Layout
Andrea Benzing
Robert K. Jopp

Typoskript
Beate Schneider

CIP-Kurztitelaufnahme der Deutschen Bibliothek

**Zentrale Hochschulbibliotheken** : Erfahrungen bei Planung, Bau und Betrieb ; Colloquium in Freiburg/Br. vom 8. – 10. Mai 1980 / hrsg. vom Zentralarchiv für Hochschulbau, Stuttgart. Zsgest. u. bearb. von Ulrich Hempel u. Robert K. Jopp. – München, New York, London, Paris : Saur, 1980.
(Planen und Bauen ; 22)
ISBN 3-598-20042-0

NE: Hempel, Ulrich [Bearb.]; Zentralarchiv für Hochschulbau ⟨Stuttgart⟩



Gesamtherstellung
Zentralarchiv für Hochschulbau

# Zentrale Hochschulbibliotheken

Erfahrungen bei Planung, Bau und Betrieb

Colloquium in Freiburg/Br.
vom 8. bis 10. Mai 1980

zusammengestellt und bearbeitet von
Ulrich Hempel und
Robert K. Jopp

Herausgegeben vom

Zentralarchiv für Hochschulbau
Stuttgart

K·G·Saur
München · New York · London · Paris

Inhaltsverzeichnis

## Vorwort

Das Zentrarchiv für Hochschulbau, Stuttgart veranstaltete vom 8. bis zum 1o. Mai 198o in der Universitätsbibliothek der Albert-Ludwigs-Universität Freiburg im Breisgau ein Colloquium mit dem Thema "Planung und Bau von Zentralen Hochschulbibliotheken".

Das Ziel der Veranstaltung war der Erfahrungsaustausch zwischen Hochschulplanern, Bibliothekaren und Architekten, die eine Zentrale Hochschulbibliothek geplant, gebaut oder in Betrieb genommen haben, und denen, die diese Aufgaben noch vor sich haben. Darüberhinaus richtete sich das Colloquium an die Vertreter der Bau- und Kultusverwaltungen, die Planung und Bau dieser Bibliotheken zu genehmigen haben.

Planung und Bau von Zentralen Hochschulbibliotheken werfen auch heute noch viele Fragen auf, die aus der spezifischen Situation der Hochschule entstehen. Darüberhinaus gibt es neue und aktuelle Probleme, wie z. B. Fragen der Wirtschaftlichkeit im Zusammenhang mit steigenden Baukosten, Maßnahmen, die der Einsparung von Energie dienen und andere mehr. Zu diesen und anderen Fragen liegen bei vielen Fachleuten reiche und auch unterschiedliche Erfahrungen vor, die für diejenigen Planer, die vor unbeantworteten Fragen stehen, nutzbar gemacht werden sollten.

In der Rahmenplanung nach dem Hochschulbauförderungsgesetz sind erstaunlicherweise noch etwa 16 große Zentralbibliotheken - mit einer Kapazität von jeweils mehr als 5oo ooo Bänden - geplant oder bereits im Bau. Dazu kommen noch ca. 2o mittlere Vorhaben - als Fach-(bereichs)-Bibliotheken oder Erweiterungen - mit jeweils mehr als 1oo ooo Bänden.

Das Colloquium hat ein viel breiteres Interesse gefunden als wir erwarteten. 129 Teilnehmer waren in Freiburg versammelt. Dabei ist besonders interessant, daß das Ziel unserer Veranstaltung - einen Erfahrungsaustausch zu organisieren - in der Zusammensetzung der Teilnehmer sehr gute Voraussetzungen fand. Es waren anwesend:

- 47 Bibliothekare
- 46 Architekten und Vertreter der Staatlichen Bauverwaltungen
- 36 Vertreter aus Wissenschafts- oder Kultusverwaltungen sowie aus Hochschulen und Planungsinstitutionen

Dreißig Teilnehmer (17 Bibliothekare, 13 Bauleute) standen als Referenten und Experten für Spezialfragen zur Verfügung.

Um den Inhalt und die Ergebnisse des Colloquiums allen Interessenten über

den Teilnehmerkreis hinaus zugänglich zu machen, legt das Zentrarchiv für Hochschulbau diesen Bericht über die Veranstaltung vor. Hierzu sind einige Anmerkungen zu machen:

- Die Kenntnisse der Planer, die auf dem Gebiet der baubezogenen Hochschulplanung tätig sind, über einige spezielle Bereiche bei der Planung großer Hochschulbibliotheken sind begrenzt. Auch die Bibliothekare selbst haben naturgemäß mehr über den Betrieb in der Bibliothek als solcher nachgedacht als über allgemein gültige Planungsgrundsätze für die Bemessung, technische Versorgung und Ausführung der Bibliotheksgebäude und deren wirtschaftliche Benutzung (z.B. in bezug auf Energieverbrauch). Deshalb regte der zuständige Arbeitskreis und der Fachbeirat des Zentralarchivs für Hochschulbau zwei Teilprojekte an, die sich mit der Bemessung, Anordnung und Gestaltung von Leseplätzen sowie mit dem Einsatz von Förderanlagen und deren Abstimmung auf Struktur und Organisation der jeweiligen Bibliothek befassen sollten.

  Als die ersten Ansätze zu Ergebnissen der Projektarbeiten im Arbeitskreis "Nutzung und Bedarf" des Zentrarchivs vorgestellt und diskutiert wurden, stellten sich plötzlich mehrere zusätzliche Interessenten ein und es wurde offenbar, daß zu den vielen noch geplanten großen Hochschul- bzw. Zentralbibliotheken ein großer Informationsbedarf sowie der Wunsch nach einem breiten Erfahrungsaustausch vorlag. Das führte zu der Empfehlung unseres Verwaltungsrates, das Bibliotheksqolloquium durchzuführen. Die Organisation übernahmen Robert K. Jopp. Die inhaltliche Vorbereitung lag bei mir.

- Diese Dokumentation stellt kein Wortprotokoll der Veranstaltung dar. Auch wurde der Inhalt des Colloquiums - z. T. in etwas veränderter Reihenfolge - in seinem Sinnzusammenhang dargestellt und, soweit nötig, durch Abbildungen erläutert. Einige Beiträge, die nicht in der Veranstaltung selbst enthalten waren, haben wir hinzugefügt:

  - Der Abschnitt 1.3 von Rolf Fuhlrott "Die Situation im Bibliotheksbau", der als Referat auf der o. g. Arbeitskreistagung gehalten wurde, scheint uns eine wertvolle Ergänzung zu den im ersten Teil abgehandelten Grundsatzfragen zu sein.

  - Der Abschnitt 2.3 von Wolfgang Graff zum wirtschaftlichen Energieeinsatz, der zunächst nur als Diskussionsbeitrag vorgesehen war, wurde wegen der Bedeutung gerade dieser Frage erweitert und in den zweiten Teil - technischer Ausbau und Betrieb - aufgenommen.

  - Der Abschnitt 3.1.1 von Ortwin Müller über den Neubau der Universitätsbibliothek Freiburg soll hier - gewissermaßen als "Wiedergutmachung" - aufgenommen werden, weil aus Zeitgründen bei der Besichtigung gerade die Darstellung der gastgebenden Bibliothek etwas zu kurz gekommen war.

- Die Aussprachen zwischen den einzelnen Beiträgen sowie die Schlußdiskussion haben wir ausgewertet, zusammengefaßt und strukturiert, um dieses Interessenspektrum der Teilnehmer deutlicher darstellen zu können.

- Das Heft wird ergänzt durch ein Literaturverzeichnis in zwei Teilen. Den ersten Teil hat Werner Ruddigkeit in Zusammenarbeit mit dem Deutschen Bibliotheksinstitut beigetragen und der zweite ist eine Auswahl

aus der Bibliographie Hochschulplanung des Zentralarchivs für Hochschulbau. Für manchen Leser dürfte damit weiterführende Literatur nachgewiesen werden.

Abschließend möchte ich allen Referenten und den Diskussionsleitern Dunkl, Dr. Liebers, Dr. Siburg und Dr. Sieber für ihre Bereitschaft, in unserem Colloquium mitzuwirken, sehr herzlichen Dank sagen. Dieser Dank gilt auch der Universität Freiburg und insbesondere den Mitarbeitern der Universitätsbibliothek, die als Gastgeber viel zum Gelingen der Veranstaltung beigetragen haben. Dem Deutschen Bibliotheksinstitut sei gedankt für den Rahmen, den es durch seine Ausstellung "Deutscher Bibliotheksbau im letzten Jahrzehnt" beisteuerte.

Stuttgart im Oktober 1980 — Ulrich Hempel

# 1. Grundsätzliche Probleme bei Planung, Organisation und Betrieb von Hochschulbibliotheken

Elmar Mittler

# Zentrale Hochschulbibliotheken Struktur- und Organisationsformen und deren Auswirkungen auf das Gebäude; Rückblick und Ausblick

Wenn man vor Architekten, Organisatoren und Planern über Bibliotheksbau in den letzten Jahren in Deutschland spricht, dann kann man eigentlich nur mit einem Kompliment beginnen.
In den letzten 10 Jahren ist es in einem Umfang gelungen, Bibliotheken zu schaffen, die viele Wunschträume der Bibliothekare wahrmachen, wie nie zuvor. Große Freihandbestände, Lesebereiche mit qualitativ hochwertigen Arbeitsplätzen und nach organisatorischen Gesichtspunkten optimale Arbeitsplätze für Mitarbeiter sehen Sie z. B. hier in Freiburg. Wenn man bedenkt, daß die deutschen Bibliotheken noch in den 50er Jahren, und manche von ihnen dann in den 60er Jahren (wie z. B. die hiesige Universitätsbibliothek) sich dazu entschließen mußten, aus Raummangel in den Magazinen von der systematischen Aufstellung oder einer differenzierten Gruppenaufstellung zum mehr oder weniger vollständigen numerus currens überzugehen, kann man erst ermessen, was es bedeutet, daß es heute eine ganze Reihe von Bibliotheken gibt (Bochum, Bremen, Konstanz, Bielefeld, um nur einige zu nennen), in denen fast der gesamte Bestand systematisch oder in relativ kleinen Gruppen aufgestellt ist.

Es war ja nicht nur bibliothekarische Ideologie oder - wie manchmal böse Zungen behaupten - die typische Art deutscher Bibliothekare, nach dem Motto zu leben: warum einfach, wenn es umständlich geht, daß in Deutschland im 19. Jahrhundert die dreigeteilte Bibliothek ihren Siegeszug einhielt, deren wesentliches Kennzeichen die geschlossenen Magazine mit engen Gängen und durchrationalisierter Eisenstahlbauweise war. Hintergrund dieser Entwicklung ist, daß es den Bibliothekaren in Deutschland, anders als den angelsächsischen, nicht gelungen ist, ausreichende Geldmittel zu erhalten, um Bibliotheken mit für Freihand zugänglichen Beständen mit entsprechend großen Achsabständen bauen zu können; sie erfordern natürlich zusätzlichen Arbeitsaufwand für die Bedienung des Benutzers, die von ihm aber keineswegs als Service, sondern eher als Bevormundung angesehen wird. Daß diese Bibliotheken im Zeitalter des Massenbetriebs von Studierenden und teurer Arbeitslöhne darüber hinaus einmal noch weniger ökonomisch arbeiten würden als Freihandbibliotheken, kann man den Bibliothekaren früherer Zeiten weniger anlasten.

Die notwendige Veränderung aber wäre ohne Direktbeteiligung des Lehrkörpers der Universitäten und der Bildungsplaner der 60er und 70er Jahre nicht möglich gewesen; noch in den 60er Jahren blieben Neubauten wie der der Universitätsbibliothek Bonn oder der der Universitätsbibliothek Köln dem Prinzip der dreigeteilten Bibliothek treu; erst die Bibliotheken neuer Universitäten wie Bochum und Konstanz, aber auch Bielefeld brachten hier einen Durchbruch zum Besseren, Bibliotheken, die aufgrund neuer, methodisch erarbeiteter Richtwerte - hier sind die Flächenansätze für bestimmte Nutzungseinheiten gemeint, z. B. der Flächenbedarf für Bücher in

bestimmter Regalanordnung usw. - entstehen konnten. Hinweis auf Qualität der Richtwerte: Beispiel Freiburg und Karlsruhe (Landesbibliothek).

Wir wissen heute, daß die Triebkräfte für diese Entwicklung weitgehend erlahmt sind. Die Zahl der Studierenden wird mittelfristig abnehmen und schon jetzt stagnieren die bereitgestellten Mittel für die Universitäten. Unter diesen Voraussetzungen ist die begonnene Rationalisierung der universitären Bildung gefährdet. Auch die Bibliotheken, die immer noch wegen des außerordentlichen Zuwachses an Nutzern und Nutzung, aber auch wegen der ungeminderten Hochflut an Publikationen besonderem Druck unterworfen sind, weil sie für Kontinuität eine überproportionale Steigerung ihrer Mittel gegenüber den sonstigen Zuwächsen der Universität bzw. beim Bruttosozialprodukt benötigen. Geht mit den Zeiten der Bildungsexpansion ein kurzes goldenes Jahrzehnt für die Bibliotheken und damit auch für den Bibliotheksbau zu Ende?
Es gibt nicht viele Gründe, die dagegen sprechen, daß man diese Frage mit ja beantworten muß. Versucht man, Randbedingungen zu überlegen, die zu einer günstigeren Entwicklung führen könnten, dann bin ich geneigt, sie in einem einzigen Satz zusammenzufassen:

> Wenn man eine weitere bedarfsgerechte Entwicklung des Bibliothekswesens ermöglichen will, so kann man es nur dadurch, daß man l e i s t u n g s f ä h i g e Bibliotheken schafft.

Von dieser Ausgangshypothese ausgehend möchte ich nun einige Leistungen der Universitätsbibliotheken zusammenstellen und Bedingungen für ihre Leistungsfähigkeit beschreiben.

Wenn man an Bibliotheken denkt, dann steht einem normalerweise nur ihre Funktion als B u c h b e r e i t s t e l l e r im weitesten Sinn, sei es als Präsenzbestand zum Nachschlagen, als freizugänglicher Lesebestand oder als Ausleihbestand vor Augen. Man vergißt darüber, daß die Universitätsbibliotheken auch noch ganz andere Funktionen haben. Sie a r c h i v i e r e n z. B. die Dissertationen der Universität und sind damit dauerhaftes Gedächtnis ihrer wissenschaftlichen Arbeit. Aber mit der Übernahme der Dissertationen nehmen sie auch die Verpflichtung zum a k a d e m i s c h e n S c h r i f t e n t a u s c h auf sich, d. h. sie versenden die Dissertationen der Universität an andere Universitäten in der ganzen Welt und erhalten wiederum von diesen Exemplare der Dissertationen anderer Universitäten. Für diese Dissertationen ist dann Versand in der Größenordnung eines mittleren Verlages und auch eine gewisse Lagerhaltung unumgänglich.

Mit den Bibliotheken verbunden sind auch umfangreiche R e p r o g r a p h i e a u f g a b e n , die von der Herstellung von Abzügen von Fotos aus Büchern oder - falls vorhanden - Inkunabeln und anderen Rara bis hin zur seitenweisen Kopie von Aufsätzen oder Artikeln in Büchern reichen. In der Regel sind auch Druckereien mit den Bibliotheken verbunden, um den umfangreichen Anfall an Formularen, einen zentralen Titeldruckdienst oder die Vervielfältigung von gedruckten Katalogen zu ermöglichen. Reprographie spielt auch bei automatisierten Bibliotheken für die Vervielfältigung etwa von Mikrofiches-Katalogen eine nicht unwesentliche Rolle.

Auch hier ergibt sich ein umfangreicher Versand von Schriftstücken, der insbesondere auch im Zuge des F e r n l e i h v e r k e h r s erfor-

derlich ist. Derartiger Fernleihverkehr geschieht zwischen den Bibliotheken untereinander, im regionalen Bereich teilweise mit Autodienst oder aber auch (insbesondere bei Sondersammelgebietsbibliotheken oder Regionalbibliotheken) im direkten Versand an Benutzer. Neben den postalischen Transport tritt auch der Autotransport, nicht nur zweigeteilte Bibliotheken wie die Universitätsbibliothek Heidelberg, sondern jede Bibliothek mit einem dezentralen Bibliothekssystem hat Autodienste unterschiedlichen Umfangs laufen, um Institute versorgen zu können. Bibliotheken sind also auch Transportunternehmen.

Neben diese technisch orientierten Dienste tritt die Aufgabe der formalen Katalogisierung und der sachlichen Erschließung der neu zugehenden Bibliotheksbestände. Auch diese Aufgabe wird durch zunehmenden Einsatz der automatisierten Datenverarbeitung immer mehr technisiert. Auch wenn die Entwicklung nur sehr zögernd verläuft, so kann man doch ohne große Prophetengabe sagen, daß in absehbarer Zeit auch in deutschen Bibliotheken die Katalogisierung durch Ausnutzung von Fremdleistungen in maschinenlesbarer Form (Magnetbanddienste oder on-line-Datenbanken) sowie den Aufbau von Verbundsystemen stark verändert werden wird. Der Personaleinsatz in diesem Bereich wird zugunsten höheren Kapitaleinsatzes sich verringern; die Funktionen der einzelnen Mitarbeiter werden von einer starken Trennung z. B. zwischen der Erwerbungsabteilung und der Katalogisierungsabteilung zunehmend zusammenwachsen, neue Abteilungsgliederungen werden unter ganz anderen Gesichtspunkten als bisher (z. B. unter dem Aspekt Bestellung aufgrund von Fremdleistung oder eigener Titelerfassung) sich ergeben. Ein hohes Maß an Flexibilität wird dabei nicht nur den Mitarbeitern abverlangt werden, sondern auch den räumlichen Verhältnissen, um die notwendige klare Abfolge eines Geschäftsgangs in den Arbeitsräumlichkeiten der Bibliotheken zu erhalten.

Soweit dies heute überschaubar ist, kann man sagen, daß diese Entwicklung weder im internen Bereich, noch im Auskunftsbereich einer Bibliothek, wo ebenfalls technisierte Medien aber auch Mikroformen-Kataloge zunehmend Einsatz finden, den Platzbedarf der Bibliotheken verringern wird. Die Arbeitsplätze werden sich verändern, eher größer als kleiner werden, da sie neben dem Platz für die Bücher und die Tastatur Bildschirmgeräte aufnehmen müssen. Im Benutzerbereich bedeutet die Zunahme technisierter Medien, daß zwar der Platzbedarf für Kataloge und Bibliographien zurückgeht, dafür aber sehr viel aufwendigere Arbeitsplätze als bisher geschaffen werden, die, entweder wie die Arbeitsplätze des Bibliothekspersonals mit Bildschirmen ausgestattet sind, oder andere Mikroformen-Lesegeräte aufweisen müssen. Die Anzahl dieser Arbeitsplätze muß hoch angesetzt werden, um eine vergleichbare Zugriffsgarantie zu ergeben, wie sie der bisherige Titelkatalog ermöglichte. In Regensburg und Bielefeld werden dementsprechend 3o bis 4o Katalogplätze für Mikroformen angeboten.

Das gilt in ähnlicher Weise für die bibliographischen Handapparate, in denen zwar die Zahl der gedruckten Bibliographien reduziert werden kann, insbesondere die großen Bibliothekskataloge, die riesigen Raum wegfressen, indem sie in verkleinerter Form aufgestellt werden, dafür aber sind wiederum Arbeitsplätze in größerer Zahl mit entsprechenden technischen Einrichtungen und dem zugehörigen Platzbedarf zu installieren. Diese Entwicklung hat an den neuen Universitäten bereits sichtbare Formen angenommen und wird sich Schritt für Schritt allgemein auswirken.

Wenn wir schon gerade beim Einsatz neuer Techniken und einer Prognose der

zukünftigen Entwicklung sind, dann kann ich bei dieser Gelegenheit auch kurz auf die Frage a u d i o v i s u e l l e r M e d i e n eingehen, deren zukünftiger Einfluß auf die Bibliotheken immer wieder nachgefragt wird. Die Erfahrungen der letzten 1o Jahre zeigen deutlich, daß ihnen nicht die Bedeutung zukommt, die mancher euphorische Hersteller ihnen zugeschrieben hatte. Weder im Unterricht, noch im Selbststudium spielen sie mehr als eine ergänzende Rolle zu konventionellen Unterrichtsformen oder dem gedruckten Medium. Die Bibliotheken, die umfangreiche AV-Bestände besitzen, gehen zunehmend dazu über, sie nicht in getrennten Katalogen oder an unterschiedlichen Standorten zu erschließen, sondern sie mitten unter die normale andere Literatur bei Erschließung wie Nutzung zu stellen. Allerdings muß man manchmal aus technischen Gründen (insbesondere dem unterschiedlichen Format) zu einer Sonderaufstellung greifen. Im Centre Pompidou, der am besten mit AV-Medien ausgestatteten europäischen Bibliothek, arbeitet man aber in den sachlich erschlossenen Beständen dann mit Phantomen, wie es heißt, mit Vertretern am Standort, um auf diese Bestände (Schallplatten, Bänder usw.) hinzuweisen. Ein gewisser apparativer Einsatz und eine intensivere Überwachung sind allerdings in diesem Bereich unerläßlich, vor allen Dingen auch, weil manche Medien noch entschieden zu anfällig sind, um sie Benutzern direkt geben zu können. Aber bei den Schallmedien z. B. setzt sich zunehmend die Kassette durch, die in Selbstbedienung benutzt oder sogar ausgeliehen werden kann; ähnliche Entwicklungen sind bei anderen Medien zu erwarten, bevor sie in Bibliotheken breiten Einsatz finden können.

Soweit zu erkennen, ersetzen AV-Medien die gedruckten Medien nicht; die Frage ist, ob die C o m p u t e r s p e i c h e r u n g in Zukunft die Möglichkeit bietet, auf den Ausdruck von Büchern zu verzichten. Ich persönlich halte dies für den Bereich hochspezialisierter Literatur für nicht ausgeschlossen. Wenn man sich die Probleme der Spezialisierung der Wissenschaft, die unumgänglich erscheint, sowie die Kostenentwicklung der gedruckten Medien (insbesondere bei der speziellen Zeitschriftenliteratur) ansieht, ist es ziemlich wahrscheinlich, daß man in zunehmendem Maße zur Mikroformerfassung von hochspezialisierter Literatur, die entweder sehr schnell veraltet oder nur einen sehr kleinen Personenkreis interessiert, kommen wird. Dies geschieht bereits mit größeren Literaturmengen als man es sich vorstellt. Im technischen Bereich spielen die sogenannten Reports z. B. eine große Rolle; aber auch Zeitschriften gehen zunehmend dazu über, nur Kurzfassungen von Aufsätzen anzubieten und die anschließende Bestellung von Mikroformen der Volltexte zu ermöglichen. Auch der vollständigen Speicherung von Texten in der Datenverarbeitungsanlage gebe ich eine gewisse Chance, falls es wirklich gelingt - wir sind allerdings davon noch einige Schritte weit entfernt - kompatible Erfassungsmedien zu schaffen, d..h. daß ein einmal geschriebener Text ohne Schwierigkeiten in EDV-Anlagen eingegeben werden kann, die dann einen Abruf über Bildschirm oder einen komfortablen Ausdruck über Lichtsetzmaschinen ermöglichen. Wissenschaftliche Studienliteratur und Kernliteratur wird aber mit Sicherheit weiterhin gedruckt werden, da die Zugänglichkeit des gedruckten Materials sich allen anderen Medien gegenüber als überlegen erweist.

Wagt man unter diesen Voraussetzungen eine Prognose für die Zuwachsraten der Bibliotheken, so dürfte das exponentielle Wachstum der Buchproduktion der Vergangenheit angehören; es ist aber wahrscheinlich, daß die Produktion auf hohem Niveau bleibt und sich nur die Wachstumsraten verringern

oder auf Null gehen.

Unter diesem Gesichtspunkt seien zwei Konsequenzen für die Bibliotheken festgehalten:

1. Bibliotheken werden weiter wachsen müssen, d..h., daß man sie erweiterbar bauen sollte oder aber durch entsprechende statische Absicherung den späteren Einbau von Fahrregalanlagen in Bibliotheken von vorne herein vorsehen sollte; eventuell ist auch für einzelne Teilbereiche der Literatur der Bau von Speicherbibliotheken erwünscht.
2. Die in Deutschland übliche Berechnung des Platzbedarfs einer Bibliothek im Magazin durch Schaffen von Zuwächsen für rund 2o Jahre sollte beibehalten werden; die sich dabei ergebenden Prognosezahlen lassen ein hohes Maß an Zuverlässigkeit erwarten. Durch die Standardzahl von 2o Jahren hat man übrigens in Deutschland die Probleme in England weitgehend vermeiden können, die bei nur 1ojähriger Vorhaltung von Magazinräumen in den letzten Jahren auftraten, weil plötzlich eine außerordentlich große Zahl von Bibliothekserweiterungen gleichzeitig hätten vorgenommen werden müssen. Sie wissen vielleicht, daß dort eine heftige Diskussion über die Idee der selfrenewing library, der sich selbst erneuernden Bibliothek, geführt worden ist, die bei einer bestimmten Obergröße festgefroren werden sollte, und den weiteren Zuwachs durch entsprechende Abgabe an eine zentrale Bibliothek, die Lending Division der British Library , ermöglichen sollte. Diese Diskussion ist in England inzwischen in ähnlichem Sinne wie eben angesprochen, nämlich durch weitgehendes zusätzliches Schaffen von Magazinmöglichkeiten bis hin zur Kompaktmagazinierung in den jeweiligen Bibliotheken selbst entschärft worden.

Nachdem wir damit einige wesentliche Nebenschauplätze bibliothekarischer Aktivitäten kurz angesprochen haben, sollten wir uns dem eigentlichen Bereich der Bibliotheksleistung zuwenden: der Bereitstellung von Literatur. Sehen wir uns hier die Konzepte und Bauten der Vergangenheit an, so hat man auf den ersten Blick den Eindruck einer totalen Unterschiedlichkeit und Unvergleichbarkeit von Systemen. Da gibt es an den neuen Universitäten zentrale Bibliothekssysteme wie in Konstanz oder mehrgliedrige wie in Bochum, aber auch dezentrale wie in Bielefeld. An den alten Universitäten finden sich die unterschiedlichsten Formen der Koordination von zentralen Bibliotheken und Bereichsbibliotheken oder Zweigbibliotheken. Da gibt es Bibliotheken, die ihren gesamten Bestand freihand zugänglich machen und andere, die bei Minilesesälen mit einem 12 ooo-Bände-Angebot stehengeblieben sind. Das zersplitterte Bild der Unvereinbarkeit bestätigt sich, wenn man den Einsatz des Personals im Benutzungsbereich vergleicht. Und doch läßt sich bei näherem Hinsehen erkennen, daß bei scheinbar totalem Auseinanderfallen der Konzeptionen ein Aufeinanderzuwachsen in der praktischen Realisierung feststellbar ist: In Konstanz wurde nicht eine völlig zentral organisierte Präsenzbibliothek realisiert, sondern eine geisteswissenschaftliche Zentralbibliothek mit Präsenz- und Ausleihbeständen und naturwissenschaftlichen Bereichsbibliotheken; in Bielefeld wurden die Fachbibliotheken auf einem Stockwerk des sehr stark baulich konzentrierten Gesamtgebäudes der Universität so zusammengefaßt, daß de facto eine Bibliothek mit zwei Eingängen entstanden ist. Aber auch an den alten Universitäten stehen große Freihandbereich offen und es wurden Bereichsbibliotheken, besonders in den Naturwissenschaften, mit den Instituten gemeinsam, d. h. ein einschichtiges Bibliothekssystem geschaffen.

Auf die Dauer gesehen werden sich unter diesen Umständen die fachlichen Unterschiedlichkeiten der Literaturnutzung wesentlich stärker auswirken, als das Grundkonzept für das Bibliothekswesen einer Universität.

Die Literaturversorgung der Naturwissenschaftler oder Mediziner auf der einen und der Geisteswissenschaftler auf der anderen Seite muß einfach unterschiedlich sein, weil sich die naturwissenschaftliche Forschung im wesentlichen im Zeitschriftenbestand abspielt und zusammenfassende Monographien relativ selten erscheinen; der Forscher benötigt seine Zeitschriftenliteratur, im Studium aber bestimmt das zusammenfassende Lehrbuch den Literaturbedarf des Studierenden. Literaturversorgung in diesem Bereich ist durch Ausleihbedarf an Studienliteratur gekennzeichnet, während der Bedarf an Spezialliteratur für den Forscher über große,präsent stehende Zeitschriftenbestände abgedeckt werden kann. Diese aber müssen Tag und Nacht zur Verfügung stehen, weil die Forschungsgewohnheiten vieler Wissenschaftler die Nacht zum Tage machen. Nirgendwo ist daher die Ausgabe von Schlüsseln zur Bibliothek eine Frage von derart existentieller Bedeutung bei der Zusammenarbeit mit Fachbereichen wie in den Naturwissenschaften und der Medizin.

Ganz anders geartet und trotzdem stark auf Präsenzbestände angewiesen ist der Literaturbedarf des Juristen, der mit vielen Kommentaren und Entscheidungssammlungen zu arbeiten hat, die nur kurze Zeit benötigt werden, dafür aber möglichst sofort greifbar sein sollen. Große juristische Präsenzbestände sind daher an vielen Universitäten in entsprechenden Bereichsbibliotheken aufgestellt. Die mehr historisch ausgerichteteten Geisteswissenschaftler dagegen benötigen Monographien aus alter, wie aus neuer Zeit. Bei dieser Nutzergruppe ist ganz besonders der Wunsch gegeben, Literatur nach Hause zu entleihen, wie Umfragen der Arbeitsgruppe Bibliotheksplan Baden-Württemberg sowie Benutzerfragebogen einzelner Bibliotheken immer wieder ausweisen. Zwar versucht man auch für die Geisteswissenschaftler, Präsenzbestände in den Institutsbibliotheken zu schaffen, aber wenn man sich die Realität ansieht, stellt man fest, daß sie mindestens für die Mehrzahl des Lehrkörpers de facto Ausleihbibliotheken darstellen; im übrigen dienen sie dem relativ großen Studentenkreis, der sie zur intensiven Nutzung neben den Ausleihbeständen der Universitätsbibliothek heranzieht. Präsent gestellte Literatur ist ja durch mehr Leute innerhalb kürzerer Zeit benutzbar, als Ausleihliteratur, die in der Regel 4 Wochen ausgeliehen ist.

Die stark geisteswissenschaftliche Benutzerschaft der Universitätsbibliothek Konstanz zusammen mit den relativ geringen Studentenzahlen mögen insgesamt dazu beitragen, daß dort z. B. die große Zahl der Leseplätze nur unzureichend genutzt wird. Es gilt bei der zukünftigen Planung, derartige fachspezifische Gesichtspunkte ebenso wie die quantitativen Nutzerzahlen ebenso zu berücksichtigen wie die Ergebnisse bibliometrischer Untersuchungen über die Zitier- und Benutzungshäufigkeiten und die Statistiken über die Größenordnung der Literaturproduktion einzelner Fachgebiete.

Daraus ergeben sich auch Anhaltszahlen über die Größenordnung von

- Präsenzbeständen, die zum Nachschlagen dienen sollen oder den Massenbedarf an Leseliteratur besser abdecken können,
- Freihandbeständen, in denen alle häufiger gebrauchte Literatur relativ benutzernah aufgestellt werden soll und von
- magazinierter Literatur, die in der Regel die weniger häufig benötigte Literatur sein soll.

Außerdem ist es natürlich erforderlich, besonders schützenswerte Literatur (Rara, ältere Literatur von hohem Wert, Handschriften usw.) in geschlossenen Magazinen aufzustellen. Nimmt man diese Gesichtspunkte zum wesentlichen Maßstab der Buchaufstellung, dann wird diese Frage ein Managementproblem, das mit Hilfe von Benutzungsuntersuchungen, die sich im Rahmen der automatisierten Ausleihe als Statistiken ohne Schwierigkeiten herstellen lassen, besser und wertfreier als je zuvor lösen lassen.

Vom Architekten kann man sich in diesem Zusammenhang nur wünschen, daß er die Bibliotheken mit ausreichender F l e x i b i l i t ä t ausstattet, um ihnen das Umstellen von Beständen aber auch das Umfunktionieren ganzer Bereiche von Freihand - zu geschlossenem Magazin oder von den Lesebereichen zu Freihandmagazinen zu ermöglichen, weil sich viele Bedürfnisse erst nach einer gewissen Zeit klar erkennen lassen und - das ist das Wesentliche - sich die Bedürfnisse auch wandeln. Die moderne Bibliothek sollte also Möglichkeiten für das bieten, was man einmal g e p l a n t e I m p r o v i s a t i o n genannt hat; sie ist erforderlich, wenn man die Bibliothek als anpassungsfähige Organisation erhalten will. Das aber ist eine Grundvoraussetzung, will man sie als aktive, dynamische Bibliothek auf die Zukunft orientieren.

Das M i s c h e n v o n B ü c h e r n u n d L e s e r n , wie es in Freihandbereichen und Lesebereichen geschieht, ist dafür eine wesentliche Voraussetzung. Die Freihandaufstellung wie die Präsenzbenutzung tragen wesentlich dazu bei, die leichte Nutzbarkeit der Bestände zu erreichen. Werden derartige Bestände zu groß, kann sie allerdings dadurch auch wieder leiden. Insofern ist eine Begrenzung der frei zugänglichen Bestände,von einer gewissen Größenordnung an,ein Gewinn für die Übersichtlichkeit. Es gibt sicher Grenzen der totalen frei zugänglichen Aufstellung, wie sie in Konstanz oder in Bielefeld zur Zeit noch durchgeführt wird, während in Bremen bereits Magazine vorhanden und genutzt sind. Exakte Obergrenzen in diesem Zusammenhang zu nennen, dürfte sicher falsch sein; sie sind fachspezifisch beeinflußt. Besonders wichtig ist, daß die Zahl der wirklich veralteten Bestände in der Freihandaufstellung nicht überhand nimmt. Untergrenze des Freihandbestandes einer großen wissenschaftlichen Allgemeinbibliothek dürften 2oo ooo bis 3oo ooo Bände sein. Erst dann wird das Literaturangebot so attraktiv, daß der Benutzer die Mehrzahl der von ihm benötigten Literatur leicht zugänglich vorfindet.

Das differenzierte Angebot an Freihand- oder Präsenzliteratur, wie es auch hier in Freiburg realisiert worden ist, hat natürlich noch weitere Vorteile: Es erleichtert die klare bauliche Struktur eines Gebäudes, das damit für seine Leser leichter durchschaubar wird; im Einzelfall allerdings kann es auch erforderlich machen, daß ein Benutzer sich durch die ganze Bibliothek hin seine Literatur zusammensuchen muß.

Nimmt man den Gedanken einer dynamischen Bibliothek ernst, dann heißt das, daß die Bibliothek einen wesentlichen Beitrag zum Lehrerfolg einer Universität leistet: Sie ermöglicht das selbständige Erarbeiten von Kenntnis-

sen und ist damit die vielleicht wirkungsvollste "Lehrveranstaltung" von allen. Dafür wird zwar wenig Reklame gemacht, weil diese nur geringen Erfolg hat, aber ihr Wert ist unumstritten: Regelmäßige Bibliotheksbenutzer machen z. B. bessere Examina als Nichtbenutzer.

Will man, daß dieses Angebot möglichst gut genutzt wird, dann sollte man auch dafür sorgen, daß die Bibliotheken r i c h t i g l i e g e n u n d e i n l a d e n d w i r k e n . Über die Lage von Bibliotheken gibt es eine deutsche Definition, die besagt, daß eine Bibliothek an einem ruhigen, gut zugänglichen Ort liegen sollte und eine amerikanische für Öffentliche Bibliotheken, die kurz zusammengefaßt werden kann mit "next to Woolworth" oder etwas länger ausgedrückt, sie soll an einer Stelle liegen, an der man an ihr vorbeikommt, ohne sie besuchen zu wollen. Die Lage der Universitätsbibliothek Freiburg ist in dieser Hinsicht als ideal zu bezeichnen aber auch etwa die Lage der Bibliotheksräume in Bielefeld zwischen Erdgeschoß und Instituten erscheint als durchaus positiv zu bewerten, soweit der Effekt nicht durch das Problem der Eingänge und ihrer Besetzung wieder zurückgenommen wird.

Unter diesen Gesichtspunkten scheint eine klare bauliche F ü h r u n g d e s L e s e r s zu e i n e m H a u p t e i n g a n g einer Bibliothek und e i n e m K o n t r o l l k n o t e n innerhalb einer Bibliothek besser zu sein, als der scheinbare Service vieler Eingänge, der entweder zu riesigem, wenig wirtschaftlichem Personaleinsatz wie in Regensburg führen muß oder die Öffnungszeiten der Bibliotheken so reduziert, daß ihre Zugänglichkeit deshalb nicht mehr ausreichend gewährleistet ist. Arbeitswissenschaftlich gesprochen entsteht in Bibliotheken mit vielen Eingängen zu viel arbeitsplatzabhängiger Personalbedarf, während man in den Bibliotheken anstreben sollte, möglichst viel leistungsabhängigen Personalbedarf zu erreichen.

Will man, daß die Bibliothek e i n l a d e n d wirkt, ist aber auch notwendig, an Nebenbedürfnisse ihrer Benutzer zu denken. Nebenaspekte wie das Café in der Bibliothek oder die anregende Ausstellung, an der man möglichst automatisch vorbeigeht, wenn man zur Ausleihe oder zu den Katalogen geht, die Möglichkeit zur Gruppenarbeit und das Angebot von Vorträgen, die auch einmal nichtstudentisches Publikum in die Bibliothek bringen, sind wesentliche Teile einer dynamischen Bibliothek. Man sollte nicht vergessen, daß eine Bibliothek nicht nur von Studierenden genutzt wird, sondern auch eine wichtige Stelle der regionalen Literaturversorgung und der Deckung der Informationsbedürfnisse der Bevölkerung wie der Wirtschaft bildet. Hier zeigt sich die Multifunktionalität bibliothekarischer Investitionen, die nicht bei der akademischen Nutzung Halt macht, sondern auch Fort- und Weiterbildung mit umfaßt. Gerade dies aber sind Aufgaben, die bei verringerten Studentenzahlen die Universitäten in zunehmendem Maße übernehmen werden. Moderne Bibliotheken sollten darauf in hohem Maße vorbereitet sein.

De facto wird dies - gewissermaßen umgekehrt - in den Landesbibliotheken schon realisiert, die die Literaturversorgung von Universitäten übernommen haben, wie z. B. die Württembergische Landesbibliothek für geisteswissenschaftliche Fachbereiche der Universität Stuttgart. So wachsen die bibliothekarischen Einrichtungsn "Öffentliche" und "Universitäts"- Bibliothek zusammen. Nicht ohne Grund ist es in den letzten Jahren dort gelungen, große Bibliotheksneubauten zu errichten, wo sich die Bibliotheken systematisch auf die Bedürfnisse ihrer Benutzer konzentriert haben und

auch weitere Kreise der Bevölkerung für das Geschehen in der Bibliothek interessiert haben. Das wird auch künftig gelingen - und uns Bibliothekare läßt das hoffen, daß auch unter schwierigeren wirtschaftlichen Umständen noch weiter Bibliotheksbau betrieben wird. Denn nicht nur viele Zentralbibliotheken sondern auch zahlreiche Fachbereichsbibliotheken müssen noch gebaut werden.

Lassen Sie mich zum Schluß noch einige Thesen formulieren:

1. Nur die dynamische Bibliothek, die einen aktiven Beitrag zu Forschung, Studium und Fortbildung leistet, hat Zukunft.

2. Zu ihrer Effektivität bedarf die Bibliothek einer günstigen Lage, übersichtlicher Gliederung mit geradezu magischer Führung des Benutzers an die einzelnen funktionalen Stellen. Das spricht für gegliederte, also nicht voll flexible Gebäude.

3. Die moderne Bibliothek zeichnet sich durch klare Ausrichtung auf die Bedürfnisse ihrer Benutzer in Buchbestand und Buchaufstellung aus. Die Benutzungshäufigkeit ist der wesentliche Aspekt für die Aufstellung des Buches in Präsenzbeständen, Freihandbeständen oder geschlossenen Magazinen. Sie differenziert sich nach fachspezifischen Gesichtspunkten.

4. Flexibilität bleibt in Buch- und Lesebereichen Trumpf, um neue technische Medien, aber auch Änderungen der Interessenlage der Benutzer bei der Buchaufstellung konsequent nachvollziehen zu können.

5. Auch Nebenbedürfnisse der Benutzer wie Möglichkeiten zur Gruppenarbeit , das Angebot von Ausstellungen und Vortragsräumen (auch zur Benutzerschulung) und Erfrischungsräume sind erforderlich. Die Bibliothek sollte so sein, daß sie der Benutzer gar nicht mehr verlassen will.

6. Man sollte beim Bau von Bibliotheken auch an das Personal denken. Gerade bei Neubauten der 7oer Jahre ist es öfters zu kurz gekommen. Die Formel dafür scheint einfach: weniger Großräume und weniger Klimatisierung.

7. Die Verminderung des Personalbedarfs wird bei manchen Bibliotheken der Vergangenheit unerläßlich sein: Bei Neubauten sollte man für klare Trennung von öffentlichen, halböffentlichen und kontrollierten Bereichen und die Führung des Benutzers zu einer zentralen Kontrollstelle sorgen. Nur so kann der letztlich ineffektive arbeitsplatzabhängige Personalbedarf reduziert werden.

8. Die zentralen "Nebenfunktionen" einer Bibliothek im Bereich der Reprographie, des Versandes und des Transportes sollten nicht vergessen werden.

9. Für die Bauplanung haben sich die bestehenden Richtwerte, die fachspezifischer Anwendung bedürfen, sehr bewährt.

10. Übrigens - und dies ist schon eine Nachbemerkung - gelten diese Grundsätze für Neubauten genauso wie für Umbauten oder Erweiterungen, die für uns alle vielleicht mehr das tägliche Brot der Zukunft sein werden. Für mich selbst kann ich dies jedenfalls mit einiger Wahrschein-

lichkeit voraussagen.

Weiterführende Literatur:

1. Faulkner-Brown: "The open plan and flexibility" in IATUL-Proceedings 11. 1979.
2. F. Kroller: "Gemeinsamkeiten und Unterschiede beim Bau wissenschaftlicher und Öffentlicher Bibliotheken" in "Vom Bauen neuerer Bibliotheken", Wiesbaden 1979, S. 39 - 55
3. J. Orne: "Library Buildings Trends and Their Meanings", in "Library Journal", 1977, S. 2397 - 24o1.

Rolf Kluth

# Benutzer- und Verwaltungsbereich in zentralen Hochschulbibliotheken als Bauaufgabe, aus der Sicht des Bibliothekars

## 1. Bibliotheksstruktur und Baustruktur

Vor der Behandlung des Themas "Der Benutzerbereich und der Verwaltungsbereich in zentralen Hochschulbibliotheken als Bauaufgabe aus der Sicht des Bibliothekars" sind einige Bemerkungen zur Bibliotheksstruktur und zur Baustruktur der Bibliothek überhaupt zu machen. Da ist zunächst zwischen Magazinbibliothek und Freihandbibliothek begrifflich zu unterscheiden. In der Magazinbibliothek ist der Bestand für den Benutzer nicht unmittelbar zugänglich. Er muß die gewünschte Literatur im Katalog ermitteln und aus dem Magazin bestellen. In der Freihandbibliothek ist der Bestand oder jedenfalls ein großer Teil des Bestandes frei zugänglich aufgestellt. Der Benutzer kann die gewünschte Literatur unmittelbar, natürlich aber auch über den Katalog auffinden. Nun gibt es auch in der Magazinbibliothek Freihandbestände, z. B. im Lesesaal oder in Handmagazinen oder in der Lehrbuchsammlung; auch Zeitschriftenbestände werden offen aufgestellt. Umgekehrt gibt es in der Freihandbibliothek weniger häufig benutzte Bestände, die aus der Freihandaufstellung herausgenommen und kompakt magaziniert werden, dann also nicht mehr oder nur in Ausnahmefällen für den Benutzer frei zugänglich sind.

Gewisse strukturelle Unterschiede entstehen auch zwischen Bibliotheken, die die elektronische Datenverarbeitung einsetzen und solchen, die es nicht tun. Auch hier gibt es Übergänge: hier wird nur die Ausleihverbuchung oder die Zeitschriftenbearbeitung, dort werden Katalogisierung und Katalogherstellung "automatisiert". Vom "integrierten System" spricht man, wenn auch die Erwerbung noch mit Hilfe der EDV abgewickelt wird, einschließlich des Einbandwesens. Die nächste Entscheidung ist, ob off-line oder on-line gearbeitet wird, ob Fremdleistungen zentraler Dienste in Anspruch genommen werden oder ob mit anderen Bibliotheken arbeitsteilig zusammengearbeitet wird. Alles das hat Auswirkungen auf die Bibliotheksstruktur und damit auch auf die Baustruktur.

Struktureinflüsse übt auch der Gesamtaufbau des Bibliothekswesens einer Universität oder Hochschule aus. Steht die UB neben den Instituts- oder Fakultätsbibliotheken, so ist die Situation anders als wenn ein universitären Bibliotheks s y s t e m mit Zentralbibliothek und dezentralen Bilbiotheken einheitlich betrieben oder verwaltet wird. Es gibt nun Systeme, in denen die Zentralbilibothek relativ groß ist, die dezentralen Bibliotheken klein sind, und umgekehrt. Selbstverständlich wirkt sich das auf die Struktur der Zentralbibliothek und damit auch auf deren Bau aus. Schließlich ist auf die vollständige bauliche Integration der Bibliothek in die Universität hinzuweisen, bei der es zwar eine Bibliothekszentrale, aber eigentlich keine Zentralbibliothek mehr gibt.

Die Voraussetzungen für die universitäre Zentralbibliothek "als Bauaufgabe" sind also sehr unterschiedlich, und man muß schon einigermaßen genau wissen, was man will und kann, um eine möglichst hohe Bibliotheksleistung zu erzielen. Es geht also um ein klaren Konzept der Bibliothek als Grundlage für die Lösung der Bauaufgabe. Natürlich kommen rein bauliche Probleme hinzu: z. B. Lage und Größe des Grundstücks, städtebauliche Anforderungen, technische Probleme. Hier bedarf es der Anpassung, aber sie kann nur gelingen, wenn die bibliothekarischen Anforderungen deutlich sind und ausgesprochen werden.

Der Bau zentraler Hochschulbibliotheken ist lange Zeit durch die "klassische Dreiteilung" in Magazinbereich, Benutzerbereich und Verwaltungsbereich gekennzeichnet gewesen. Dafür gab es auch bauökonomische Gründe. Die drei Bereiche hatten verschiedene Geschoßhöhen, und durch die Zusammenfassung sparte man umbauten Raum. Auch wollte man Wege sparen und Benutzer- und Personalwege säuberlich scheiden. Es kam aber mehr zur Trennung von Buch, Benutzer und Bibliothekar überhaupt. Heute besteht die Tendenz, diese Trennung wieder aufzuheben. Trotzdem kann man die drei Bereiche als begriffliche Grundlage des Konzeptes verwenden, auch wenn man auf stärkere Integration aus ist.

## 2. Der Benutzerbereich

Der Benutzerbereich ist in der Bibliothek derjenige Bereich, den der Benutzer betreten kann und muß, um sein Ziel zu erreichen, nämlich Literatur zu ermitteln, in der Bibliothek zu benutzen oder zur häuslichen Benutzung auszuleihen. Statt Literatur hätte ich vielleicht "Informationsträger" sagen sollen oder gar "Medien", denn es ist ja richtig, daß die moderne Bibliothek nicht nur Literatur bereitstellt; aber nach wie vor sind Bücher und Zeitschriften die Masse des Bibliotheksmaterials, ist der Bibliotheksbau überwiegend auf dieses Potential eingestellt: die anderen Materialien treten durch zusätzliche Anforderungen an den Bau in Erscheinung. Ich bin sogar so altmodisch, gelegentlich nur von "Büchern" in diesem Zusammenhang zu reden, wie ich auch an der Bezeichnung "Bibliothek" festhalte und nicht zur "Mediothek" übergehe, obwohl ich dem AV-Material natürlich die gebührende Beachtung schenke.

In der Magazinbibliothek besteht der Benutzerbereich aus dem Lesesaal oder den Lesesälen, dem Katalogssal oder -raum oder den Katalogräumen und der Leihstelle, bei der man noch zwischen Ortsleihstelle und Fernleihstelle unterscheiden kann, wenn es nötig ist. Die Benutzeraktivitäten sind in diesen Teilbereichen durchaus verschieden und ihretwegen würde eine räumliche Zusammenfassung nicht erforderlich sein. In älteren Bibliotheken ist sie auch keineswegs überall vorhanden, in neueren wird sie angestrebt aus Gründen der Übersichtlichkeit und der sinnvollen Führung und Einführung der Benutzer, aber auch aus verwaltungs- oder betriebsinternen Gründen (Benutzungsabteilung).

Wie bereits angedeutet, öffnet sich die Magazinbibliothek zur Freihandbibliothek hin durch die Einrichtung von Handmagazinen, Lehrbuchsammlung mit Freihandausleihe, offen aufgestellten Zeitschriftenbeständen oder durch die frei zugängliche Bereitstellung einer Auswahl neuerer Bücher. Hier handelt es sich freilich um Anfänge einer Inte-

gration von Benutzerbereich und Magazinbereich. In der Freihandbibliothek geschieht das in großem Umfange. Sie kann praktisch total sein, wenn das Magazin für den Benutzer geöffnet wird (open access). Es gibt aber Gründe dafür, das Auswahlprinzip auch für große Freihandbestände zu erhalten und selten gebrauchte Literatur kompakt zu magazinieren. Da ist einmal der bauökonomische Grund, den höheren Raumbedarf der Freihandaufstellugn durch Kompaktaufstellung im geschlossenen Magazin wieder auszugleichen, dann aber auch der bibliothekarische des übersichtlich strukturierten, zureichend aktuellen Angebots an den Benutzer, der ja nur in besonderen Fällen auf weniger benutzte, zumeist ältere Literatur zurückgreift.

Nach der Definition gehören Freihandbereiche zum Benutzerbereich, wenn sie auch zugleich Buchbereich bzw. Magazin sind, und es sind einige Probleme, die damit in Zusammenhang stehen, zu behandeln, bevor die "klassischen " Teilbereiche des Benutzerbereiches angesprochen werden. Da ist zunächst der des Raum- oder Flächenbedarfs und damit des Umfangs der frei zugänglich aufgestellten Bestände. Im "Handbuch der baubezogenen Bedarfsplanung" des Zentralarchivs für Hochschulbau, im Bibliotheksplan '73 und im DIN Entwurf 31 622 ist der Flächenbedarf für die Nutzungseinheit 1ooo Bde. angegeben (s. Kluth, Lehrbuch, S. 21). Aber wieviel Tausend Bände sollen im Freihandbereich aufgestellt werden? Es gibt bisher eigentlich nur Schätzungen, keine Relationen oder Kennziffern. Die Zahl 3oo ooo ist eine Art "magic number". Ich selbst habe in meinem Lehrbuch eine Relation zum Jahreszugang hergestellt, der freilich selber von verschiedenen Faktoren abhängig ist und errechnet sein will. Freilich gibt es für die Vergangenheit statistische Unterlagen, die auch Tendenzen erkennen lassen. Grundsätzlich müßte für jedes Fach eine Relation hergestellt werden. Eine etwas vereinfachende Zusammenfassung ergibt für Naturwissenschaften, Medizin und Technik das 1o-fache, für Geisteswissenschaften das 15-fache des Jahreszuganges. Bei einem durchschnittlichen Jahreszugang von 5o ooo Bänden müßte also Fläche für 6oo ooo - 7oo ooo Bände zur Verfügung stehen. Das sind bei 6 qm pro Nutzungseinheit ca. 4ooo qm ohne Neben- und Hauptwege. Eine Aufgliederung in Fachabteilungen ist bei solcher Bestandsgröße angezeigt, ja eigentlich notwendig, wenn die Wiederherstellung der Verbindung von Buch, Benutzer und Bibliothekar das Ziel ist.
Eine gewisse Bindung der Gliederung an den Bau - Hochbau, Flachbau, Kompaktbau - ist nicht ganz zu vermeiden, aber es sollte doch versucht werden, viele Möglichkeiten zur Auswahl zu stellen.

Für den Lesesaal oder den Lesebereich gibt es ebenfalls Flächenbedarfsangaben für Nutzungseinheiten wie Benutzerarbeitsplatz: frei stehend (also Tisch und Stuhl), im Carrel oder in der Kabine. Entscheidend ist aber wieder der Mengenbedarf, also die Zahl der Plätze bezogen auf eine statistische Größe, meist die Studentenzahl der Hochschule. Ich habe mich in meinem "Lehrbuch" (S. 26 ff) ziemlich ausführlich mit dieser Problematik befaßt. Auch hier gibt es ja "gegriffene" Relationen auf der Grundlage verschiedenster Erfahrungen, in verschiedensten Bibliotheken in verschiedensten Ländern. Die Relation reicht von 5% - 33% der Studentenzahl, wobei freilich nicht nur die Zentralbibliothek in Ansatz gebracht wurde. Die größte Annäherung an Genauigkeit scheint mir das "Handbuch" erreicht zu haben, das von der Lernmenge des Studenten ausgeht und den Anteil des Lesemenge daran ermittelt. Allerdings ist der Anteil "Lesen in der Bibliothek" oder für unser Thema noch wichtiger: "Lesen in der Zentralbibliothek" kaum allgemein zu ermitteln. Es ist

deutlich erkennbar, daß jedenfalls bei deutschen Studenten eine große, leistungsfähige Freihandausleihbibliothek die Benutzung innerhalb der Bibliothek zugunsten der Ausleihe reduziert. Allgemein reduzierend dürfte sich auch die Entwicklung der Kopiermöglichkeit auswirken. In dieser Situation kann nur empfohlen werden, die Leseplatzzahl in einer zentralen Freihandausleihbibliothek nicht zu hoch anzusetzen, oder die Lesebereiche so mit den Regalzonen räumlich zu verbinden, daß eine Reduzierung durch Ausdehnung der Regalzonen möglich ist. Bei geschlossenen Lesesälen mag die Entwicklung anders verlaufen, weil hier die Tendenz zur Vergrößerung der präsent gehaltenen Lesesaalbibliothek besteht, und viele Studenten den Zugriff zu einem größeren Literaturangebot im Regal dem als abstrakt empfundenen Ausleihverfahren vorziehen. M. E. ist hier die Benutzerforschung noch nicht weit genug fortgeschritten, da sie wohl noch nicht alle vorkommenden Formen des Angebots berücksichtigt hat. Es gibt andere Versuche, zu Zahlenrelationen zu kommen (Blauert, Kluth), aber sie sind ein bißchen kompliziert. Ob es für den Bibliothekar taktisch richtig ist, den Flächenbedarf für alle Fälle hoch anzusetzen, ist fraglich.

Außer dem allgemeinen Lesesaal gibt es bei Magazinbibliotheken noch Sonder- oder Spezial-Lesesäle. Von einiger räumlicher Bedeutung und zugleich Problematik ist der Zeitschriftenlesesaal. Er wird vielfach mit der Zeitschriftenstelle, die in den Verwaltungsbereich gehört, räumlich verbunden oder ihr jedenfalls zugeordnet. Nach meiner Erfahrung ist die Benutzung, wenn nicht der Zeitungsbestand mit ausliegt, gering. In Freihandbibliotheken werden die Zeitschriftenhefte des laufenden Jahres zu den gebundenen Jahrgängen gestellt, in Ziehmappen oder Schubern. In Fachlesesälen oder bei Fachabteilungen werden die neuesten Hefte auch ausgelegt. Zeitschriftenauslage bedeutet in jedem Fall einen erhöhten Flächenbedarf. Nutzungseinheiten sind festgelegt (4,7 qm für loo Zeitschriften).

Der Katalograum hat in der Magazinbibliothek zentrale Bedeutung. Die Zahl unterschiedlicher Möglichkeiten, die zu berücksichtigen sind, ist aber erheblich. Da ist die Katalogform. Der alte, handgeschriebene Bandkatalog wird heute nicht mehr geführt, aber er muß bei Neubauten für alte Bibliotheken schlicht und einfach untergebracht werden. Freilich kann man den Raumbedarf hierfür ziemlich genau berechnen, da er nicht mehr wächst. Der Kartenkatalog ist immer noch die am meisten verbreitete Katalogform. Für den üblichen Kartenkatalogschrank mit 36 Schüben ist ein Flächenbedarf von 2,6 bis 2,9 qm festgelegt. Für die Nutzungseinheit lo ooo Katalogkarten kommt man auf o,7 qm. Dabei gerät der Kartenkatalog heute in die Situation des alten handgeschriebenen Bandkataloges: er wird durch eine neue Katalogform ersetzt. Da gibt es den EDV off-line-Katalog in Bandform oder auf Mikrofiche und da wird es den on-line-Katalog mit Bildschirm-Terminal geben. Alle stellen sehr verschiedene Anforderungen an den Flächenbedarf, die Raumanordnung und die Technik.

Beim Kartenkatalog ist natürlich die Entscheidung grundlegend, ob außer dem Alphabetischen Katalog zwei Sachkataloge (SyK und SwK) geführt werden, oder ob nur einer von beiden oder überhaupt keiner geführt wird. Freilich wäre es falsch, die Flächenbedarfsanforderung für das Mindestprogramm zu stellen, da dann einer Umentscheidung der Weg verbaut ist. Allerdings ist der Flächenbedarf für die EDV-Kataloge, welcher Art auch immer, vergleichsweise gering, so daß die Frage, welche Katalogarten geführt werden, räumlich nicht mehr so relevant ist. Auch der Umfang des Katalogs, der wieder vom Umfang des Bestandes abhängt, also mit diesem wächst, fällt beim Kartenkatalog viel stärker ins Gewicht als beim EDV-hergestellten Katalog. Der Flächenbedarf ist hier sehr sorgfältig zu prü-

fen und durchzurechnen.

Ist beabsichtigt, den Kartenkatalog abzubrechen und die Katalogherstellung auf EDV umzustellen, so kann der Flächenbedarf für die vorhandenen Katalogschränke natürlich leicht ermittelt werden. Aber manchmal zieht sich die Umstellung hin - dann wächst der Kartenkatalog doch noch -, oder man wählt ein zurückliegendes Stichjahr, dann schrumpft der Katalog womöglich nach einiger Zeit -, oder es besteht vorübergehend der Bedarf für Schlagwortregister in Karteiform. Jedenfalls ist es gut, je nach den Umständen, Raum für Katalogschränke vorzusehen, auch wenn bereits mit der EDV gearbeitet wird.

Der Flächenbedarf für einen Katalog auf Microfiche ist minimal, allerdings braucht man zu seiner Benutzung ein Lesegerät. Für das Lesegerät wird ein Tisch benötigt, dessen Flächenbedarf etwa dem eines Katalogschrankes entspricht. Der Benutzer des Lesegerätes blockiert den ganzen Katalog, es sei denn, man ordnet einer Katalogkopie zwei Lesegeräte zu, dann blockieren zwei Benutzer den Katalog. Man muß also mehrere Kopien - was billig ist - und mehrere Lesegeräte - was nicht mehr ganz so billig ist - bereitstellen, um Katalogblockaden zu verhindern. Die Zahl der benötigten Lesegeräte und damit der Flächenbedarf für die erforderliche Anzahl Tische und Stühle hängt von der Katalogbenutzungsfrequenz ab, die wiederum mit der Bibliotheksstruktur und der Bibliotheksbenutzung überhaupt zusammenhängt. Die Ermittlung von Bedarfszahlen ist hier sicher nicht leicht; ein Verfahren für die Berechnung ist mir nicht bekannt; ich vermute, man verfährt nach der Methode "trial and error". Beim online-Bildschirm-Terminal dürfte die Situation ähnlich sein. Allerdings ist die durchschnittliche Suchzeit pro Titel hier noch geringer als beim Mikrofiche-Lesegerät. Beim EDV-Bandkatalog von einigem Umfang ist die Gefahr der Blockade auch bei stärkerer Benutzung gering. Der Flächenbedarf ist, von allen EDV-Katalogarten, wohl der geringste. Leider hat er andere Nachteile, so daß dieser Vorteil nicht ins Gewicht fällt.

Bei der Magazinbibliothek wird man, schon aus Gründen technischer Hilfe, Lesegeräte und Bildschirm ziemlich konzentriert im Raum einsetzen, also wieder einen "Katalogsaal" schaffen müssen. In der fachlich gegliederten Freihandbibliothek können, außer im zentralen Katalograum, derartige Geräte auch noch in den einzelnen Fachabteilungen aufgestellt werden. Entsprechendes gilt für Bandkataloge.

In diesem Zusammenhang sei noch der Informationsbereich oder der Raum für den Auskunfts- und Beratungsdienst angesprochen, der, über die technische Hilfe hinaus, immer mehr Bedeutung gewinnt. In der Magazinbibliothek gab es die Katalogauskunft, dann das Auskunftsbüro oder die Auskunftsstelle mit dem bibliographischen Apparat. Die Verbindung von zentralem Katalog und bibliographischem Apparat hat sich immer mehr eingeführt. Die Sammlung an Nachschlagewerken und Bibliographien gewinnt auch laufend an Umfang. In das Raumprogramm für den Benutzerbereich muß dieser Informationsbereich, der früher einen kleinen Teil des Lesesaals ausmachte, deutlich und mit zureichendem Flächenanspruch aufgenommen werden. In der fachlich gegliederten Freihandbibliothek wird es doch auch einen zentralen Auskunftsbereich geben, mit alten, neuen Katalogen, mit allgemeinen Zeitschriften, Nachschlagewerken und Bibliographien; dann natürlich die zentralen Informationsstellen bei den Fachabteilungen, ebenfalls mit Katalogen, allerdings auf EDV-Basis, mit fachbezogenen Nachschlagewerken,

Bibliographien, Referatenblättern, Berichten und schließlich auch Dokumentationskarteien inKatalogschränken. In diesem Bereich wird man auch Kleinschrifttum im Vertical File zur Verfügung stellen, oder man sollte es wenigstens und dafür Raum vorsehen.

Ein wichtiger Teilbereich des Benutzerbereichs ist die Leihstelle. Sie gehört nach innen dem Verwaltungsbereich an, nach außen dem Benutzerbereich. In der Magazinbibliothek ist sie die am häufigsten angegangene Kontaktstelle. Es gibt die Buchausgabe und die Buchrücknahme. Häufig gibt der Benutzer Bücher zurück und leiht gleich anschließend neue aus, die er vorher bestellt hatte. Oder er läßt die Leihfrist der Bücher verlängern. Manchmal muß er auch Versäumnisgebühren zahlen. Innen und Außen der Leihstelle waren früher und sind manchmal auch heute noch durch Schalter abgetrennt; die häufigste Form ist der offene Tresen oder die Theke in Steh- oder in Sitzhöhe. Bei stark benutzten großen Magazinbibliotheken stehen häufig Benutzerschlangen vor dem Tresen. Ein entsprechender Raum muß zur Verfügung stehen.

In der Freihandbibliothek gehört die Leihstelle mit in das Konstollsystem, wie immer die Anlage sein mag. Der Entleiher hat das Buch, das er entleihen will, schon in der Hand, er hat es selbst dem Regal entnommen, es wird ihm nicht erst, gegen Lieferschein, übergeben. Er muß die Ausleihe verbuchen lassen, um mit dem Buch die Bibliothek verlassen zu können. Man kann nun eine zentrale Verbuchungsstelle in der Nähe des Ausgangs haben oder auch mehrere in Zusammenhang mit Fachabteilungen oder wahrscheinlich auch einmal automatische Verbuchungsstellen in der Bibliothek mit zentraler Kontrollstelle am Ausgang. Eine Verbindung mit der Rückgabestelle ist nicht unbedingt erforderlich, jedenfalls nicht von Benutzerseite. Dieser muß vielmehr die Möglichkeit haben, Bücher zurückzugeben oder deren Leihfrist verlängern zu lassen, ohne den Kontrollbereich zu betreten oder Garderobe oder Taschen abgeben zu müssen.

Das Garderobenproblem besteht natürlich im Zusammenhang mit dem Benutzerbereich. Die Lage in Eingangsnähe ist wohl selbstverständlich. Schwieriger ist die Bestimmung der Größe der Garderobe bzw. der Anzahl der Schränke. In Magazinbibliotheken ist die Anzahl der Arbeitsplätze in den Lesesälen ein Anhaltspunkt. Bei Freihandbibliotheken ist eigentlich die Höchstzahl der Besucher, die sich gleichzeitig im Freihandbereich befindet, maßgeblich. Ihre Feststellung und Vorausberechnung ist nur grob annäherungsweise möglich. Auch die Methode "Versuch und Irrtum" bringt für die Bauplanung nichts ein, da zumeist in diesem Eingangsbereich wenig zu ändern ist.

Im Zusammenhang mit dem Eingang ist auf die "Erschließung" des Benutzerbereichs, d. h. die Erschließung der Bibliothek, des Bibliotheksgebäudes für den Benutzer einzugehen. Der Benutzer soll sich, nach dem Betreten der Bibliothek, möglichst gut zurechtfinden, soll an die Stelle, auf die es ihm ankommt, geführt werden. Sicherlich bedarf es der Hinweisschilder, aber wichtiger ist doch die bauliche Anordnung der Einrichtungen und Verkehrswege. Früher war es der Lesesaal, der nicht selten aus repräsentativen Gründen, in den Mittelpunkt gelegt wurde; dann wurde dem Katalograum, gegebenenfalls mit einer zentralen Auskunftsstelle, die Lage im Mittelpunkt eingeräumt. Heute dürften es der Informationsbereich bzw. die Informationsbereiche sein, auf die der Weg des Benutzers, der Blick des Benutzers gelenkt wird. Von hier aus soll sich die Bibliothek dem Benutzer wei-

ter erschließen: er kann aber auch die Auskunft in Anspruch nehmen, wenn er speziellere Fragen hat. Die neuen Katalogformen eröffnen, wie bereits gesagt, größere Möglichkeiten der Dezentralisierung; aber ein zentraler Informationsbereich wird wohl stets erhalten bleiben, auf den hin der Benutzer vom Eingang her geführt wird.

In der Magazinbibliothek werden Leihstelle und allgemeiner Lesesaal möglichst in der Nähe des zentralen Informationsbereiches mit den Katalogen und dem bibliographischen Apparat liegen. Ist eine Lehrbuchsammlung mit Freihandausleihe vorgesehen, soll sie den übrigen Betrieb möglichst wenig "belasten"; es kann aber auch die Absicht bestehen, den Benutzer der Lehrbuchsammlung in die Bibliothek "hineinzuziehen" und ihn nicht davor "abzufertigen". Man muß hier die verschiedenen Möglichkeiten abwägen. In der Freihandbibliothek kann die Lehrbuchausleihe in der Nähe des zentralen Informationsbereiches untergebracht werden, ohne daß die direkte Wegführung vom Eingang zur zentralen Auskunft unterbrochen wird. Allerdings hat sich gezeigt, daß die Effektivität einer Freihandlehrbuchsammlung, die in der Magazinbibliothek sehr hoch ist, in der Freihandbibliothek, die einen großen Bestand offen anbietet, relativ zurücktritt. In manchen Fächern erweist sich die Eingliederung der "Lehrbücher" in den allgemeinen Ausleihbestand des Faches als praktischer. Es kann sein, daß eine konzentrierte Lehrbuchsammlung gar nicht mehr nötig ist.

Hier ist nun ein Anlaß, auf die "Flexibilität" im Benutzerbereich, insbesondere in der Freihandbibliothek einzugehen. Sie bietet zweifellos viele Vorteile. Die erste Frage ist, ob sie ausgenutzt wird. "They never move" sagte mir ein amerikanischer Kollege über eine "flexibel" gebaute Bibliothek. In Bremen ist schon einiges bewegt und umgestellt worden. Es brauchen ja nicht immer große Aktionen zu sein, gerade die Beweglichkeit im kleinen ist einer der Vorteile der Flexibilität, die durch Großflächigkeit erreicht wird. Die zweite Frage ist, ob es nicht auch schwerwiegende Nachteile gibt, zumal im Bereich von Optik, Akustik und Klima. Sie ist kaum "objektiv" zu beantworten, da subjektive Gesichtspunkte eine große Rolle spielen. M. E. sind die Nachteile nicht so groß, daß man auf die Vorteile verzichten müßte. Natürlich gibt es keine totale Flexibilität, es gibt immer Festpunkte und Grenzen, die bei allen Überlegungen berücksichtigt werden müssen. Die Frage der Flexibilität ist im Zusammenhang mit dem Verwaltungsbereich erneut zu stellen.

Es ist noch kurz auf die Problematik der Gruppenarbeitsräume einzugehen. Ihre "Annahme" oder Ausnutzung dürfte stark mit der Struktur der Universität zusammenhängen. Wenn diese auf "Kleingruppenarbeit" abgestellt ist, wird es Gruppenarbeitsräume in der Universität selbst geben. Oder die Universität greift auf Gruppenarbeitsräume der Bibliothek zurück, sofern diese welche eingerichtet hat, wenn auch vielleicht aus anderen Motiven. Allgemein ist zu empfehlen, Gruppenarbeitsräume einzurichten, möglichst in der Nähe des Verwaltungsbereiches, um sie gegebenenfalls anderweitig verwenden zu können. Auch das ist Flexibilität.

## 3. Der Verwaltungsbereich

Zum Thema "Verwaltungsbereich" möchte ich zunächst sagen, daß ich das Wort "Verwaltung" für den Bibliotheksbetrieb eigentlich nicht sehr schätze. Aber darauf kommt es wohl hier im Zusammenhang nicht an. Schließlich weiß jeder, was gemeint ist, jedenfalls im wesentlichen.

So geht es primär nicht um Lage und Größe des Direktorzimmers, sondern um den Bereich der Bucherwerbung und -bearbeitung, des "Processing", das "Gangs des Buches durch die Bibliothek", wie man früher sagte. Andere Teilbereiche der Verwaltung oder des Betriebes schließen sich an, jedenfalls hier in der Darstellung. Für die Realität des Baues ist das nicht gesagt.

Ausgegangen wird von dem funktionalen Zusammenhang der Bearbeitungsstellen, aus dem sich die räumliche Anordnung ergeben mag. Wenn man vom "Buchlauf" hört, stellt sich der Gedanke des "Fließbandes" ein. Aber wir können ihn beruhigt beiseite lassen, denn das Buch in der Bibliothek ist nicht Massengut, sondern Einzelstück. Dennoch erscheint die Auffassung, daß die Arbeitsräume in der Reihenfolge der Bearbeitung nebeneinander liegen sollen, unter dem Gesichtspunkt kurzer Transportwege als natürlich. Da wäre dann die Reihenfolge Bestellwesen, Bucheingang, Kaufentscheidung - über die Kaufsitzung und Kaufsitzungszimmer kann diskutieren, wer will -, Inventarisierung oder Zugangsbuch usw. Schon hier im Bereich der Erwerbung zeigt sich, daß unterschiedliche Handhabungen möglich und üblich sind. Wichtig ist, daß es von der allgemeinen "Linie" Abzweige geben kann, z. B. für Serienstücke, für Literatur in slawischen Sprachen, für Sondermaterialien, usw.

Unterschiede im weiteren Verlauf ergeben sich aus der Bibliotheksstruktur. Die Freihandbibliothek mit systematischer Aufstellung fordert die Sachklassifizierung durch die Fachreferate v o r der Titelaufnahme. Sollen also Referentenräume zwischen Erwerbungsabteilung und Titelaufnahme liegen? Schon hier mag auf die Meinung hingewiesen werden, sie sollten möglichst nahe am Benutzerbereich liegen. Nun werden die Fachreferate aber nicht erst nach Abschluß des Erwerbungsvorganges tätig, sondern sie leiten ihn durch ihre Bestellvorschläge ein und treffen die Kaufentscheidung, zumindest in den Bibliotheken, in denen der Fachreferent für den Bestandsaufbau seines Faches oder seiner Fächer verantwortlich ist. Denkt man an die Möglichkeit der Einheitsklassifikation und der zentralen Dienste oder der kooperativen Sacherschließung, so tritt die Stellung des Fachreferenten im Bearbeitungsprozeß zurück.

Der Einsatz der EDV im Buchbearbeitungsprozeß kann zu Veränderungen im Ablauf führen, die sich auch räumlich auswirken. Zu nennen sind hier "integriertes System", das Erwerbung und Titelaufnahme vereinigt, Verwendung von Fremdleistungen durch Einsatz zentraler Dienste oder Bibliothekskooperation, dann überhaupt on-line-Betrieb. Hier ist noch sehr vieles offen. Gebraucht wird also räumliche Flexibilität auch im Verwaltungsbereich.

Damit kommen wir auf das Problem des Großraums. Dieser ist zumeist unbeliebt, auch und gerade bei Bibliothekaren, die den Benutzern ohne weiteres die Arbeit in großen Lesesälen zumuten. Sicherlich, die Situation ist anders, und ich beabsichtige auch nicht, mich auf Großraumpsychologie oder -philosophie einzulassen. Übrigens wird Flexibilität auch durch eine Vielzahl von Kleinsträumen, von Arbeitszellen erreicht. Sie dürften aber wohl auch nicht beliebt sein. M. E. gibt es Beispiele von gelungenen ebenso wie mißlungenen Großräumen. Vielleicht braucht man doch die "größeren Räume", die Schlitt für falsch hält, oder aber ein "gefächertes Angebot" von kleinen, größeren Räumen, auch mal einen großen Raum für Verwaltungskatalog, Bestellkartei, sonstige Karteien, Lifte, Bildschirme, in dem nicht ständig gearbeitet wird und um den sich die anderen Räume herumgrup-

pieren mögen. Er kann in einem Innenhof liegen, wenn man schon nicht auf solche verzichten will, oder in einem Gebäudewinkel oder -flügel. Beim Großraum - und überhaupt bei der großflächig angelegten Bibliothek - tritt natürlich das Problem der Klimatisierung auf. Diese ist zumeist unbeliebt, jedenfalls in unseren Breiten. Sie hat zweifellos auch ihre Probleme, technische und psychologische. M. E. müßte es baulich und technisch möglich sein, die Personalarbeitsräume für die länger andauernde Arbeit so anzulegen, daß sie konventionell beheizt und belüftet, also von der Klimatisierung des Bibliotheksgebäudes sonst abgetrennt werden können. So viel ich weiß dürfen dann allerdings die Türen dieser Räume nicht offen stehen, muß "Klimadisziplin" geübt werden.

Der Flächenbedarf für den Personalarbeitsraum insgesamt ergibt sich aus der Größe der Nutzungseinheiten und der Personalzahl. Auf die Größe der Nutzungseinheit pro Person hat man sich, zwanglos nach der Rangordnung, geeinigt. Schwieriger ist wieder die Bestimmung der Personalzahl. Keine Staatsverwaltung wird sich durch einen Bauplan bzw. durch das ihm zugrundeliegende Raumprogramm auf einen Stellenplan festlegen lassen wollen. Nun gibt es hier Relationen oder Kennziffern, wie sie z. B. aus dem Gesamptplan Baden-Württemberg in den Bibliotheksplan '73 übernommen wurden. Diese unterliegen freilich der Veränderlichkeit. Neue Techniken, EDV, zentrale Dienste, Kooperation usw. mögen den Arbeitsanfall pro Zugangseinheit verringern. Der Zugang selbst ist von der Finanzlage abhängig, von der Sache her steigt er aber wegen des steigenden Literaturanfalles. Auch die Benutzung steigt noch, jedenfalls für einige Zeit. Die Beurteilung der Personalentwicklung und des entsprechenden Raumbedarfs ist schwierig. Diesen Unsicherheiten kann man bei der Bauplanung eigentlich wieder nur Flexibilität begegnen. Ihre Grenzen sind bekannt, im technischen wie im psychologischen Bereich. Ich habe in meinem "Lehrbuch" eingestanden, des öfteren zu moralisieren. Nun wird keineswegs gefordert, schlechte Bauplanung durch gute Moral auszugleichen. Selbstverständlich sollen die Mitarbeiter an der Bauplanung beteiligt werden. Aber schließlich stößt man auf Grenzen, kann niemand die Zukunft exakt voraussagen und müssen trotzdem Entscheidungen getroffen werden. Da ist es sicher gut, den Hauptzweck der Bibliothek im Auge zu haben, nämlich dem Benutzer die Literatur zu vermitteln, die er braucht, und so die gesellschaftliche Aufgabe zu erfüllen, für die die Bibliothek eingerichtet ist.

Der Verwaltungsbereich erstreckt sich nicht nur auf die Buchbearbeitung und die Bearbeitung nicht nur auf das Buch. Es gibt anderes gedrucktes Bibliotheksmaterial - Zeitschriften, Zeitungen, Karten, Noten usw. -, und dann nicht-gedrucktes Material, aber Text, z. B. auf Mikrofiche, und schließlich das Bild- und Tonmaterial (AV), das bearbeitet sein will und Personal und Raum fordert. Schließlich gibt es die bibliothekstechnischen Werkstätten - Buchbinderei, Druckerei, Photostelle, Signaturenstelle u.a. Es besteht Bedarf an Funktionsräumen, der individuell, also kaum durch Mengenrichtwerte zu bestimmen ist.

Der Benutzerdienst verlangt ebenfalls Personalraum. Hier spielt die räumliche Zuordnung zum Benutzerbereich eine wichtige Rolle. Das Auskunftspersonal kann auch im Buchbearbeitungsprozeß eingesetzt sein, Fachreferenten oder Fachbibliothekare erteilen Fachauskünfte, müssen vom Auskunftsplatz her herangeholt werden können; oder der Fragesteller muß den Spezialisten leicht erreichen können. Es ist also enge räumliche Kontaktmöglichkeit erforderlich. Besonders in der Freihandbibliothek, in der nicht nur Katalogauskunft oder bibliographische Auskunft, sondern auch Auskunft am

Regal erteilt wird oder jedenfalls werden sollte, ist die Zuordnung von "Verwaltungsräumen" zum Benutzungsbereich von erheblicher Bedeutung. Zu beachten ist ferner, daß Mitarbeiter der Erwerbungs- und Katalogisierungsabteilung auf die Kataloge im Benutzerbereich zurückzugreifen haben, falls es keinen Verwaltungskatalog oder dezentrale EDV-Kataloge gibt. Es ist also zweckmäßig, diese Abteilungen nahe beim zentralen Katalograum unterzubringen. Selbst wenn interne Kataloge vorhanden sind, ist die Verbindung zum bibliographischen Apparat ein Vorteil, den man wahrnehmen sollte, wenn es irgend geht.

Die moderne Bibliothek, auch die Zentralbibliothek einer Universität, die sich nicht nur auf Speicher- und Ergänzungsfunktionen für die dezentralen Bibliotheken in der Universität beschränkt, soll Buch, Benutzer und Bibliothekar zusammenführen, soll Informationsdienst leisten, wissenschaftliche Dienstleistung erbringen. Benutzerbereich, Magazinbereich und Verwaltungsbereich fügen sich stärker ineinander. Die "klassische Dreiteilung" als Prinzip ist überwunden. Dennoch sollte versucht werden, es sekundär zur Geltung zu bringen und die Vorteile, soweit wie möglich, zu bewahren. So kann, wie schon erwähnt, in einer Freihandbibliothek der magazinierte Bestand kompakt in einem oder in mehreren Kellergeschossen oder auch in einem Magazinturm mit entsprechender Transportverbindung untergebracht werden. Die Sofortbedienung muß gesichert sein, auch wenn der gespeicherte Bestand nicht häufig in Anspruch genommen wird. Der Verwaltungsbereich kann zugleich dem Benutzerbereich gegenüber geöffnet und in sich funktional angeordnet sein, z. B. wenn er an einer Seite eines kompakten Bauwerkes vertikal übereinander angelegt ist. Dann liegen im Keller oder Souterrain mit Tageslichteinfall die Werkstätten, darüber Erwerbung und Katalogisierung - in horizontaler Verbindung zum zentralen Informationsbereich - und in den Obergeschossen die Fachreferate mit horizontaler Verbindung zum Freihandbereich -, alles vertikal verbunden mit Aufzügen und interner Treppe. Andere Lösungen des Problems sind sicher möglich.

Überhaupt gibt es, je nach der besonderen Situation einer zentralen Hochschulbibliothek, verschiedene Baulösungen, die durchaus rational sein können, wie es eben auch Unterschiede in der Bibliotheksorganisation geben kann, die ihre Gründe haben. Wichtig ist nur, daß eine klare Zielvorstellung, ein Konzept besteht, das auf ein starkes Bibliothekspotential, eine hohe Bibliotheksleistung abzielt. Selbstverständlich sind Anpassung an Gegebenheiten, Einschränkungen durch diese oder jene Einflüsse unvermeidlich. Baulich stößt man immer wieder auf Grenzen. Aber es kommt darauf an, innerhalb der Grenzen das Bestmögliche zu erreichen, vorzüglich im Benutzerbereich, in dem die Dienstleistung der Bibliothek für das Ganze erbracht wird, dann aber auch im Verwaltungsbereich, in dem sich der Aufbau des Leistungspotentials der Bibliothek vollzieht. Es gibt keine Patentrezepte, aber die Grundsätze methodischen Vorgehens können aufgezeigt werden. Ich habe das in meinem "Lehrbuch" versucht und hier dazu einiges aus der Erfahrung mit verschiedenen Bibliotheksformen und -arten ergänzt.

Angeführte Literatur:

- Kluth, Rolf: Lehrbuch der Bibliothekspraxis. Wiesbaden: Harrassowitz, 1979

- Handbuch der baubezogenen Bedarfsplanung, s. Referat 1.4

- Bibliotheksplan '73. Hrsg. Deutsche Bibliothekskonferenz. Berlin 1973

Rolf Fuhlrott

# Die Situation im Bibliotheksneubau

Es sollen nachfolgend einige allgemeine Ausführungen zum heutigen Bibliotheksbau gemacht und am Beispiel der Universitätsbibliothek Karlsruhe verdeutlicht werden. Die Erfahrungen stammen dabei zum großen Teil aus der Arbeit der Kommission für Baufragen des Deutschen Bibliotheksinstitutes (DBi), deren Vorsitzender der Verfasser derzeit ist.[1)]

Der Bibliotheksbau nach dem 2. Weltkrieg in Deutschland orientierte sich einmal rückblickend an Vorkriegsbauten in Deutschland, zum anderen an ausländischen Erfahrungen, und zwar vorwiegend an solchen in den USA.

Für die ersten Bibliotheksbauten in der Bundesrepublik nach dem 2. Weltkrieg waren deutsche Vorkriegsbauten das Vorbild und sie übernahmen damit Organisationsformen und Bauweisen, die vorwiegend aus dem 19. Jahrhundert stammten. Im 19. Jahrhundert hat die Trennung der verschiedenen Funktionsbereiche in den Bibliotheken stattgefunden. Bis dahin hatte man einen Einheitsraum, in dem alles passierte, was bibliothekarisch von Belang war. Dort wurden die Bücher aufbewahrt, verwaltet, und dort wurde auch in den Büchern gelesen, unabhängig von deren Material. Das was in früheren Jahrhunderten und Jahrtausenden so, als es Tontafelbibliotheken gab, und auch zur Zeit der römischen und ägyptischen Bibliotheken, als Rollen und Codices das Bild einer Bibliothek prägten.

Das änderte sich eigentlich erst im 19. Jahrhundert, nachdem zuvor, im 16. Jahrhundert, die Buchdruckerkunst erfunden worden war und damit die Buchproduktion sehr anschwoll. Das änderte sich aber auch durch das Verhalten der Nutzer, der Leser; denn durch die Aufklärung und den Humanismus wurde ein neuer, starker Bedarf an Lesestoff geweckt, nicht zuletzt durch sich verbessernde Bildungsmöglichkeiten. Beides führte dazu, daß die Bibliotheken im 19. Jahrhundert stark anwuchsen und die Einheitsräume nicht mehr ausreichten. Es erfolgte die erwähnte funktionale Trennung in die drei Hauptbereiche einer Bibliothek: das Aufbewahren, das Benutzen und das Verwalten der Bücher, d. h. in Magazine, Lesesäle und Verwaltungsräume.

Die großen Bibliotheken, die im 19. Jahrhundert gebaut wurden, zeigten alle deutlich diese Trennung. Als Beispiele mögen die Bibliothèque Nationale in Paris, das British Museum in London oder die Library of Congress in Washington dienen. Diese Dreiteilung der Funktionen behielt man im 2o. Jahrhundert auch noch bis nach dem 2. Weltkrieg bei.

---

1) Näheres zum Deutschen Bibliotheksinstitut, der Kommission für Baufragen und zum Bibliotheksbauarchiv siehe unter 4. im Referat von Werner Ruddigkeit.

Architektonisch kam diese funktionale Trennung durch besondere Behandlung der Funktionsteile zum Ausdruck, z. B. des Magazins als kompaktem geschlossenem Block oder als Turm. Ein weiteres Charakteristikum war der Lesesaal. Es war gang und gäbe, daß man große Lesesäle für einen Bestand von 2o ooo bis 3o ooo Bände für alle Fächer baute. Daneben gab es machmal noch einen Zeitschriftenlesesaal, in dem die laufend gehaltenen Zeitschriften mit ihren neuesten Heften und den letzten Jahrgängen ausgelegt wurden. Zugeordnet zu diesen beiden Arten von Lesesälen waren meist noch Räume für privilegierte Benutzer, wie Professoren und Dozenten, die in Ruhe und Abgeschiedenheit, ungestört von studentischen Benutzern, arbeiten wollten. Das waren die Vorstellungen, wie sie bei uns bis vor 15 bis 20 Jahren noch herrschten und nach denen viele Nachkriegsbibliotheken gebaut wurden.

Anders wurde das erst später, als man begann, den Blick nach den USA zu werfen, und als es möglich wurde, Studienreisen dorthin zu machen. In den USA ist die Entwicklung etwas anders verlaufen. Es hat dort kaum die erwähnte Dreiteilung gegeben, deren Konsequenz ja war, daß der Benutzer vom Buch getrennt wurde.

Früher, in der Einheitsbibliothek war ein direkter Zugang zum Buch gegeben. Die Entwicklung im 19. Jahrhundert bewirkte, daß der Nutzer gleichsam aus dem Magazin verbannt wurde. Man ließ schließlich nur noch die privilegierten Nutzer ins Magazin. Die zunehmende Raumknappheit führte dazu, daß man die Literatur, im Gegensatz zu der üblichen Aufstellung in den Lesesälen, nicht mehr nach Sachgebieten aufstellte, sondern nach der Inventarnummer, der Zugangsnummer. So wie die Bücher ins Haus kamen, wurden sie ins Regal gestellt. Man nennt diese Aufstellung die Numerus-Currens-Aufstellung. Das bedeutet, daß z. B. ein Chemiebuch neben einem Mathematikbuch steht und der Zugang zu den Beständen nur über den Katalog als Vermittler und damit über die Standnummer im Magazin möglich ist. Auf diese Weise wurden vorwiegend in Europa die Leser vom Buch getrennt.

In Amerika wurde diese Trennung nie so scharf vollzogen. Man hat dort vielfach auch in den Magazinen die Literatur nach Sachgebieten geordnet aufgestellt und viel mehr Leser, als das hier in Europa der Fall war, in die Magazine gelassen.

Dieser Blick nach Europa führte zu - dort schon seit den vierziger Jahren praktizierten - baulichen Lösungen, die durch Begriffe wie "open plan", "open access" und "flexibility" charakterisiert wurden und die die neuen Bibliotheksbauten beeinflußten.

Der Betriff open plan besagt, daß man eine Bibliothek möglichst so offen bauen soll, daß sie für jeden Besucher, für jeden Lesewilligen so offen und einladend ist, daß er nicht abgeschreckt wird und die bekannte Schwellenangst überwindet. Vielfach sind Bibliotheken hierzulande so gebaut und konzipiert worden, daß der Benutzer nicht angezogen wird, sie zu benutzen. Demgegenüber wurde in Amerika versucht, zum Lesen anzuregen, und man schuf große einladende Erdgeschoßräume. Die Anordnung solcher großen Räume hatte bei uns eine eher negative Wirkung. In diesen Räumen passierte nichts Bibliothekarisches. Daß dort eine Bibliothek war, daß dort Bücher standen und ein Katalog zu finden war, war

von außen oft nicht zu erkennen.

O p e n   a c c e s s   bedeutet, daß der Leser wieder freien Zugang zur Literatur hat und daß man die Magazine öffnet. Dieses System nennt man Freihandbibliothek oder Freihandaufstellung - sei dies nun in Freihandmagazinen, wo die Regale relativ dicht beieinander stehen und die Ordnung systematisch nach Fachgebieten vorgenommen wird oder in offenerer Freihandaufstellung, wo die Literatur im Lesesaal angeboten wird. Die Regalabstände sind bei dieser Anordnung größer und man kann dort Leseplätze - auch abgeschirmte, sogenannte Carrels - unterbringen. Diese Organisationsform open access ist also von Amerika nach Europa gekommen, hat sich bewährt und wird heute meist angewandt.

Ein weiterer Grundsatz, der von Amerika herübergebracht wurde, ist der der f l e x i b i l i t y . Mit diesem Begriff ist gemeint, daß man das Gebäude einer veränderten Entwicklung anpassen kann, die - wie im Hochschulbau - meist nicht vorhersehbar war und ist. Bei der Mehrzahl der auch nach dem 2. Weltkrieg errichteten Bibliotheksbauten ist dieser Gesichtspunkt der Flexibilität wenig oder nicht in Betracht gezogen worden.

Die heutige Situation ist die, daß der große Bauboom im Bereich der Hochschulen ausläuft - damit absehbar auch für die Hochschulbibliotheken -, und daß man darangehen muß, die Bibliotheken, die gleich nach dem Krieg errichtet wurden, zu sanieren. Ein großer Teil dieser Bibliotheken hat ihre Kapazitätsgrenze erreicht; ein anderer Teil von ihnen ist aufgrund der oben beschriebenen Konzeption veraltet. Deshalb müssen diese Gebäude erneuert und durch Anbauten vergrößert werden.

Neue Probleme kommen auf die Universitätsbibliotheken durch die neuen Hochschulgesetze zu, nach denen ein häufig zersplittertes Bibliothekswesen zu einem Bibliothekssystem zusammengefaßt werden soll.

Anpassungsprobleme gibt es auch anderer Art, beispielsweise in Nordrhein-Westfalen bei der Zusammenfassung der Pädagogischen Hochschulen mit anderen Hochschuleinrichtungen zu Gesamthochschulen. Dies hat natürlich auch Konsequenzen für die jeweiligen Bibliotheken. Die günstigere Situation gegenüber früher ist, daß man heute über verläßlicheres statistisches Material verfügt. Viele Größen sind genauer abschätzbar und vorherbestimmbar, so etwa die Buchbestandsentwicklung, die Studentenzahl oder der Flächenbedarf. Man hat heute fast in jedem Bundesland Bibliothekspläne, die Auskunft darüber geben, wie die Entwicklung war und wie man sie sich in Zukunft vorstellt.

Schwierig zu beantworten sind noch immer einige Fragen. So läßt sich schwer sagen, für wieviele Jahre man eine Bibliothek bauen soll. Aus fiskalischen Gründen werden die Vorhalteflächen für den Buchzugang meist zu klein bemessen. Die Universitätsbibliothek Karlsruhe z. B. wurde in ihrer Kapazität für die nächsten 4o Jahre geplant. Die Entwicklung ist über diese Planung längst hinweggegangen. Sie wird bereits nach 2o Jahren voll belegt und in einigen Jahren - spätestens 1985 - mit der Stellkapazität am Ende sein.

Heute ist es vielfach üblich, für 25 Jahre zu planen. Es wird in der Li-

teratur zwar immer gefordert, weiter vorausschauend zu planen - amerikanische Bibliotheksbauexperten fordern, für 5o Jahre im voraus zu planen - aber das dürfte schwer durchsetzbar sein, weil das im Augenblick mehr kostet. In anderen Ländern wird in einigen Fällen mit mehr Weitblick geplant und gebaut als bei uns.

Ein weiteres Problem ist das Verhältnis zwischen Freihandaufstellung und Magazin. Die Erfahrungen bei den Hochschulneugründungen der letzten Jahre in der Bundesrepublik zeigen, daß zwischen 5o% und 9o% der Buchbestände freihand aufgestellt werden. In keinem Fall wird der gesamte Bestand frei zugänglich aufgestellt. Die weniger benutzte Literatur wird meist im Magazin behalten.

Eine Faustformel für den Anteil der frei zugänglich aufzustellenden Bestände ist etwa das lo- bis 15-fache des jährlichen Buchzuganges. In der Universitätsbibliothek Karlsruhe z. B. gibt es einen jährlichen Buchzugang von etwa 2o ooo Bänden. Dies würde 2oo ooo bis 25o ooo Bände in Freihandaufstellung bedeuten, somit also die Hälfte des tatsächlichen Gesamtbestandes der Bibliothek.

Ein drittes Problem, bei dem allerdings die größte Unsicherheit herrscht, ist die Frage nach der Anzahl der Leseplätze, die man in einer Bibliothek zur Verfügung stellen sollte. Auch hier hat man sich erst auf amerikanische Erfahrungen gestützt und die Zahlen übernommen. Danach sollten für 3o% der geisteswissenschaftlichen und 25% der natur- und ingenieurwissenschaftlichen Studenten Leseplätze zur Verfügung gestellt werden. Nach unseren bisherigen Erfahrungen sind diese Zahlen zu hoch, was sicherlich mit den anderen Studiergewohnheiten der deutschen Studenten heute, im Vergleich zu den amerikanischen Studenten, vielleicht auch mit einer anderen Ausstattung zusammenhängt. Jedenfalls ist es eine Tatsache, daß in Amerika mehr Studenten in der Bibliothek arbeiten, als in Deutschland. Auch ist die Wohnsituation der amerikanischen Studenten - dies wohl auch aus finanziellen Gründen - deutlich schlechter als die der deutschen. In den Wohnheimen können die Studenten weit weniger ungestört arbeiten als in den Bibliotheken.

Die Planungsgruppe Bibliothekswesen im Hochschulbereich Nordrhein-Westfalen hat die Frage der erforderlichen Anzahl von Leseplätzen in Bibliotheken untersucht und ist zu einer Zahl von bereitzustellenden Leseplätzen gekommen, die 12% der Studenten insgesamt entspricht. Im Handbuch der baubezogenen Bedarfsplanung ist von 17% die Rede und in der Dissertation von Blauert (Aachen) werden differenziert für Geisteswissenschaften lo - 2o%, für Naturwissenschaften 6 - 8% und für Ingenieurwissenschaften etwa 4% genannt. Mit diesen unterschiedlichen Zahlen kann man im allgemeinen nicht sehr viel anfangen.

Eine Reihe von Faktoren beeinflussen die tatsächlich sinnvolle Anzahl von Leseplätzen. Zu nennen sind hier die zunehmende Verschulung des Studierbetriebes, die Produktion billiger Taschenbücher, die die Studenten weniger in den Bibliotheken studieren lassen, auch die billigen Kopiermöglichkeiten, die die Studenten heute haben. Aus der Erfahrung der

Karlsruher Universitätsbibliothek sind auch keine generell gültigen Zahlen zu nennen. Es wird hier mit einer Anzahl von Leseplätzen für etwa 1o% der Studenten gerechnet, wobei 5% auf die Zentralbibliothek entfallen sollten und 5% auf die Institutsbibliotheken. Es wäre vielleicht eine Aufgabe für das Zentralarchiv für Hochschulbau, über diese Frage erneut nachzudenken.

Wichtige Probleme bei dem Bau von Bibliotheken sind die Fragen des Transportes und des Verkehrs. Mit der zunehmenden baulichen Trennung der Funktionsbereiche mußten technische Mittel eingesetzt werden, um den Verkehr, von allem von Personen und Büchern, aber auch von Belegen sicherzustellen. Für den vertikalen Verkehr kommen hier vorwiegend Aufzüge in Frage, wohingegen leistungsstarke Rolltreppen in deutschen Bibliotheken bislang leider zu wenig Verwendung fanden, während für den horizontalen Transport Förderbänder als fest installierte Anlagen, daneben hand- und elektrobetriebene Transportwagen verwendet werden. Außerdem finden auf Schienen laufende Transportanlagen Verwendung sowie Rohrpostanlagen, vorwiegend für den Belegtransport. Alle Transportmittel sollten so geplant werden, daß eine Minimierung der Wege erreicht wird und daß zusammenhängende Nutzungsflächen nicht unterbrochen werden.

Ulrich Hempel

# Fragen der Flächenbedarfsbemessung für Zentrale Hochschulbibliotheken

Das Thema des Referates sollte wörtlich genommen werden, denn zu manchen Bereichen der Flächenbemessung für Bibliotheken gibt es mehr Fragen als gesicherte Bemessungsgrundlagen. Möglicherweise gelingt es aber, hier einige Ansatzpunkte für Antworten auf ungelöste Fragen aufzuzeigen und zu diskutieren.

## 1. Grobbemessung/Flächenrichtwerte für Zentralbibliotheken?

Die Bibliothek - insbesondere die Zentralbibliothek - ist das einzige Gebäude einer Hochschule, von dem man genau weiß, daß dessen Inhalt ständig wächst: Der Bestand an Büchern. Der Bücherbestand als erste, den Flächenbedarf verursachende Größe ist aber offenbar in seinen jährlichen Wachstumsraten nie genau voraussehbar. Dafür gibt es neben dem Wachsen der Welt-Buchproduktion auch besondere Gründe, wie z. B. Strukturveränderungen einer Hochschule - wie die Integration einer Pädagogischen Hochschule mit all ihren Bücherbeständen in eine Universität - und andere unvorhergesehene Gründe mehr.

Allerdings ist das ständige Wachsen primär auf die Bücherzahl beschränkt. Neben den dafür benötigten Buchstellflächen gibt es - sehr vereinfacht - zwei weitere Bibliotheks-Hauptbereiche:

Der zweite große Flächenanteil ist der Benutzerbereich, d. h. die Teile der Bibliothek, in die Nutzer gelangen, für die ja diese Informationseinrichtung primär betrieben wird. Herr Kluth hat den Benutzerbereich ausführlich beschrieben.

Im dritten großen Flächenanteil wird das Bibliothekspersonal und die technischen Dienste untergebracht, die das Funktionieren des Betriebes sicherstellen. Hier wird der Personalbestand sekundär durch das Wachstum der Bücherbestände und durch eine möglicherweise vermehrte Zahl der Benutzer ebenfalls allmählich wachsen.

In den vorhergehenden Referaten wurde gezeigt, welche großen strukturellen und organisatorischen Unterschiede dem Konzept einer Zentralbibliothek zugrunde liegen. Dieser Sachverhalt, verbunden mit dem Wachstum des Bibliotheksinhalts, macht es praktisch unmöglich, zentrale Hochschulbilbiotheken mit "Flächenrichtwerten" zu bemessen oder zu überprüfen.

- Der Begriff "Flächenrichtwert" wird hier im Sinne der Rahmenplanung nach dem Hochschulbauförderungsgesetz verwendet. Danach werden Neubauvorhaben mit Flächen- und Kostenrichtwerten als Planungsinstrumente geprüft

und in den Rahmenplan übernommen.

Das bedeutet, daß man für die zentrale Einrichtung Hochschulbibliothek ein anderes Instrumentarium anwenden muß. Die Frage lautet: Wie kommt man zu den Flächen (Hauptnutzfläche HFN) und zu den Investitionskosten einer Zentralbibliothek, die realistisch sind, den Bedürfnissen der Hochschule entsprechen und und nachprüfbar sind?

Ich schlage vor - im Sinne einer Planung in zeitabhängigen Genauigkeitsstufen - eine Grobbemessung der drei vorgenannten Bibliotheks-Hauptbereiche vorzunehmen. Dies wird als Ablaufschema in Abb.1.4/1 dargestellt.

Diese Grobbemessung leistet Folgendes:

- sie erfordert nur eine relativ einfache und nachvollziehbare Berechnung
- sie berücksichtigt die fachlichen, strukturellen und organisatorischen Besonderheiten des jeweiligen Bibliothekssystems der Hochschule
- das Ergebnis ist die Summe des Flächenbedarf in $m^2$ HNF, die für die Rahmenplanung ausreicht.

Erläuterungen zum Ablaufschema Abb. 1.4/1

Das in der Grundordnung festgelegte System der bibliothekarischen Versorgung einer Hochschule (1) und das Fächerspektrum, in dem Lehre und Forschung betrieben werden sowie die (Ziel-)Zahl der Studienplätze (2) bestimmen - nach Maßgabe des Hochschulentwicklungsplans - die Aufgaben der Zentralbibliothek dieser Hochschule (3). Danach lassen sich die Eingabedaten für die Bemessung des Flächenbedarfs im einzelnen ermitteln (4). Hierfür können z. B. Zielzahlen der Studienplätze, Wachstumsraten der Bücherbestände je Jahr, Statistiken wie Benutzerzahl an der Ausleihe, Prognosen u. a. m. zur Datenermittlung herangezogen werden.

Eine Gliederung in nur drei Hauptbereiche bietet sich an, weil diese eine vereinfachte Berechnung ermöglicht, deren Ergebnisse wiederum für weitere Planungsschritte dienlich sein können; also nicht nur für die Anmeldung des Bauvorhabens zum Rahmenplan, sondern z. B. auch für eine Untersuchung alternativer Baukörper - die sich durch unterschiedliche Aufstellung der Bücher im Magazin oder im Freihandzugriff ergeben. Solche Untersuchungen können für die städtebauliche Einordnung eines Bibliotheksgebäudes wichtig werden. Auch lassen sich zeitlich unterschiedene Planungshorizonte in ihrer Auswirkung auf den Flächenbedarf - z. B. Auslegung der Kapazität auf 2o, 4o oder mehr Jahre - so leichter darstellen.

Art und Anzahl der Nutzungseinheiten (NE) werden auf die erwünschten Nutzungsbereiche (NB) verteilt (8), (9), (1o), deren Flächenbedarf mittels einfacher Berechnungsformeln (11) und unter Verwendung bestimmter Faktoren (Flächen-, Ausnutzungsfaktoren usw.) ausgerechnet werden kann. Die Zwischenergebnisse je Hauptbereich (12), (13), (14) werden in $m^2$ Hauptnutzfläche (HNF, gemäß DIN 277) zusammengestellt. Die Summe der drei Hauptbereiche ergibt die HNF für die Zentralbibliothek (15).

Im Ablaufschema sind zwei Verwendungsmöglichkeiten der Flächenbedarfsbemessung angegeben:

- unter (17) die Anmeldung dieser HNF zum Rahmenplan nach dem Hochschulbauförderungsgesetz, die mit Hilfe der gültigen Kostenrichtwerte auch

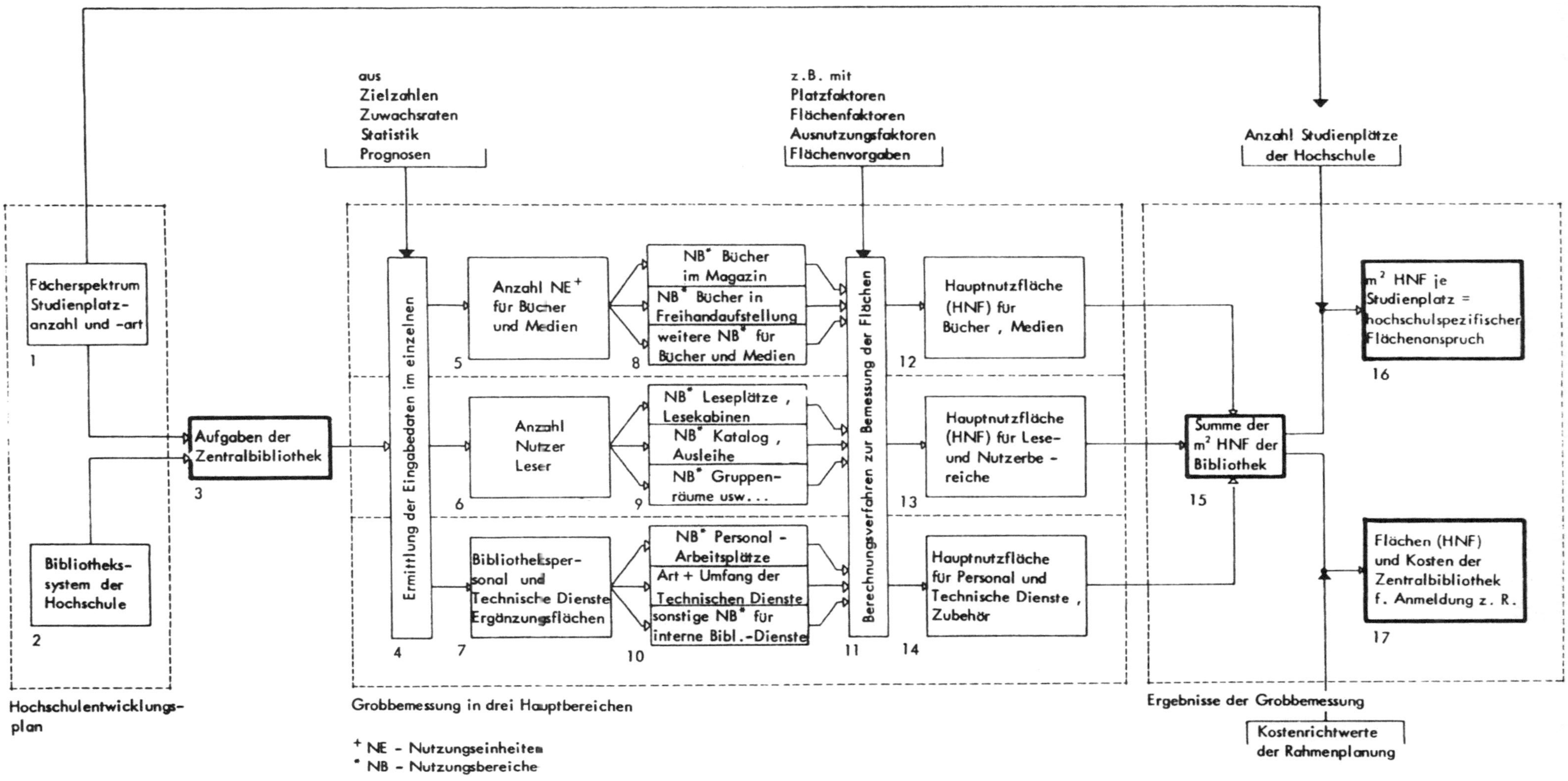


Abb. 1.4/1 Grobbemessung des Flächenbedarfs für Zentralbibliotheken

im Hinblick auf die Einhaltung vorgegebener Kostengrenzen überprüft werden kann

- unter (16) wird die Flächensumme durch die Gesamtzahl der als Zielzahl vorgesehenen Studienplätze geteilt; das Ergebnis "$m^2$ HNF je Studienplatz" kann man als den hochschulspezifischen Flächenanspruch der Zentralbibliothek bezeichnen. Dieser Wert ist aber k e i n Flächenrichtwert im Sinne einer Norm oder eines Vergleichsmaßstabes, denn je nach den vorgegebenen Aufgaben der Zentralbibliothek (3) wird dieser Wert zum Spezifikum der jeweiligen Hochschule.

  Der "hochschulspezifische Flächenanspruch je Studienplatz" für die Zentralbibliothek enthält z. B. Bedeutung bei der Gesamtbetrachtung des Flächenbedarfs eines Studienplatzes; denn die HNF einer Zentralbibliothek stellt in der Systematik der Rahmenplanung einen Zusatzbedarf dar. Im Flächenrichtwert für den "flächenbezogenen Studienplatz" ist ein Anteil an einer Fachbereichsbibliothek enthalten. Dieser Sachverhalt wird in den Universitäten interessant, in denen die Fachbereichsbibliotheken und die Zentralbibliothek zusammen ein einschichtiges Bibliothekssystem bilden (z. B. in Bielefeld).

Zusammengefaßt:
Jede Zentralbibliothek ist ein einmaliges System, eine einmalige Bauaufgabe; die dafür benötigte HNF läßt sich nicht mit einem Flächenrichtwert bemessen oder prüfen. Eine individuelle Grobbemessung ist jedoch möglich.

## 2. Fragen der Feinbemessung

Die Feinbemessung des Flächenbedarfs einer Zentralbibliothek ist schwieriger und aufwendiger. Für den Entwurf von Ausführungsplänen muß eine große Zahl von bedarfsverursachenden und -beeinflussenden Faktoren ermittelt und berücksichtigt werden. Die Planung muß auch die komplexen betrieblichen Zusammenhänge, die aus der Kooperation der Zentralbibliothek mit den dezentralisierten Teilbibliotheken der Hochschule und mit dritten Einrichtungen entstehen, einkalkulieren. Darüber hinaus sind die Limitierung von Investitionskosten (die Kostenrichtwerte der Rahmenplanung gelten selbstverständlich auch für Zentralbibliotheken!) und die Begrenzung von Betriebskosten wesentliche Einflußgrößen in der Feinbemessung.

In diesem Referat können nur drei Fragen herausgegriffen und behandelt werden:
1. Wachstums-Strategien der Speicherkapazität
2. Bemessung der Leseplatzzahl in Zentralbibliotheken
3. ein Vorschlag zur Flexibilität in der Nutzung von Flächen.

### 2.1 Wachstums-Strategien der Speicherkapazität

Die Schätzung der jährlichen Wachstumsraten im Bücherbestand ist auf längere Sicht fast immer ungenau. Die Erfahrung vieler Bibliotheken zeigt heute, daß die Auslegung der Speicherkapazität bei der Neubauplanung auf eine zu kurze Frist ausgelegt wurde; sei es, daß die Zu-

wachsraten größer als geplant ausfielen, sei es, daß der Planungshorizont zu eng war.

Diese Erfahrung lehrt, daß man sich schon bei einer Grobbemessung für einen Neubau unabhängig von schwer prognostizierbaren Größen machen sollte, indem man eine bestimmte Wachstumsstrategie von vorn herein beschließt und verfolgt. Mehrere Möglichkeiten bieten sich an:

- Man kann eine große Speicherkapazität auf lange Zeiträume (4o - 5o Jahre) schon im Neubau realisieren. Der Nachteil ist, daß dabei hohe Investitionsvorleistungen - die kein Finanzminister gern sieht - fällig werden. Damit diese Magazinflächen nicht ungenutzt bleiben, sollten die möglichen Zwischennutzungen geprüft werden. Diese können z. B. Parkplätze für Kraftfahrzeuge oder Lagerflächen für Dritte oder auch (leider wieder) Schutzräume sein. Es ist zu empfehlen, sich überschlägig auszurechnen, wie lange es dauert, bis diese zwischenzeitlich anders benutzten Flächen gebraucht werden: Die Zahl der bibliographischen Einheiten, die das vorhandene Personal bearbeiten kann (in Einheiten/Jahr) liegt ungefähr fest[1]; wenn der "zugangsabhängige Personalbestand" bestimmbar ist, kann der jeweilige Zeitpunkt leicht ausgerechnet werden, zu dem Magazinanteile für den Buchbestand gebraucht werden.

- Bei geeigneten Grundstücken kann der Gebäudeentwurf so ausgelegt werden, daß auf dem Grundstück eine Erweiterungsmöglichkeit vorgesehen wird. Der Vorteil dieser Lösung liegt in der Verschiebung eines Teiles der Investitionskosten in die Zukunft und in einer gewissen Freiheit, die der Erweiterungsanbau zuläßt. Allerdings sollte der Bauvorgang den laufenden Bibliotheksbetrieb dann möglichst wenig stören und der Anbau sollte den Betrieb - z. B. durch weite Transportwege - nicht unwirtschaftlich machen.

- Eine spezielle Wachstumsstrategie wäre, die vorzusehende Erweiterung nur auf das Büchermagazin zu beschränken; d. h. nur das - für Benutzer nicht zugängliche - Magazin wächst und wird durch entsprechende Erweiterungsbauten ergänzt, während die Flächensumme der Freihandstellfläche mit den Leseplätzen, der Personalräume und der technischen Dienste konstant bleibt. Dieses Konzept fordert freilich gewisse bibliothekarische Voraussetzungen in einer flexiblen Buchaufstellung u. a. m. (s. hierzu Abschnitt 2.3)

- Der alte Vorschlag, das Wachstum der Bilbiotheken durch Einrichtung von regionalen Speicherkapazitäten zu beschränken, kann auch als eine "Wachstumsstrategie" gesehen werden. Die Schwierigkeiten, die bei der Einrichtung solcher Sammelstellen auftreten, scheinen indessen vielfältig und zahlreich zu sein, denn bisher wird zwar viel darüber gesprochen aber keine solche Speicherbibiliothek realisiert.

  Da dieses Problem das Thema des Referates überschreitet, soll es hier auch nicht weiter behandelt werden.

## 2.2 Bemessung der Leseplatzzahl in Zentralbibliotheken

Das Problem ist nach Angaben aller Experten noch nicht gelöst, wie man

---

1) vergl. hierzu: Mittler, in "Bibliotheksplan '73", Berlin 1973, Deutsche Bibliothekskonferenz, Seite 8o und 81

rational die Zahl der Leseplätze in einer Zentralbibliothek bemessen kann. Bisher gibt es nur pauschale Berechnungen mit %-Zahlen, der auf die Benutzung der Bibliothek angewiesenen Studenten. Diese Bemessungsvorschläge gehen weit auseinander, sie reichen von 1o% bis fast zu 5o%.

Man kann aber andererseits feststellen: Die meisten Bibliotheken haben in ihren Lesebereichen eine schlechte - allenfalls mäßige - Ausnutzung der vorhandenen Plätze zu verzeichnen. Woran liegt das?

Wenn man Bibliothekare befragt, wenn man selbst über die nutzungsfördernden oder nutzungsbehindernden Gründe nachdenkt, sieht man sich einer kaum zu übersehenden Zahl von Einflüssen gegenüber, die sich zum Teil auch gegenseitig aufheben. Auf jeden Fall sind diese Einflußfaktoren in Zahlen und Werten sehr schwer festzustellen.

In einem lesenswerten Aufsatz hat Jammers[2)] die Probleme beschrieben und - genauso wie der Arbeitskreis "Nutzung und Bedarf" des Zentralarchivs für Hochschulbau - die Aufgabe dem Zentralarchiv (und der HIS GmbH) gestellt, Grundlagen für eine "rationalere" Bemessung zu erarbeiten.

Erwiesen ist, daß eine normative Bemessung mit %-Zahlen oder Relationen bei der Menge von Einflüssen nicht zu einem befriedigenden Ergebnis führt. Auch die Versuche, die Bemessung der Platzzahl nach einem Zeitbudget-Soll vorzunehmen, das aus pädagogischen Gründen erwünscht sei oder aus den Curricula abgeleitet werden könne, führten - trotz der mit viel Aufwand durchgeführten Berechnungen - nicht zu realistischen Platzzahlen (s. Konstanz, Bielefeld u. a.).

Diskutierbar sollte aber ein B e m e s s u n g s m o d e l l sein, das hier vorgestellt wird, basierend auf den ersten Erfahrungen in der Arbeit an diesem Projekt. Der Entwurf wird vorgelegt in dem Bewußtsein, daß es sicher noch nicht der endgültige Vorschlag sein kann, denn es fehlt an konkreten Zahlenrelationen, die für diesen Berechnungsgang als Eingabegrößen benötigt werden. Mit der Diskussion über dieses Modell verbinden wir die Hoffnung, daß mit vereinten Bemühungen aus Statistiken und Beobachtungen vor Ort vielleicht doch empirische Werte gewonnen werden können.

Erläuterungen zu dem Bemessungsmodell (Abb. 1.4/2)

Vorbemerkung: Alle Rechenschritte sind durch fiktive Zahlen als Rechenbeispiel belegt, um das Modell besser verständlich zu machen.

zu (1):
Alle Studenten eines Faches sind potentielle Nutzer der Zentralbibliothek (der Lehrkörper und die wissenschaftlichen Mitarbeiter sind hier zur Vereinfachung des Modells nicht einbezogen; da diese Personen im allgemeinen auch andere Arbeitsformen im Umgang mit Literatur entwickeln, wäre eine gesonderte Bedarfsermittlung sinnvoll).Da es stark fachspezifische Unterschiede in der Benutzung der Bibliotheken gibt, ist es zweckmäßig, den Berechnungsgang von (1) bis (8) je Fach gesondert durchzuführen.

---

2) A. Jammers: Zum Bedarf an Leseplätzen in Hochschulbibliotheken. Aus: Das Buch und sein Haus. Band 2: Vom Bauen neuerer Bibliotheken. Hrsg. R. Fuhlrott. Reichert, Wiesbaden 1979, Seite 163 - 178

Abb. 1.4/2 Leseplätze in der Zentralbibliothek
Entwurf eines Bemessungsmodells (Universität mit 10.000 Studenten)
(Universität mit 10.000 Studenten)

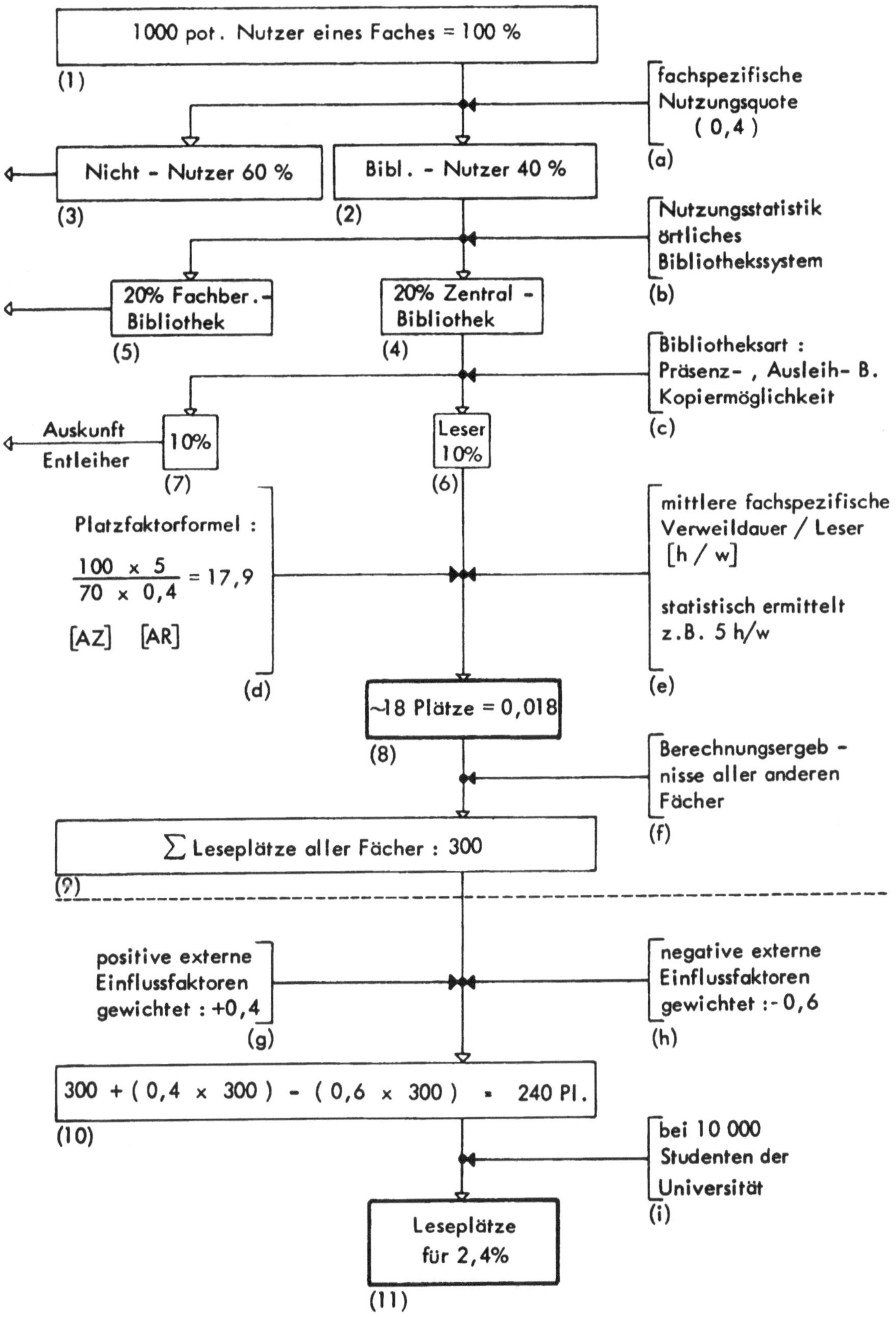

zu (2):
Die Zahl der tatsächlichen Bibliotheksbenutzer wird als fachspezifischer statistischer Durchschnitt in Form einer "fachspezifischen Nutzungsquote" (a) in die Berechnung eingegeben. Diese Nutzungsquoten gehören zu den zu ermittelnden Daten. Fachliteratur zu diesem Thema gibt es, doch müßte diese im Hinblick auf diese Nutzungsquoten ausgewertet werden.

zu (4) und (5):
Die Zahl der Bibliotheksbenutzer spaltet sich entsprechend dem Bibliothekssystem auf Nutzer der Zentralbibliothek und der Fach(bereichs)bibliotheken auf. Eine örtliche Nutzerstatistik (b) kann hier die Prozentsätze liefern. Auch diese Daten dürften nur an einigen Universitäten vorliegen. Außerdem muß man daran denken, daß diese Prozentsätze hochschulspezifisch unterschiedlich sind und sich darüber hinaus auch ändern können (z. B. durch die Inbetriebnahme einer besonders attraktiven Teilbibliothek).

zu (6) und (7):
In diesem Berechnungsschritt werden die Benutzer der Zentralbibliothek in (verweilende) Leser und sonstige Nutzer (Auskunftsuchende, Entleiher usw.) aufgespalten. Die diesem Schritt zugrunde liegenden Relationen sind in jüngerer Zeit untersucht worden.[3] Eine Auswertung dieser und anderer Arbeiten sollte hier einigermaßen verläßliche Zahlen erbringen. Mit dem Ergebnis (6) ist die Zahl der im Lesebereich der Zentralbibliothek zu erwartenden Leser eingegrenzt.

zu (8):
Mit Hilfe der sogenannten"Platzfaktorformel" (d)[4] kann man unter Verwendung einiger weiterer Bemessungsgrößen die Platzzahl errechnen. Dabei ist die hier "mittlere fachspezifische Verweildauer je Leser" (e) genannte Stundenzahl je Woche wohl ein noch empirisch zu ermittelnder Ist-Wert (einen Soll-Wert zu berechnen, hat - wie oben ausgeführt - nicht zu realistischen Zahlen geführt). Die zeitliche Ausnutzung AZ und die platzmäßige Ausnutzung AR [5] sind wenig umstrittene Größen, die sich in Bibliotheken als Öffnungszeit (AZ) und durchschnittliche Platzbelegung (AR) in den verwendeten Größenordnungen bewährt haben (vergleiche hierzu den Exkurs über den Zusammenhang von Öffnungszeit und platzmäßiger Ausnutzung in Lesebereichen am Schluß dieses Abschnitts).

zu (9):
Die errechneten Platzzahlen für alle Fächer werden addiert und bilden damit das Ergebnis der Bemessung, soweit es von hochschulinternen Faktoren abhängt. Dies kann jedoch nur der 1. Teil der Platzzahlbemessung sein. Es gibt weitere bibliotheksinterne aber vor allem einige bibliotheksexterne Einflußfaktoren, die bei der Bemessung nicht außer acht gelassen werden dürfen.

zu (g) und (h):
hier sollen nur einige wichtige Einflüsse und ihre Auswirkungen genannt werden:

---

3) Benutzerverhalten an deutschen Hochschulbibliotheken. Hrsg. K.W. Neubauer. K.G. Saur, München, New York, London, Paris, 1979
4) Handbuch der baubezogenen Bedarfsplanung, Bemessung des Flächenbedarfs im Hochschulbereich, Hrsg. Zentralarchiv für Hochschulbau, HIS GmbH, K.G. Saur, München, usw. Teil II, Seite 27 ff,Teil III S.37 ff, 79
5) Handbuch d. baubezogenen Bedarfsplanung, a.a.O. Teil VI, S. 37 - 39

- Die Art und Aufstellung von Leseplätzen ist eine bibliotheksinterne Sache. Angesichts der schon erwähnten mangelhaften Ausnutzung der Plätze kommt es nicht darauf an, so viel wie möglich auf engstem Raum unterzubringen, sondern vielmehr darauf, durch lebendige Variationen der Anordnung, durch bequeme und ergometrisch geeignete Möbel und durch Schaffung unterschiedlicher, kleinerer Leseplatz-Bereiche den unterschiedlichen Bedürfnissen der Leser entgegenzukommen. D. h. leserfreundlichere Platzanordnung, Abkehr vom großen Lesesaal! Deshalb sollten auch die Flächenansätze je Leseplatz z. B. in der Flächenfaktorenliste unseres "Handbuches der baubezogenen Bedarfsplanung"[6] noch um einige bequemere Möblierung zulassende Faktoren erweitert werden. Ein Grundsatz sollte sein:

  > Lieber weniger Leseplätze vorhalten, dafür besser ausgestattete. Die Mehrkosten in der Anschaffung machen sich durch bessere Ausnutzung bezahlt: D. h. Einzeltische und Stühle mit Armlehnen sollten obligatorisch sein.

- Die Lage der Zentralbibliothek zu den Fachbereichen und anderen Bereichen der Hochschule wie Mensa, Hörsäle usw. möglichst nahe zu halten, ist vorteilhaft. Ein besonders positives Beispiel ist diese Freiburger Zentralbibliothek.

- Die Lage der Zentralbibliothek in der Stadt oder zur Stadt spielt eine Rolle in der Benutzungshäufigkeit. Als Beispiele seien die Campuslagen der Universitäten Konstanz, Ulm oder die Innenstadtlagen in Freiburg, München genannt.

- Die Verkehrsverbindungen und deren Häufigkeit, die Weite der Wege in einer Großstadt oder Kleinstadt sind wichtige Nutzungseinflüsse.

- Die Wohnsituation der Studenten, die Tatsache, ob viele Studenten täglich als Pendler in die Stadt kommen, bestimmt deren Arbeitsverhalten und wo sie vorwiegend arbeiten.

- Einen erheblichen Einfluß auf die Nutzung der Leseplätze nimmt das soziale Umfeld der Zentralbibliothek;
  - es ist schon ein Unterschied, ob der Leser weiß, um die Ecke liegt eine Kneipe, gibt es einen Bäcker, kann er in vielen Läden alles einkaufen, kann er ins Kino gehen und, wenn er vom Buch aufblickt und zum Fenster hinaussieht, ist er eingebunden in das soziale Leben der Stadt
  - oder, wenn der Leser in einem wunderschönen Leseraum einer weitläufigen Bibliothek sitzt, irgenswo im Grünen mit Blick auf Wiesen und Tannen; soweit er sehen kann, kein weiterer Leser und weiß, um 17, 19 Uhr geht der letzte Bus in die Stadt.... Dann wird sich der Leser seiner "sozialen Verlorenheit" bewußt und verläßt fluchtartig die Bibliothek.

  Für den zuerst geschilderten Fall ein konkretes Beispiel: Herr Kehr informierte uns, daß in dieser Bibliothek hier am 27. Dezember 1979 abends zwischen 2o und 21 Uhr ca. 15o Leser gezählt wurden!

Sie werden nun fragen, wie kann man solche Einflußfaktoren bis hin zum

---

6) Handbuch d. baubezogenen Bedarfsplanung, a.a.O., Teil VI, S. 16, 17, 19

sozialen Umfeld quantifizieren? Das ist gewiß nicht leicht und schnell möglich; man kann aber die positiven und negativen Einflußfaktoren als Hypothesen voraussetzen und durch gezielte Beobachtung an bestimmten Bibliotheken bestätigen oder nicht bestätigen. Denn alle diese Situationen sind ja in der Realität in verschiedenen Kombinationen vorhanden. Ich bin überzeugt, daß man im Laufe der Zeit einige Kenntnisse über die wahrscheinlichen Auswirkungen dieser Umstände auf das Verhalten der Leser gewinnen könnte.

Darüber hinaus sind Methoden der vergleichenden Bewertung solcher Einflußfaktoren bekannt. Wir sollten versuchen, durch gezielte Beobachtung und Einsatz von Bewertungsverfahren[7] die Bemessung der Leseplatzanzahl in Zentralbibliotheken zu verbessern. Im Ablaufdiagramm des Bemessungsmodells ist die positive (g) und negative (h) Gewichtung in (1o) eingebracht und damit die benötigte Platzzahl im Sinne der Einflüsse korrigiert. Bezieht man diese korrigierte Platzzahl auf die Ausgangsgröße (hier 1o ooo Studenten), kann man den Prozentsatz ausrechnen, für den Leseplätze in der Zentralbibliothek des untersuchten Falles vorzuhalten sind.

Exkurs über den Zusammenhang von Öffnungszeiten und platzmäßiger Ausnutzung in Lesebereichen; s. hierzu Abb. 1.4/3

> Die Abb. 1.4/3 zeigt ein fiktives Beispiel, einen Lesesaal mit 4o Leseplätzen, der 12 Stunden von 8 Uhr bis 2o Uhr geöffnet ist. Wenn man alle 3o Minuten die besetzten Plätze zählt und als Kurve aufträgt und daraus durch Überlagern der Kurven eine Durchschnittskurve(z. B. einer Woche) bildet, ergibt sich im Mittel bei 12 Stunden Öffnungszeit eine platzmäßige Ausnutzung AR von o,47 (das entspricht einer durchschnittlichen Besetzung von 47% der vorhandenen Plätze). Verlängert man die Öffnungszeit von 12 auf 14 Stunden täglich, s i n k t die durchschnittliche platzmäßige Ausnutzung AR auf o,42. D. h. je länger die Öffnungszeit, desto geringer die Ausnutzung der Plätze! (s.schraffierten Teil auf Abb. 1.4/3. Das schließt nicht aus, daß gerade die wenigen, am Abend von 2o - 22 Uhr, genutzten Plätze vielleicht ein besonders effizientes und konzentriertes Studium möglich machen.
>
> In diesem graphisch dargestellten Beispiel darf man eins nicht übersehen: AR = o,47 bedeutet, daß hier fast jeder 2. Platz im Mittel besetzt ist. Wären z. B. die Tische in dieser Bibliothek als Doppeltische angeordnet, entstünde dort der Eindruck, die Bibliothek sei "voll", wenn am jedem Tisch ein Leser sitzt! Andererseits entspricht das Beispiel nicht der Realität; man findet in den meisten Bibliotheken Ausnutzungskurven vor, die weit niedriger liegen; sie entsprechen eher der in Abb. 1.4/3 eingezeichneten

7) z. B. in: K.H. Bell: Mathematisches Modell zur Berechnung der notwendigen Anzahl von Leserarbeitsplätzen in einer Universitäts- oder Hochschulbibliothek. Zentralblatt für Bibliothekswesen Jg. 84 (197o) Heft 7, Seiten 385 - 395, Berlin, DDR

gestrichelten Kurve. Wie groß eine "Platzreserve" in Lesebereichen zur Aufnahme von Stoßbetrieb sein muß, sollte man diskutieren. Sicher ist aber eine im Mittel vorhandene "Reserve" von 8o% ungenutzter Plätze unwirtschaftlich.

## 2.3 Zur Flexibilität der Nutzung von Flächen

Die Möglichkeit der flexiblen Nutzung von Hauptnutzflächen wird auch für Bibliotheken immer wieder gefordert, weil Wachstum und Nutzungsveränderungen schwer voraussagbar sind. Ein Gebäude voll flexibel nutzbar zu bauen, ist zwar möglich aber sehr teuer und deshalb aus Gründen der Wirtschaftlichkeit abzulehnen.

Andererseits ist die Forderung berechtigt, in großen Bibliotheken eine gewisse Flexibilität in der Nutzung der Flächen vorzuhalten. Man sollte aber überlegen, wie groß dieser Anteil wirklich sein muß. Insoweit gehört diese Entscheidung auch schon in die Bemessung des Flächenbedarfs hinein. Ich komme in diesem Zusammenhang nochmals auf den unter "Wachstumsstrategien" schon angedeuteten Vorschlag zurück, den Flexibilitätsbereich einer Zentralbibliothek dadurch zu begrenzen, daß man das Wachstum und die daraus folgende Erweiterung der Bibliothek voll auf den Magazinbereich abstellt; auf der anderen Seite aber von vorn herein eine Flächensumme vorsieht, die für Freihand-Buchbestände und Leseplatzbereiche zusammen bemessen wird. Die als Summe konstante Fläche ist dann intern flexibel nutzbar, d. h. die Grenzen zwischen Bücherstellflächen und Leseplatzflächen sind nicht fixiert, sondern werden nach Bedarf variabel festgelegt. Dieser Nutzungsaustausch auf der Grenze zwischen Stellflächen und Lesebereichen geschieht ja auch schon in der Praxis.

Für dieses Konzept müssen zwei Voraussetzungen erfüllt sein:

1. bibliothekarisch:

   Die Freihand-Buchbestände, systematisch aufgestellt, werden zahlenmäßig etwa konstant gehalten, indem immer nur der aktuelle Bestand vorgehalten wird und die nicht mehr aktuellen Bücher ins Magazin übernommen werden. Diese ständige Umschichtung von Büchern hat natürlich erhebliche betriebliche und organisatorische Konsequenzen, die bis zur zweckmäßigen Buchsignatur reichen. Dieses Konzept funktioniert z. B. hervorragend in Regensburg.

2. baulich:

   Dem Architekten sollte für den Gebäude-Entwurf in diesen Bereichen etwas mehr "Bewegungsfreiheit" gewährt werden, was z. B. dadurch realisiert werden kann, daß ihm nicht die absoluten Minima an Flächenansätzen je Nutzungseinheit vorgeschrieben werden. Daß das in der Praxis möglich ist, werden Ihnen morgen Beispiele wie die Bibliotheken in Düsseldorf oder Regensburg zeigen.

Der Vorteil dieser Lösung, eine Bibliothekseinheit aus Bücherstellfläche und Lesebereichen zu bilden - die natürlich auch an eine Obergrenze gebunden sein sollte - liegt darin, daß dieser Bereich - bei

innerer Flexibilität - betrieblich, organisatorisch und damit auch architektonisch intakt bleibt.

3. Schlußbemerkung

Hier konnten nur einige wichtige Fragen der Flächenbedarfsbemessung angeschnitten werden. Meine Vorschläge sollen als Diskussionsgrundlage dienen. Vielleicht scheinen viele der "unbekannten Größen und Relationen", von denen ich gesprochen habe, den Bibliothekaren unter Ihnen gar nicht so schwer beschaffbar? Denn in den meisten Bibliotheken werden Statistiken geführt und es ist möglicherweise nur noch e i n Schritt weiter zu tun, um wichtiges Datenmaterial gewinnen zu können.

Ich bitte deshalb insbesondere die Bibliothekare um Hilfe bei einer weiteren Bearbeitung des vorgeschlagenen Bemessungsmodells, vielleicht kann man dieses in Zusammenarbeit mit Ihnen testen und weiterentwickeln.

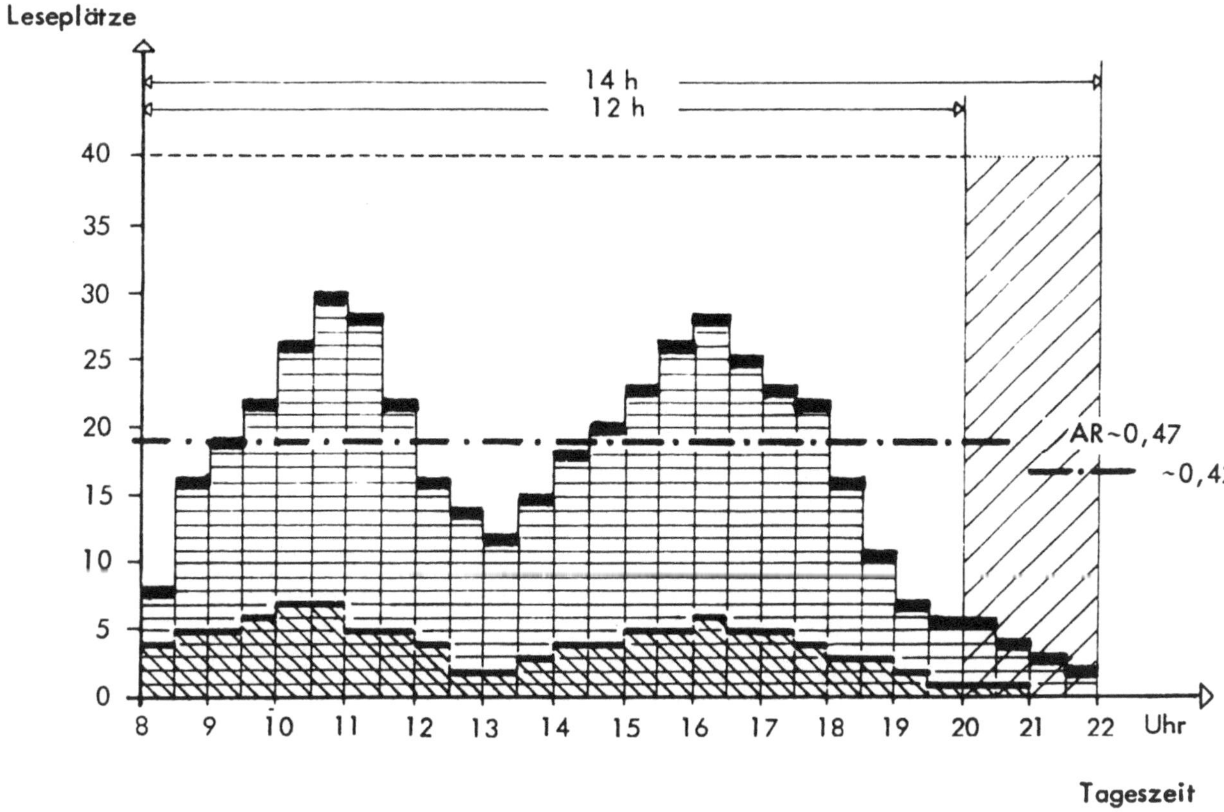


Abb. 1.4/3 Öffnungszeiten und platzmässige
Ausnutzung von Lesebereichen

## 2. Probleme von technischem Ausbau und Betrieb von Hochschulbibliotheken

Peter Schweigler

# Förder- und Lagertechnik in Hochschulbibliotheken

Die folgenden Ausführungen geben einen knappen Überblick darüber, welche hauptsächlichen technischen Möglichkeiten zur Lösung von Transport- und Lageraufgaben in Bibliotheken bestehen. Weitere Techniken und Verfahren sind der Literatur zu entnehmen. (1)+

## 1. Fördertechnische Anlagen

### 1.1 Beförderung von Personen

Es ist den Bibliothekaren ein Hauptanliegen, den Benützern der Bibliotheken, außer hinreichend breiten Treppen, leistungsfähige und bequeme vertikale Beförderungsmöglichkeiten zu bieten.

Die früher in großen Verwaltungsbauten vielfach üblichen Personenumlaufaufzüge (Paternoster) dürfen infolge der geänderten gesetzlichen Bestimmungen seit 1974 nicht mehr eingebaut werden. Als einzige Bibliothek der Bundesrepublik ist die Universitätsbibliothek Konstanz damit ausgerüstet, ohne daß die Anlagen später in Betrieb gingen. Somit bleiben für die Beförderung von Personen nur die beiden Möglichkeiten des Aufzugs und der Rolltreppe.

Bei den Aufzügen kommt es besonders auf den Zuschnitt und die Größe des Fahrkorbs sowie auf die Bedienungsfreundlichkeit der Türen an, vor allem im Hinblick auf den Transport von Bücherwagen, die stets nur gradlinig ohne Drehung ein- und ausgefahren werden sollen. Den Möglichkeiten des Fahrbetriebs und der Steuerung ist besondere Beachtung zu schenken: Innen- und Außensteuerung, automatische Stockwerksbereitstellung je nach Tageszeit und Richtung des Hauptverkehrsstroms, möglichst kurze Taktzeiten zwischen den einzelnen Bewegungsphasen wie Stationswahl/Abfahrt und Halt/Türöffnen, öffentlich und interne Aufzüge, absperrbare Schachttüren bei internen Geschossen. Lastenaufzüge sind nicht nur hinsichtlich der Tragfähigkeit ausreichend zu dimensionieren. Es ist auch zu berücksichtigen, daß große Möbelstücke, längere Maschinen und Geräte oder sperrige Regalteile immer wieder zu transportieren sein können.

Rolltreppen zur Beförderung des vertikalen Hauptbenutzerstroms haben nur zögernd und vor allem in Großbibliotheken Verwendung gefunden. Insbesondere die öffentlichen Bibliotheken wissen ihre publikumswirksame Attraktivität zu schätzen. Neben der York University Library in York/Toronto, Kanada, der Robarts Research Library der University of Toronto, Kanada (2) und dem zweiten Erweiterungsbau der Library of Congress in Washington/D.C.,

---

+ Alle Literaturangaben und Abbildungen am Schluß des Referates

dem James Madison Memorial Building, wurde der Neubau der Public Library in Birmingham, England mit einer großen Rolltreppenanlage ausgerüstet. (Abb. 2.1/1) Von den insgesamt 6 Doppelrolltreppen (für Auf- und Abwärtsfahrt) bringt die erste den Benutzer von der Eingangsebene in die Zone der Kataloge, Leihstellen und der Eingangskontrolle der Lesesäle. Dann wird er mit fünf weiteren Rolltreppen zu den vier oberen großflächigen Geschossen mit den umfangreichen Freihandbeständen emporgehoben und - ganz anders als in einem Lift - wird ihm die Vielfalt der Möglichkeiten einer Bibliothek bilderbuchartig und auf die vom Kaufhaus her gewohnte Weise vor Augen geführt.

Der gleichen Philosophie - rascher Transport ohne Wartezeiten vor Aufzügen, Anreiz und sich zwanglos ergebende Informationsmöglichkeiten der Besucher - huldigt auch die Planung des Neubaus der Stadtbibliothek in Rotterdam. Das Gebäude wird eine Hauptnutzfläche von 16 000 $m^2$ haben und eine Million Bände in offener Aufstellung aufnehmen. Zweimal sechs Rolltreppen werden den Besucherstrom aufwärts und abwärts befördern und dabei durch den "Wasserfall" des Glasdachs einen exzellenten Blick auf die Stadt bieten

In der Bundesrepublik sind Rolltreppen vorderhand nur in einer großen öffentlichen Bibliothek anzutreffen, wo sie bei einer Nutzungsänderung des Gebäudes, das früher als Kaufhaus diente, erhalten blieben (Stadtbibliothek Frankfurt/Main). Vier Rolltreppen waren z. B. auch für das neue Gebäude der Stadtbibliothek München am Gasteig vorgesehen, fielen später aber Sparmaßnahmen zum Opfer

Die Zukunft wird zeigen, ob nicht auch in Universitätsbibliotheken eine Nutzanwendung dieser Technik gesehen werden kann, vor allem dort, wo es darum geht, den Benutzerstrom von der Fußgängerzone und Eingangsebene auf die erste Hauptbenutzungsebene mit Leihstellen, Katalogen und Informationszentrum zu heben.

Für die innerbetriebliche Personenbeförderung kamen in den letzten beiden Jahrzehnten Roller, Fahrräder und Elektrofahrzeuge zum Einsatz, die vor allem dem Zweck dienen, in den immer größer werdenden Magazinarealen die Laufarbeit für die Magazinmitarbeiter zu verringern und die Transportaufgaben mit geringen finanziellen Investitionen zu mechanisieren.

So verwendet die Königliche Bibliothek in Stockholm Dreirad-Roller und die ETH-Bibliothek in Zürich Zweiradroller, auf denen sich der Bedienstete dadurch fortbewegt, daß er sich mit einem Fuß vom Boden abstößt. Die Roller sind mit Gitterkörben zur Aufnahme von Büchern ausgerüstet und kosten wenige Hundert DM. Die Universitätsbibliothek in Freiburg i. Br. hat in ihren zwei Großflächenmagazinen mit Stellraum für 2,8 Mill. Bände drei Bücherräder im Einsatz (drei weitere sind geplant), die die vorhandenen Transporteinrichtungen der Buchförderanlage Telelift und der Rohrpost ergänzen. (Abb. 2.1/2) Es handelt sich um dreirädrige Behindertenfahrräder mit Gitterkorb. Die Räder sind maximal 76 cm breit und verkehren in den 2,1o m breiten Magazingängen (zum Großteil Kompaktregale). Bei dieser Gangbreite lassen sie sich auch bequem wenden (Mindestwendekreisdurchmesser 1,7o m!). Außerdem sind sie problemlos durch normalbreite Türen zu steuern. Die größte Längserstreckung des Magazins beträgt knapp über 1oo m. Die Räder sind mit einer Übersetzung und einem Differential ausgerüstet und kosten etwa DM 1.2oo (Fa. KAWE, Gütersloh).

Seit 1968 bereits werden in deutschen Bibliotheksmagazinen auch fahrergesteuerte Elektroroller eingesetzt. Mit diesen wendigen batteriegespeisten Fahrzeugen - auch Personenflitzer genannt - lassen sich die Transportwege im Magazin - geeignete Magazingrundrisse vorausgesetzt - auf einfache und sehr wirkungsvolle Weise mechanisieren. Die Elektroroller, die nur einen geringen Wartungsaufwand verlangen, besitzen kleine Abmessungen und werden im Stehen oder im Sitzen gesteuert. Für ihre Leistungsfähigkeit sind Breite und Kurvengängigkeit sowie Anzahl und Art der Gänge ausschlaggebend. Der Einsatz dieser gleislosen Flurförderzeuge kann flexibel an jede Änderung der räumlichen Situation angepaßt werden und sie lassen sich mit jedem anderen Fördermittel kombinieren, z. B. mit Kleinlasten- oder Behälterumlaufaufzügen.

Drei Großbibliotheken haben bisher ihre Magazine mit dieser Fördertechnik ausgestattet: Die Bibliothek des Deutschen Museums in München (Fa. Jungheinrich), die Universitätsbibliothek Münster (Fa. Withof) und die Landesbibliothek Stuttgart (Fa. Eberspächer). Die Universitätsbibliothek Gießen plant den Einsatz von mehreren Elektrorollern für die Großflächenmagazine ihres Neubaus.

Der Prototyp eines neuen Elektrorollers für stehende Bedienung mit dem Namen "Eltrolly" wurde gerade von der Firma Grieshaber, die Fahrzeuge und Geräte für die Postverteilung fertigt, auf der Hannover-Messe 198o vorgestellt (Abb. 2.1/3).

Die Kosten für derartige Elektrofahrzeuge sind mit wenigen tausend DM vergleichsweise niedrig. Man messe daran die Investitionen für eine Förderanlage. Allerdings läßt sich mit den Fahrzeugen kein komplexes Transportsystem über viele Stockwerke aufbauen, da es immer dort einen Bruch gibt, wo der vertikale Förderweg beginnt.

1.2 Beförderung von Bestellscheinen

Für die materielle Beförderung von Bestellunterlagen können die verschiedenen Rohrposttechniken sowie die Technik der Förderbandanlagen mit oder ohne Transporttaschen eingesetzt werden, sofern man nicht auf einen eigenen mechanischen Förderweg verzichtet und die Formulare den Fördermitteln für den Buchtransport anvertraut, wie z. B. in der Universitätsbibliothek Regensburg, wo die Behälterförderanlage diese Aufgabe übernimmt. Bei Bibliotheken mit Sofortbedienung ist jedoch der Zeitfaktor hierbei zu berücksichtigen. Im übrigen können hierfür auch nachrichtentechnische Übermittlungssysteme eingesetzt werden, wie die Fernschreib- oder die Fernkopiertechnik (sog. Telefaksimileanlagen). In Zukunft werden wohl zunehmend Peripheriegeräte der Datenverarbeitung zum Einsatz kommen: Der Benutzer tippt die Bestelldaten, also vor allem die Signatur des Werkes und seine Benutzernummer, in eine Datenstation - sofern beide nicht maschinenlesbar etwa in einem Strichcode auf dem Datenträger angebracht sind -, und die in den Magazinstationen stehenden Drucker geben Belege für die weitere Bearbeitung der Bestellung durch das Magazinpersonal aus (ETH Zürich, TH Delft).

Ähnlich wie bei der Schwerkraftförderung von Büchern mit Wendelrutschen arbeiten mehrere Bibliotheken mit der die geringsten Investitionen erfordernden und wartungsfreien Technik der Fallpost. Voraussetzung hierfür ist allerdings die Beschränkung auf den Abwärtstransport mit keinem oder nur geringem horizontalen Versatz. Beispiele

sind die Universitätsbibliotheken Clausthal und Münster, die Stadtbibliothek München und die Gesamthochschule Siegen.

Bei der Beurteilung der verschiedenen Systeme der B ü c h s e n r o h r p o s t kommt es für den Bibliothekar vor allem darauf an, daß die einzelnen Arbeitsgänge bei der Bedienung der Anlage möglichst optimal gestaltet werden können: einfache Be- und Entladung der Rohrpostbüchsen, z. B. durch deckellose Büchsen mit Klemmfedern (Universitätsbibliothek Tübingen); rasche Zieleingabe durch Tastenwahl; einfacher Einwurf im optimalen Griffbereich, möglichst in ständig offene Einwurföffnungen ohne Betätigung von Deckeln oder Türen; Auswurf der Büchsen am Ziel gut sichtbar in offene Behälter ohne Betätigung von Klappen und Türen. Dies gilt insbesondere für die Stationen an Schaltern und Ausleihtheken. Hinzu kommt die Entscheidung über die technische Auslegung des Gesamtsystems und den weiteren Bedienungskomfort: Einzelfahrrohr von der Leihstelle zu jeder Magazinstation, Einrohrwendebetriebsanlagen mit Weichen, Stationen mit oder ohne Abfahrautomatik, büchsengesteuerte Großanlagen, vergl. hierzu Abb. 2.1/2.

Bauämter und freie Architekten sollten vor allem den Bibliothekar darin unterstützen, daß eine möglichst optimale Technik, die zeit- und kräftesparend ist, ausgewählt wird und nicht nur der billigste Bieter zum Zuge kommt.

Ihre Hauptaufgabe liegt aber darin, den Einbau der Stationen und Fahrrohre so vornehmen zu lassen, daß man so wenig Technik wie möglich sieht und hört. Das heißt: Stationen im Publikumsbereich, z. B. in Theken sollten sollten frei von störenden Fahrrohren sein. Thekenstationen müssen von unten angefahren werden. Fahrrohre aus Kunststoff müssen an oder in Wänden und Decken so verlegt werden, daß es keine häßlichen Verschmutzungen durch die elektrostatische Aufladung gibt.

Im Verhältnis zu der Büchsenrohrpost ist die Technik der Z e t t e l - r o h r p o s t in Bibliotheken nur gering verbreitet. Hier werden die Bestellscheine, die eine besondere Kartonqualität aufweisen müssen, behälterlos im Luftstrom der Fahrrohre transportiert. Der Hauptvorteil besteht darin, daß man keine Büchsen mit all den Problemen der Beschickung und Entleerung sowie der Bevorratung und Rücksendung benötigt. Die anhaltend schlechten Erfahrungen der Universitätsbibliothek Karlsruhe mit dieser Technik sollten zu denken geben. Andererseits betreibt die Königliche Bibliothek in Brüssel eine Zettelrohrpost-Großanlage mit 1o1 Stationen, die erst 1969 installiert wurde.

Sind die Transportwege für die Bestellscheinübermittlung relativ einfach gestaltet, so können F ö r d e r b a n d a n l a g e n mit Erfolg eingesetzt werden, wobei die Zettel entweder behälterlos oder in Taschen oder Hüllen versandt werden (Flachband- oder Hochkantförderbandanlagen). Haben die Taschen eine Vorrichtung zur Zielkennzeichnung, so spricht man von Taschenförderanlagen, mit denen sich auch kompliziertere Förderwege mechanisieren lassen (Bibliothek der TH Aachen).

## 3. Beförderung von Büchern

Für den manuellen Buchtransport existiert eine Vielzahl von Modellen

von H a n d b ü c h e r w a g e n , die im Hinblick auf die speziellen Einsatzzwecke konstruiert sind. So gibt es sehr wendige, kleine Dreiradler für den Bürobereich, die sich platzsparend an den Arbeitsplätzen der Buchbearbeitung einsetzen lassen, aber auch in den Lesezonen den Benutzern für Transporte zur Verfügung gestellt werden können. Für den Bürobereich werden außerdem·größere vierrädrige Bücherwagen benötigt, die vor allem als mobile Regale und Ablageflächen dienen und mit kleineren Apparaterollen ausgerüstet sind. Im Benutzungs- und Magazinbereich werden Bücherwagen verlangt, die den dort anfallenden Mengen und Gewichten gewachsen sind.

Sie sind durch robustere Konstruktion und größere Räder ausgezeichnet und verfügen eventuell sogar über Luftbereifung und Bremsen, damit der Transport auch bei unebenen Böden, Schwellen und Schlitzen bei Aufzügen oder Rampen reibungslos vornstatten geht. Die Stattsbibliothek Preußischer Kulturbesitz in Berlin hat Rohrwagen konstruiert, in die die Behälter der Kastenförderanlage eingesetzt werden können (Abb. 2.1/4).

Nimmt die Länge der Transportwege erheblich zu, so kann es notwendig werden, batteriegespeiste Elektrobücherwagen einzusetzen, z. B. auf einem großflächigen Universitätsgelände mit zahlreichen Teilbibliotheken.

Einen neuartigen Bücherwagentyp für die Benutzer in den Lesezonen entwickelte gerade die Universitätsbibliothek Freiburg für ihren Neubau (Fa. Zentner, Freiburg). Das vierrädrige Gefährt in der normalen Größe eines Bürobücherwagens, das für mehrere Wochen verliehen wird, verfügt über einen allseitig geschlossenen Aufbau, in dem der Benutzer seinen Handapparat und sein übriges Arbeitsmaterial sicher verwahren kann. Die Vorderwand gestattet durch eine Glasscheibe Einsicht und Überprüfung des Inhalts durch das Bibliothekspersonal, der Deckel ist abschließbar. Die Wagen - insgesamt stehen 4o Stück zur Verfügung - parken zu den Zeiten, in denen der Benutzer sie nicht zur Arbeit an einem Lesesaaltisch benötigt, in gut markierten Parkzonen entlang der Wände (Abb. 2.1/5).

Bei den Buchtransportanlagen ist die gelegentlich verwendete F r a c h t - r o h r p o s t - das Paradebeispiel hierfür ist die Bibliothek der Library of Congress in Washington - infolge ihres apparativen Aufwands unbedeutend geblieben. Mit Erfolg haben dagegen mehrere Bibliotheken bereits die billige, wartungsfrei zu betreibende Technik der W e n d e l - r u t s c h e oder des Trudlers eingesetzt. Die Anwendung ist allerdings auf die Schwerkraftförderung senkrecht nach unten beschränkt. In der TH Delft war aus Gründen des Feuerschutzes später eine Ummantelung der Rutschen nötig K l e i n l a s t e n a u f z ü g e sind in vielen Bibliotheken im Einsatz, häufig als zusätzliche Fördermittel neben komplizierten Förderanlagen für die dort nicht zugelassenen Großformate. Reicht die Kapazität von Kleinlastenaufzügen nicht aus, so können B ü - c h e r w a g e n a u f z ü g e ohne Personenbeförderung Abhilfe schaffen. Geringe Niveauunterschiede lassen sich auch mit H e b e b ü h n e n überwinden, um lange und unfallträchtige Rampen zu vermeiden.

Zum kontinuierlichen Buchtransport werden Bandförderanlagen und Behälterförderanlagen eingesetzt. B a n d f ö r d e r a n l a g e n benötigen keine besonderen Transportbehälter für die Büchern, somit auch nicht deren Bevorratung und Codierung, fördern dafür aber nur in einer Richtung und ermöglichen keine Verteilung des Fördergutes auf verschie-

denen Zielstationen. Niveauunterschiede von 1 - 3 Geschossen können mit ihnen bis zu etwa 3o° Steigung überwunden werden. Probleme gibt es mit der geforderten Kopffreiheit, meist von 2oo cm, sie ist für kleine Magazinmitarbeiter zu hoch. Ein besonders neuralgischer Punkt bei Förderbandanlagen ist die Stelle Förderband/Theke. Es ist schlecht, wenn für das Leihstellenpersonal weite Wege vom Schalter zum Förderband entstehen. Andererseits soll das Band nicht den freien Durchgang behindern.

Behälterförderanlagen dienen vielfach nur der Mechanisierung der vertikalen Transportwege: einfache Behälteraufzüge, Mehrfächeraufzüge oder Behälterumlaufaufzüge (Bücherpaternoster) mit hohem Transportvolumen bis zu 5oo Behälter/Stunde. Durch den Anschluß von Förderbandstrecken lassen sich komplizierte Horizontal-Vertikal-Fördersysteme zur Versorgung vielstöckiger Gebäude mit größeren Geschoßflächen aufbauen. Für die speziellen Erfordernissen in Bibliotheken wurden Leerkastenbänder zur ständigen Bereithaltung von Leerbehältern in Magazinen, Leerkastenspeicher sowie raumsparende Stationen zur Ausrüstung der Arbeitsplätze im Thekenbereich von Leihstellen entwickelt. Besonderes Augenmerk der Architekten ist bei der Gestaltung der Theke vonnöten.

Zunächst ist es eine Frage, ob es eine Sitz- oder eine Stehtheke werden soll, wobei der Verfasser der letzteren - so wie sie hier im Neubau der Universitätsbibliothek Freiburg zu sehen ist - den Vorzug gibt. Die Mitarbeiter können auf Hochdrehstühlen auch an dieser Theke sitzen. Häufig ist diese Höhe aber auch die Folge des Einbaus einer Förderanlage, die eine größere Höhe benötigt. Über absolut vorbildliche Thekenstationen verfügt die Bayerische Staatsbibliothek mit ihren "Absenkstationen", die den Mitarbeitern alle bei der Sofortbedienung benötigten Funktionen bieten. Die Theke ist lediglich zu tief, da die Stützpfeiler in sie einbezogen sind und unnötigen hohlen Raum schaffen.

Viel zu tief geraten ist allerdings die Theke in der Leihstelle der Staatsbibliothek Preußischer Kulturbesitz in Berlin, um die Bandstrecken der Kastenförderanlage bis an die Schalterplätze heranzuführen. Ihre Tiefe von über 17o cm macht sogar an jedem Schalterplatz ein eigenes Thekenförderband für die Materialübergabe zwischen Schalterbeamten und Benutzer notwendig

Was die Kapazität der Behälter der herkömmlichen großformatigen Kastenförderanlagen angeht, so war diese bei einem Volumen von rund 35 Litern mit Büchern nie voll auszunutzen, da Bücher und Zeitschriftenbände hierfür zu schwer sind. Die Zuladung war in der Regel auf 1o - 15 kg begrenzt.

Nicht zuletzt deswegen, aber auch wegen der zunehmend im Vormarsch begriffenen Soforterledigung der Benutzerwünsche, der sogenannten Sofortbedienung, die meist nur eine Förderung von Kleinstmengen von Bänden verlangt, ist in den letzten 1o Jahren eine neue Generation von Behälterförderanlagen in den Bibliotheken zum Einsatz gekommen, indem die allgemein für die Aktenförderung im Verwaltungsbereich konzipierten Büroförderanlagen für die Zwecke der Bibliotheken adaptiert wurden. Sie verwenden im Prinzip die gleiche Technik wie die alten Behälterförderanlagen mit ihren großen Behältern, nämlich Förderbandstrecken und Umlaufaufzüge, haben jedoch erheblich kleinere Abmessungen. Daher können sie viel leichter und raumsparend in den Baukörper integriert werden. Mit ihnen lassen sich sogar Förderbandbrücken realisieren, die es

erlauben, mit der Transportanlage die Hauptmagazingänge in Normalhöhe zu queren, wobei das Förderband im Bereich der Brücke bei Bedarf weggeklappt werden kann. Eine solche Lösung praktiziert mit Erfolg die Universitätsbibliothek Regensburg bei ihrer SEL-Kassettenförderung (Abb. 10).

Ähnlich dimensioniert, aber mit einer ganz anderen Technik werden ebenfalls seit etwa 10 Jahren Förderanlagen mit gleisgebundenen und einzeln angetriebenen Fahrzeugen für bibliothekarische Transportaufgaben eingesetzt. Die Transportbehälter fahren hierbei nach Art von Elektrolokomotiven auf einem Schienennetz, das ohne Unterbrechung des Transportflusses - etwa durch ein Umlaufaufzug - von der Horizontalen in die Vertikale und umgekehrt übergeht. Hersteller sind die Firmen Siemens, Telelift und Translift-Whylen. Diese Systeme können allen organisatorischen und baulichen Erfordernissen günstig angepaßt werden, da das Schienennetz mit kleinen Kurvenradien dreidimensional frei im Raum ähnlich wie bei einer Rohrpostanlage verlegt werden kann. Zugleich ist diese Technik sehr wartungsfreundlich, da alle aktiven und dem Verschleiß unterliegenden Teile hauptsächlich in den Fahrbehältern stecken. Jeder Fahrbehälter kann auf einfache Weise zu Wartungszwecken oder bei nicht mehr einwandfreier Funktion zur Reparatur aus der Anlage entnommen werden, ohne den Betrieb der ganzen Anlage - anders wie bei einer Förderbandanlage mit defektem Antriebsmotor oder Band - im geringsten zu beeinträchtigen (Tabelle 1, Abb. 2.1/2).

Die Förderkapazität dieser Fahrbehälter ist mit etwa 12 Litern Nutzinhalt für die Zwecke der Sofortbedienung voll ausreichend. Die Normalbehälter, die zur Schonung des Transportguts auch in einer schwenkbaren Ausführung zur Verfügung stehen, nehmen mit einer nutzbaren Höhe von 36 cm noch das Quartformat sicher auf. Spezialbehälter gestatten Buchformate bis zur Höhe von 40 cm. Eine Zuladung bis 10 kg ist möglich. Auf längeren Horizontalstrecken können die Fahrbehälter sogar mit einer Geschwindigkeit von 1 m/sec. laufen, während die Normalgeschwindigkeit meist 0,6 m/sec. beträgt (Förderbandanlagen meist 0,5 m/sec.).

Zur Vermeidung von Zugerscheinungen bei Durchfahrtsöffnungen in Wänden und Decken dienen selbsttätig schließende Türen. Durchfahrtsöffnungen im Bereich von Brandwänden, Decken und Schächten werden mit Brandschutzschiebern und -klappen ausgerüstet, die bauaufsichtliche geprüft und zugelassen sind (Abb. 2.1/6).

Eine weitere Möglichkeit zur Mechanisierung des Buchtransports bieten unter bestimmten Voraussetzungen Seil- oder Kettenförderanlagen, die die an einer Kette befestigten Transportbehälter - ähnlich wie bei einem Sessellift im Gebirge - in einem Zwangsumlauf über den gesamten Förderweg transportieren. Auch sie wechseln nahtlos ohne Unterbrechung des Transportweges zwischen der Horizontalen und der Vertikalen.

Zuletzt sei noch auf ein Fördersystem hingewiesen, das bis jetzt nur im Krankenhausbereich im Einsatz ist und das an die Belange der Bibliotheken erst adaptiert werden müßte: die Technik der gleislosen, automatischen Flurförderzeuge. Mit dieser Technik (z. B. dem System Transcar der Fa. Telelift) läßt sich ein komplexes Gesamtfördersystem in einem vielgeschossigen Bibliotheksgebäude mit großer und differenzeirter Horizontalerstreckung - auch nachträglich -

ohne Schwierigkeiten aufbauen, da die Fördereinheiten - bestehend aus wenigen aktiven Schleppfahrzeugen und vielen passiven Transportwagen - ohne Installation besonderer Förderwege in der Horizontalen, das normale Gangsystem eines Gebäudes als Fahrwege benutzen und für den Vertikaltransport die vorhandenen Aufzüge eingesetzt werden. Die batteriegespeisten Elektroschlepper suchen sich dabei selbst ihren Weg mittels passiver, im oder auf dem Boden verlegter Leitbänder. Außerdem läßt sich das Fördersystem - durch Neuverlegen eben dieser Leitbänder - jeder Änderung der Betriebsorganisation mit geringem Aufwand flexibel anpassen. Damit stellt dieser Fördersystem ein Nonplusultra dar, das es erlaubt, die Fördertechnik bis zur Tür des Fachreferentenzimmers oder des Direktionssekretariats voranzutreiben. Das Haupteinsatzgebiet sind bisher die Ver- und die Entsorgung von Krankenhäusern einschließlich Essentransport.

## 2. Lagertechnik

### 2.1 Freihand- und Magazinregale

Bei den Freihand- und Magazinregalen geht es den Bibliothekaren in erster Linie um nicht zu knappe Achsabstände und ausreichende Regalhöhen.

Achsabstand ist definitionsgemäß der Abstand von Pfostenmitte zu Pfostenmitte zweier parallel zueinander stehenden Doppelregale. Die als Standard für diese Achsabstände in der Literatur genannten Maße sollten keinesfalls unterschritten werden, um eine gute Bedienbarkeit der Regale für die Benutzer wie vor allem auch für die Bibliotheksmitarbeiter zu gewährleisten. Das kritische Maß für den Achsabstand von Magazinregalen liegt bei 13o cm und es sollte nur in Ausnahmefällen und auch dort nur geringfügig unterschritten werden. Auf alle Fälle ist es eine Forderung an den humanen Arbeitsplatz des Magaziners, einen Bewegungsspielraum für den im Bedienungsgang Tätigen von mindestens 75 cm zu garantieren. In den Freihandbereichen und Lesezonen ist der Achsabstand der Regale entsprechend der Benutzungsfrequenz und der Achslänge hinreichend zu erweitern (3).

Was die Regalhöhen bei Freihandregalen betrifft, so werden diese bei den deutschen wissenschaftlichen Bibliotheken inzwischen allgemein etwa 225 cm hoch gehalten wie bei den Magazinregalen. Entsprechende Hilfmittel für kleinere Benutzer müssen bereitstehen: Auftritte, Tritthocker, Elefantenfüße, Kleinleitern.

Überhohe Regale mit einer Standardhöhe von 33o cm zu verwenden bringt dagegen kaum einen Gewinn in Anbetracht des damit verbundenen Aufwandes für eine sichere Leiterführung, ganz abgesehen davon, daß nicht jede Geschoßdecke für diese Belastung ausgelegt ist. Achsabstände von mindestens 1,6o m sind dann notwendig und der Stellraumgewinn beträgt maximal rund 12% (gemessen an Oktavbänden). Hochregale kommen daher wohl nur in Ausnahmefällen mit Erfolg zum Einsatz.
Hingegen scheuen amerikanische und englische Bibliothekare eine Regalhöhe von 25o cm im Freihandbereich durchaus nicht, selbst wenn ihre Lesesaalgeschosse - und die Bibliotheksbestände sind bis auf geringe Bestände fast in gänze freihand aufgestellt - dadurch auch teilweise einen magazinartigen Eindruck erwecken (Abb. 2.1/7).

## 2.2 Kompaktregalanlagen

Der Ausweg bei wachsenden Bibliotheksbeständen sind Kompaktregalanlagen. Früher eher die Ausnahme in Magazinbibliotheken, gehören sie heute fast überall in mehr oder weniger großem Umfang zum Standardinventar. Entweder werden in ihnen nur Sonderbestände untergebracht oder aber man rüstet bei wachsendem Stellplatzmangel konventionelle Regalanlagen zu Fahrregalen um, indem diese auf Fahrsätze gestellt werden bei gleichzeitigem Einbau von Bodenschienen. Über größere Erfahrungen hiermit verfügt die Universitätsbibliothek Karlsruhe. Fast bei jedem neuen Magazinbau werden bereits zur Vorsorge für die Zukunft auch in die Geschoßdecken, die vorderhand mit konventionellen Regalen bestellt werden, in mehr oder weniger großem Umfang Bodenschienen für den späteren Betrieb von Fahrregalen eingebaut, da der nachträgliche Einbau sehr teuer und sehr arbeitsaufwendig ist und das Magazin, dessen einer Hauptfeind Staub und Schmutz ist, vorübergehend in eine Baustelle verwandelt.

Kompaktregalanlagen sollen so dimensioniert sein, daß die durch das Auseinanderfahren der Regale entstehenden Bedienungsgänge eine ausreichende, humane Arbeitsbreite aufweisen, d. h. daß ein Achsabstand von mindestens 135 cm erreicht werden kann.

Für die technische Auslegung ist es nicht vorrangig, ob der Antrieb elektromechanisch oder pneumatisch erfolgt, jedoch sollten Fahrregale nur bis zu einer Achslänge von höchstens 5 m manuell betrieben werden. Für manuell betriebene Anlagen muß unter Umständen auch eine größere Anzahl von Bedienungsgängen vorgesehen werden, da für ein rationelles Arbeiten die obere Grenze der Zahl der per Hand zu verfahrenden Regale bei etwa 5 - 6 liegt.

Was das Lagergut angeht, so lassen sich selbst schwere Foliobände - etwa bei Zeitungen - platzsparend in diesen Anlagen unterbringen. Je gleichförmiger das zu lagernde Gut ist, um so kompakter ist die Speicherung. Eigentlich müßte in Kompaktregalen eine viel differenziertere Größenklassierung - etwa alle 2 cm Buchrückenhöhe - stattfinden.

Ein Paradebeispiel hierfür bieten die Fahrregalanlagen der Bibliothek des Deutschen Patentamtes in München, die durch den Sonderfall ihres völlig gleichmäßigen Lagergutes, den Patentschriftenbänden im DIN A 4-Format, bei Regalen mit einer Tiefe von nur 42 cm zu einem sonst nie zu erreichenden Ausnutzungsgrad des vorhandenen Magazinraumes kommen (Fabrikat Fa. Acrow-Wolff; Regalhöhen 22o cm, Regallänge 2 m). Bei einem Regalblock mit 32 Fahrregalen sind 2 Bedienungsgänge nötig.

Wie man weiß spricht kein Kostenargument gegen den Einsatz von Kompaktregalen. Eher sprechen die Verkürzung der Bedienungswege und vor allem die Einsparung von Neu- oder Erweiterungsbauten oder überhaupt von umbautem Raum für ihre Verwendung. Die Mehrkosten für die Beschaffung der Fahrregalanlagen - und zwar der mechanisierten Versionen - werden durch die verminderten Baukosten mindestens kompensiert. Die Frage ist, wie die Wartungskosten der Anlagen sich zu den Kosten für den Bauunterhalt und den allgemeinen Betriebskosten wie Beleuchtung, Belüftung, Beheizung, Klimatisierung verhalten (4).

So ermittelte die Staatsbibliothek Bamberg bei ihrer elektromechani-

schen 1978 in Betrieb gegangenen Fahrregalanlage, die über eine Gesamtkapazität von 193 ooo Bänden verfügt und zudem bemerkenswerterweise eine Hochregalanlage mit einer Bauhöhe von 28o cm bei Achslängen von 6 m ist, folgende Kostenrelationen: Kosten pro magaziniertem Band bezogen auf die Regalkosten für kompakt DM 1,97 und für stationäre DM o,99; Kosten bezogen auf die Bausumme für kompakt DM 4,23 und für stationär DM 4,76 (5).

## 2.3 Mechanisierte und automatisierte Lagersysteme

Zuletzt sei kurz der Entwicklungsstand bei den hochtechnisierten Lagersystemen gestreift. Sie dienen in der Form der Hochregallager dem Zweck, vorhandenen Magazinraum optimal zu nutzen und dem Magazinmitarbeiter Laufarbeit zu ersparen. Bei den vollautomatischen Lagern steht auch die Raumausnutzung, aber mehr noch die völlige Einsparung von Arbeitskräften im Vordergrund.

Hochregallager mit lo m Regalhöhe wurden beispielsweise für die Erweiterung der Magazine der Österreichischen Nationalbibliothek in Wien projektiert (Österreichisches Patent von 1967). Hochregallager sind auch mit Erfolg im Einsatz bei der den Bibliotheken verwandten Branche der Verlage und Barsortimenter (z.B. Libri in Frankfurt/Main). Umlaufregalanlagen, wie sie im industriellen Einsatz bekannt sind, wurden mit einer Kapazität von zwei Millionen Bänden für die Allunionsbibliothek für Patentschriften in Moskau geplant.

Automatische Lager- und Fördersysteme sind höchst effektiv, um Bücher und Zeitschriftenbände bei hohen Zugriffsraten zu lagern und zu transportieren. In derartigen Lagern werden die Bände in maschinenlesbar kodierten Containern gespeichert und in diesen von computergesteuerten Regalförderzeugen und über anschließende Förderbandstrecken vom Magazin zur Leihstelle und zurück befördert. Infolge der sehr hohen Investitionskosten und des hohen Wartungsaufwandes eignen sich derartige Systeme aber nur für die aktuelle, hoch frequentierte Literatur, die aus Platzgründen nicht freihand in den Lesezonen aufgestellt werden kann. Die Universitätsbibliothek der Ersamus-Universität in Rotterdam verfügt über eine solche Anlage, die in 16 ooo Containern rund 22o ooo Bände speichert (System Randtriever der Fa. Remington Rand). In den USA arbeiten nach ähnlichem Prinzip automatische Bibliotheksmagazine, wobei die größte Anlage, in der Medizinischen Bibliothek der Ohio State University in Columbus/Ohio, rund 2oo ooo Bände verwaltet (alle Anlagen System Conserv-a-trieve der Firma Supreme Equipment & Systems Corp., New York).

Seit lo Jahren jedoch hat sich auf diesem Gebiet nichts grundlegend Neues mehr ergeben, wohl weil sich zum einen die Situation auf dem Arbeitskräftemarkt wieder entspannt hat und zum anderen, weil die Investitionskosten für diese Technik - 197o etwa DM lo/Band - unverhältnismäßig hoch sind.

Tabelle 2.1/1

Förderanlagen mit gleisgebundenen und einzeln angetriebenen Fahrzeugen

| Bibliothek | Baujahr | Länge des Schienennetzes | Anzahl der Stationen | Anzahl der Behälter |
|---|---|---|---|---|
| Königliche Bibliothek Stockholm | 1969 | 15o m | 9 | 25 |
| White Plains Public Library White Plains/N.Y. USA | 1972 | 55 m | 6 | 1o |
| Universitätsbibliothek Technische Universität München | 1972 | 47o m | 13 | 6o |
| Freizeitstätte Garath mit Bibliothek, Düsseldorf | 1973 | 41 m | 6 | 6 |
| Universitätsbibliothek Bremen | 1973 | 18o m | 6 | 2o |
| Unversitätsbibliothek Düsseldorf | 1975 | 934 m | 13 | 37 |
| Bibliothek der Hochschule der Bundeswehr Neubiberg bei München | 1976 | 779 m | 7 | 3o |
| Centre de Documentation de l'Armée de l'Air, Paris | 1976 | 135 m | 8 | 1o |
| British Library Lending Division Boston Spa/ Yorkshire, England | 1978 | 23o m | 9 | 13 |
| Chuo University Library Japan | 1978 | 29o m | 9 | 21 |
| Fachinformationszentrum Energie, Physik, Mathematik Karlsruhe-Leopoldshafen | 1978 | 78 m | 4 | 8 |
| Nagano Library Japan | 1979 | 54 m | 2 | 3 |
| Tsukuba University Library Japan | 1979 | 2oo m | 7 | 14 |
| Universitätsbibliothek Freiburg | 1979 | 1 35o m | 29 | 1oo |
| Universitätsbibliothek Karlsruhe | 1979 | 135 m | 13 | 35 |
| Europäisches Patentamt mit Bibliothek München | 198o | 1 4oo m | 6o | 15o |
| Nationalbibliothek Budapest | im Bau | 1 o31 m | 56 | 1oo |
| Stadtbibliothek München, Neubau am Gasteig | im Bau | 44o m | 38 | 12o |
| Universitätsbibliothek Würzburg | im Bau | 3oo m | 12 | 5o |

**Hersteller der Anlagen: Es handelt sich - bis auf die Anlage der Universitätsbibliothek Würzburg (Fa. Siemens) um Anlagen der Fa. Telelift, Puchheim bei München.**

Literatur


1. Schweigler, Peter: Einrichtung und technische Ausstattung von Bibliotheken. Wiesbaden: Reichert 1977. 3o7 S. (= Elemente des Buch- und Bibliothekswesens. Bd. 4). - Dieser Band enthält vor allem auch viele weitere Abbildungen zur Illustration der hier behandelten Techniken.

2. Fuhlrott, Rolf: Neuere Bibliotheksbauten in Kanada.- In: DFW. Information. Dokumentation 25 (1977) 2, S. 47 - 7o.

3. DIN 31 622, Teil I (Entwurf Mai 1978): Raumbedarf und Lastannahmen für wissenschaftliche Bibliotheken. 17 S.

4. Muller, Robert H.: Economics of compact book shelving.- In: Library trends 13 (1964/65) 4, S. 433 - 447.

5. Schemmel, Bernhard: Das Kompaktmagazin der Staatsbibliothek Bamberg.- In: BFB. Bilbiotheksforum Bayern 7 (1979) S. 43 - 51.


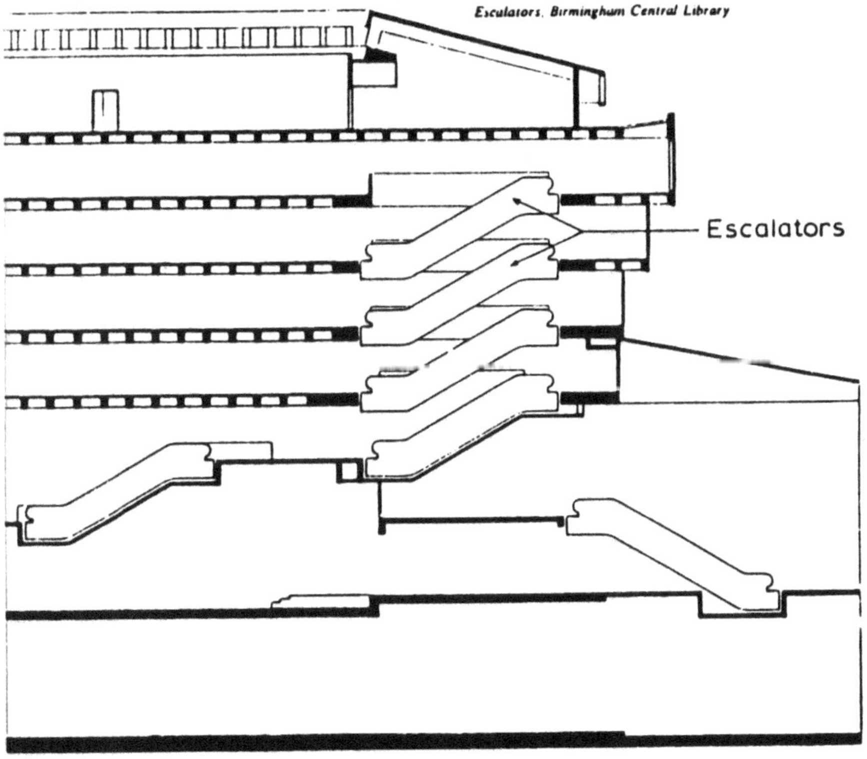


**Abb. 2.1/1 Rolltreppenanlage in der Birmingham Central Library, England (Quelle: Godfrey Thompson, London)**

Abb. 2.1/2
Magazinstützpunkt in der Universitätsbibliothek Freiburg: Förderanlage "Telelift", Rohrpoststation und Bücherdreirad

Abb. 2.1/3
"Eltrolly" der Firma Grieshaber; Prototyp

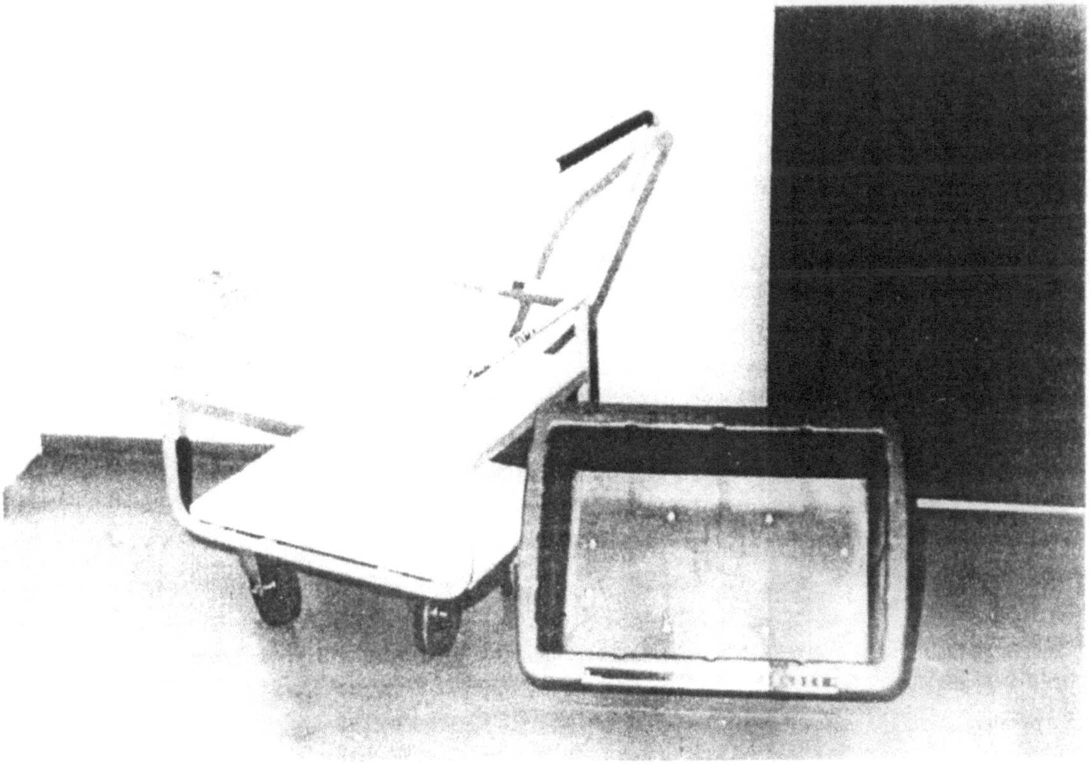

Abb. 2.1/4 Transportwagen der Staatsbibliothek Preussischer Kulturbesitz in Berlin. In das Fahrgestell können die Behälter der Buchförderanlage eingesetzt werden oder es dienst direkt als Bücherwagen

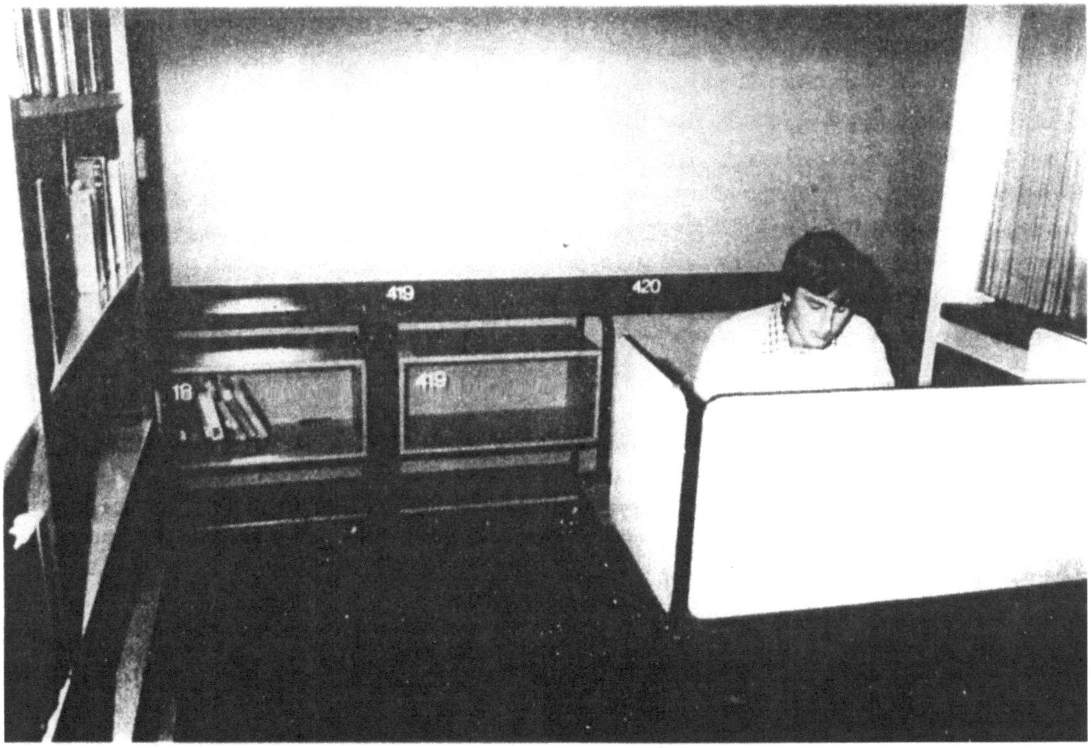


Abb. 2.1/5 Verschliessbare Bücherwagen für Benutzer in den Lesezonen des Neubaus der Universitätsbibliothek Freiburg

Abb. 2.1/6
Durchfahrtöffnungen für die Teleliftanlage in der Bibliothek der Hochschule der Bundeswehr in Neubiberg bei München

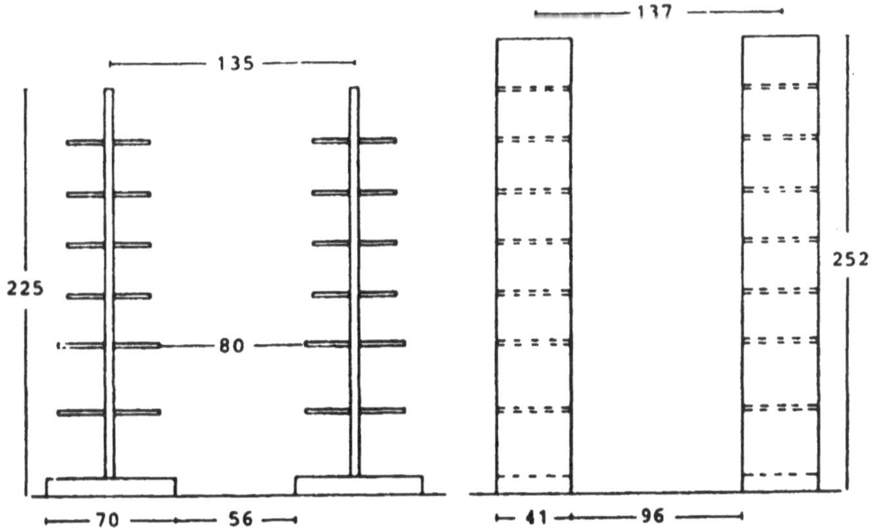


Abb. 2.1/7
Regalanlagen: Standard-Magazinregale in Europa, mit vergrössertem Achsabstand auch in Freihandbereichen (links); Standard-Freihandregal in USA (rechts)

Nikolaus Gößl

# Energieeinsatz und -einsparungsmöglichkeiten bei Bau und Betrieb von großen Hochschulbibliotheken; Auswirkungen auf die Gestaltung von Gebäuden und Grundrissen

## I. Einführung

Die Energieversorgung - d. h. mit Primär- und Endenergie - ist insbesondere seit 1973 in Bewegung geraten.

Zunächst war der Umweltschutz vorherrschend und dann gleichrangig mit den energiewirtschaftlichen Fragen zu behandeln.

Im Baugeschehen sind diese Fragen eingebettet in die übrigen Anforderungen, die an den Betrieb und die Errichtung eines Gebäudes zu stellen sind.
Beispielsweise sei nur erwähnt

- der Wärme- und Feuchtigkeitsschutz
- der Brand-, Schall- und Sonnenschutz
- eine ausreichende Beleuchtung, entweder natürlich oder/und mit künstlichem Licht.

Die rationelle Energieversorgung endet aber nicht an der Grundstücksgrenze, sondern muß auch die Infrastruktur wie die der leistungsgebundenen Energie, Strom, Gas, Fernwärme, einbeziehen. Die Verwendung regenerativer Energie, wie Solarenergie und als ein Teil derselben der Wasserkraft, der Energie aus Bioprozessen wie diese bei Klärwerken angewendet werden, ist ein Gebot sowohl der Schonung der Energieressourcen als auch des Umweltschutzes.

Auch Hochschulbibliotheken erfordern für ihre zukunftssichere Energieversorgung ein sicheres Fundament, das nicht allein auf Öl als Energieträger gegründet sein kann.
Zunächst werden die Fragen des Energieeinsatzes allgemein, Darbietung, Energiesysteme behandelt, dann an Beispielen die Probleme vor allem von großen Hochschulbibliotheken aufgezeigt.

## II. Energiedarbietung

1. Zunächst soll die Abnehmerseite, insbesondere aus der Sicht der Tarifsituation betrachtet werden:

a) Elektroenergie

Die elektrische Leistung weist im Tages- und Wochenverlauf, ja sogar im Jahresverlauf Täler und Spitzen auf.
So weist der Tagesverlauf der elektrischen Leistung einer Universität, dargestellt an den Viertelstundenmaxima, ein ausgesprochenes Nachttal,

im Sommer wie im Winter aus.
Betrachtet man die entsprechenden Lastverhältnisse im übergeordneten Netz, so stellt man fest, daß durch den Einsatz von z. B. Nachtstromheizung das Nachttal eingeebnet wird, daß aber an Wochenenden, je nach dem Anteil der Industrie ein ausgesprochenes Wochenendtal vorhanden ist, das auch an Feiertagen vorkommt. Diesem Belastungsverlauf entspricht auch das Tarifangebot, das aus einem Arbeitspreis und einem Grundpreis besteht; Baukostenzuschüsse sind kapitalisiert dem Ganzen noch zuzuschlagen.
Außerhalb der Spitzenlast gibt es Tarifbereiche, in denen kein Grundpreis, Leistungspreis zu bezahlen ist und außerdem ein ermäßigter Tarif angeboten wird. Für Nachtstromspeicherheizung gibt es noch einen besonderen Tarif, der auch für andere Bereiche der Wärmeerzeugung und gegebenenfalls auch der Kälteerzeugung Anwendung finden kann.

Der Preisunterschied der HT und NT Tarife einschließlich Leistungspreis beträgt 2o bis 3o DM je Gcal.
Werden Wärmepumpen zu den gleichen Bedingungen wie Nachtstromspeicherheizungen betrieben, so werden sie in manchen Fällen den Nachtstromspeicherheizungen gleichgestellt.
Aus diesem Kostenunterschied kann die Anschaffung eines Wärme- bzw. Kältespeichers finanziert werden.

b) Gas

Welligkeiten zeigt auch die Gasabnahme. Ein kurzer Rückblick zeigt, daß die neuere Entwicklung beim Gasverbrauch dadurch gekennzeichnet ist, daß der Unterschied zwischen Sommer und Winter immer größer geworden ist, was vor allem auch auf den erheblichen Zuwachs des Gasverbrauchs für die Raumheizung zurückzuführen ist.

Der Tagesgang zeigt zwar auch einen Rückgang zur Nachtzeit, jedoch ist auch am Wochenende ein Absinken des Gasverbrauchs festzustellen.

Für den Verbraucher können diese Überlegungen vor allem deshalb gewichtig sein, weil sich diese Ganglinien auch im Angebot niederschlagen. Auch beim Gas gibt es einen Arbeits- und Leistungspreis und Baukostenzuschuß.
Wenn sich ein Abnehmer entschließt, seine Gasheizung im Bedarfsfall auf Öl umzuschalten, erhält er in aller Regel ein günstigeres Angebot. Die Energiespeicherung übernimmt in diesem Fall ein Öltank, wofür ein Investitionspreis je Gcal in ölgespeicherter Energie von etwa DM 4o zu entrichten ist.
Dieser unterbrechbare Betrieb bedeutet je nach Vertragsstruktur eine Kosteneinsparung von 1o bis 2o DM/Gcal.

c) Fernwärme

Für die Fernwärme gilt ebenfalls, daß Welligkeiten im Verbrauch vorherrschen und zwar

- in der Tagesganglinie
- im Sommer- und Winterdiagramm.

Auch bei der Fernwärme gibt es unterschiedliche Tarife, bei denen der Tagesgang, Jahresgang der Leistung berücksichtigt wird. Der Unterschied

liegt je nach Tarif und Tageszeit bei etwa lo DM/Gcal.

d) Abwärme

Die Verwendung von Abwärme nimmt seit 1973 mit dem Anwachsen der Energiepreise ständig zu.

Es handelt sich zunächst um den Wärme - Kraft - Koppelprozeß, der im Abschnitt Fernwärme enthalten ist (Punkt c). Neuerdings spielen aber auch zunehmend andere Wärmequellen eine Rolle wie Brauchwasser aus dem Haushalt, aus gewerblichen Betrieben wie aus Brauereien, Molkereien. Bei dieser Art der Energie ist die Speicherung von Wärme besonders wichtig, da Produktionsprozeß und Wärmebedarf nicht immer korrespondieren. Hier ist unter Umständen der volle Energiepreis als Eingangsgröße der Wirtschaftlichkeitsberechnung zu Grunde zu legen.

e) Öl

Öl eignet sich ganz besonders zur Energiespeicherung aufgrund der hohen Energiekonzentration von etwa 8,5 Gcal je $m^3$. An Investitionskosten je Gcal sind etwa DM 4o zu entrichten. Jedoch ist in der Zukunft nicht mehr selbstverständlich, Öl zu den bisher gewohnten Preisen und Verfügbarkeit beziehen zu können.

f) Solarenergie

Die zukunftsicherste Energiequelle, die wir kennen, ist die Sonne, von der man annimmt, daß sie noch etwa 4 Milliarden Jahre scheint. Je $m^2$ horizontaler Fläche liefert sie in unseren Breiten etwa 1 ooo kW/h in Form direkter und diffuser Strahlung. Aber 3/4 dieser Energie fällt im Sommerhalbjahr an, zu einer Zeit, wo sie z. B. zur Warmwasserbereitung und Schwimmbadheizung verwendet werden kann. Im November beträgt die Sonnenscheindauer 2, im Dezember 1, im Januar 2 und im Februar 3 Stunden täglich.
Daraus ergibt sich, daß gleichgültig ob monovalente oder multivalente Nutzung, der Einsatz von Speichern diese Energiequelle besser ausnutzen muß.

2. Erzeugerseitige Energiedarbietung

a) Strom

Im Jahre 1974 betrug die installierte Engpaßleistung in der Bundesrepublik Deutschland ca. 7o ooo MW mit einer mittleren Ausnutzungsdauer von 4 45o h/a. Aus der Tatsache, daß Grundlastwerke eine höhere Ausnutzungsdauer (ca. 5 ooo - 7 ooo h) haben, ergibt sich, daß der Mittellastbereich und der Spitzenlastbereich eine geringere Ausnutzungsdauer aufweisen muß. Ohne statistische Absicherung ist die Behauptung erlaubt, daß 15 - 2o% der installierten Engpaßleistung Anlagen mit weniger als 2 5oo h/a umfassen werden.
Diese 9 ooo MW Spitzenlast verteilen sich auf rund
25% Pumpspeichwerke
25% Gasturbinenanlagen
und 5o% thermische Kraftwerke.

Der Bau von Pumpspeicherwerken ist durch geographische Voraussetzungen beschränkt. Reine Spitzenkraftwerke könnten als Gasturbinenanlagen errichtet werden, die in der Form von Heizkraftwerken in Verbindung mit Heißwasserspeichern einen sehr elastischen Betrieb erlauben.

Unabhängig vom Wärmebedarf kann jederzeit wirtschaftlich Strom erzeugt werden, wobei die kurze Hochlaufzeit den Betrieb als Spitzenkraftwerk erlaubt. Die Nutzung der Abwärme in einem Heizkraftbetrieb ergibt auch eine günstigere Ausnutzung der Primärenergie. Da diese Anlagen auch wahlweise mit Erdgas oder Heizöl betrieben werden können, ist damit auch eine Mehrschienigkeit der Primärenergie verbunden. Wenn auch im vorliegenden Beitrag nicht in erster Linie die erzeugerseitigen Belange berücksichtigt werden sollen, so zeigen diese Beispiele von Heißwasserspeichern doch interessante Einblicke in die Wirtschaftlichkeit dieser Anlagen

b) Gas

Die unterschiedliche Abnahme erfordert auf der Erzeuger- und Verteilungsebene den Einsatz von Speichern. Während schon bisher für den Ausgleich des Tagesbedarfes Niederdruck- und Hochdruckbehälter verwendet wurden, ist für den Ausgleich Sommer/Winter ein Großspeicher nötig. Man bedient sich - soweit vorhanden - zu einer Gasspeicherung dieses Umfangs leerer Erdgasfelder, in die unter hohem Druck überschüssiges Erdgas eingespeist wird. Diese Speicherung hat natürlich ihren Preis, so daß der Erzeuger oder Verteiler daran interessiert bleibt, Spitzenausgleich auch auf der Abnehmerseite durch günstigere Tarife zu bewirken, wobei die Bemerkung angefügt wird, daß sich ein Jahresausgleich nur durch Großspeicher erzielen läßt.

c) Fernwärme

Da Fernwärme, wie der Name sagt, fern vom Verbraucher erzeugt wird, treten auch Speicherprobleme auf der Erzeugerseite auf. Zunächst wurden Heißwasserspeicher verwendet, die erlauben, daß bei einem Gasturbinenheizkraftwerk die Turbosätze so laufen können, daß Stromerzeugung und Heizwärmebedarf weitgehend entkoppelt werden können.

Ein Problem stellt die Rücklauftemperatur aus den Heizungsnetzen dar. Fernwärmenetze könnten weit besser ausgenützt werden, wenn die Spreizung zwischen Vorlauf und Rücklauf durch Absenkung der Heiztemperatur beim Verbraucher vergrößert werden könnte. Bei dieser Betrachtung sollten die Kosten und Nutzenanalysen den Bereich der Erzeugung einschließen, was bei Einführung der Niedertemperaturheizung zu großen Vorteilen auch auf der Erzeugerseite führen könnte. Ein wichtiges Element ist dabei ein Warmwasserspeicher, der so kostengünstig ist, daß die Speicherdauer von der täglichen Entladung auf eine wöchentliche Entladung ausgedehnt werden kann. Bei einer Fernwärmeversorgung aus Kraftwerken durch Auskopplung von Wärme tritt das Problem auf, Stillstandzeiten der Kraftwerke zu überbrücken, was Speicher mit größerem Inhalt zur Folge hat. Diese Jahresspeicher sind Gegenstand wissenschaftlicher Untersuchungen (Schichtung). Dabei werden als Entwicklungslinien der Aquiferspeicher und Schöllspeicher verfolgt. Entsprechende Forschungsvorhaben sind im Gange.

d) Abwärme

Abwärme tritt vor allem auf der Abnehmerseite auf, wenn man von der Abwärmenutzung von Kraftwerken absieht.

e) Öl

Da hier hauptsächlich der Warmwasserspeicher betrachtet wird, wird die Speicherung von Öl außer Betracht bleiben können oder nur insoweit in Erscheinung treten als sie im Zusammenhang mit der Diversifikation der Energie (zum Spitzenausgleich) wichtig sein kann.

f) Solarenergie

Die Verwendung von Solarenergie erfordert zur Zeit dezentrale Anlagen und kann wegen der Ungleichmäßigkeit des Energieanfalls ohne Speicher nicht wirtschaftlich genutzt werden.
In das Auslegungssystem Solarkollektor, Verteilungsanlage und Speicher gehen auch die Kosten der Heizfläche ein. Das bisherige Ergebnis war, daß, bezogen auf eine Normwärmeleistung (Delta t = 6o K), die Ausnützung der Sonnenenergie sehr beschränkt ist, also zur Warmwasserbereitung und Zusatzheizung im bivalenten System. Die Kosten für den Speicher nehmen darum eine bedeutende Stelle ein. Monovalente Solarheizung müßte eine Kollektorfläche von 6o $m^2$/KW und einen zugehörigen Speicher von 1o $m^3$/KW haben. Diese Werte sind derzeit nicht mit wirtschaftlichem und konstruktivem Aufwand realisierbar. Hier kommt einer Optimierung der Speicher eine entscheidende Bedeutung zu.

Neuerdings hat sich die Möglichkeit der Verwendung regenerativer Energie ergeben, so daß Wärmekraftkopplung von Wasserkraftanlagen und Wärmepumpen oder die Verwendung von Klärgas zur Wärme - und Stromerzeugung oder der Einbeziehung der Gebäudeaußenflächen zur Energieerzeugung als "Solarkollektor".
Auch die Einbeziehung von Erdwärme in die Energieversorgung erscheint nicht als Utopie. Soweit die Erdreichwärmepumpe die Erwärme der oberflächennahen Erschichten nutzt, gibt es technisch keine unlösbaren Probleme. Die Nutzung der Erdwärme tieferer Schichten - 2 ooo m - ist demgegenüber in einem zu Hoffnungen berechtigenden Stadium.

III. Nutzung dieses Energieangebots

Um dieses reichhaltige Energieangebot sinnvoll zu nutzen, ist ein Instrumentarium von Komponenten erforderlich, wie

- Wärmepumpen
- Wärmespeicher
- Kesselanlagen
- Verbrennungsmotoren in der sog. Wärme - Kraftkopplung

Auch das Energiesystem der raumlufttechnischen Anlagen ist für die Nutzung der Energie von großer Bedeutung. Ebenso muß das Gebäude in die Energienutzung einbezogen werden.

In Hochbauten ist eine wesentliche Verminderung des Energiebedarfs

durch Energieeinsparung und Energierückgewinnung möglich, wobei es regenerierbare und nicht regenerierbare Energie im Gebäude gibt. Diese Einteilung gilt auch für die von außen zugeführte Energie wie Strom, Gas, Fernwärme, Abwärme.

Um die nicht regenerierbare Energie - im Gebäude ist dies die Transmissionsenergie bei Wärmeübertragung - zu beschränken, ist eine Optimierung der Wärmedämmung nötig. Dafür gibt es Computerprogramme. Für die Betrachtung des Gebäudesystems sind nicht nur die Verluste, sondern auch die Gewinne zu betrachten, wie sie z. B. durch die Zustrahlung der Sonne zu erzielen sind.
Die regenerierbare Energie im Gebäude ist im wesentlichen Abwärme, aus Fortluft und Abwasser, die mit den Komponenten Wärmerückgewinnern, Wärmespeichern verbunden und ergänzt durch Verbrennungsmotoren erschlossen werden kann.
Die Energieumsetzung im Gebäude kann man als innere Energiesysteme bezeichnen, deren Schnittebene die Energieverteilung im Gebäude darstellt.

Die außerhalb der Gebäudeverteilung liegende Energieversorgung kann ebenfalls nach den Kriterien regenerierbare und nicht regenerierbare Energie eingeteilt werden. Regenerierbar ist Energie aus Wasserkraft, Bioprozessen und Erdwärme, während weitgehend unerschöpflich die Atomenergie ist. Energie aus fossilen Brennstoffen kann nur verhältnismäßig kurze Zeit in Anspruch genommen werden.

Das innere Gebäudesystem ist zu optimieren nach der Morphologie, dem Wärmeschutz und der Wärmespeicherung, sowie nach den Installationssystemen.
Eine wesentliche Rolle kommt bei der Energieversorgung den raumlufttechnischen Anlagen zu:
Zunächst ist ein angemessener Aufwand anzustreben: das Anforderungsniveau ist auf den Nutzungszweck abzustimmen. Eine Anwendung von Normen und Richtlinien ohne Interpretation führt zu sehr aufwendigen Lösungen, die auch nicht finanzierbare Betriebskosten zur Folge haben.
Für den verbleibenden unabweisbaren Bedarf gibt es folgende Rückgewinnungssysteme

a) regenerative Wärmetauscher direkt Luft - Luft
b) rekuperative Wärmetauscher direkt Luft - Luft
   Wasser - Luft
   Wasser - Wasser
   indirekt Luft - Medium - Luft
   Wasser - Medium - Luft
   Wasser - Medium - Wasser
c) Wärmepumpen Luft - WP - Luft
   Luft - WP - Wasser
   Wasser - WP - Luft
   Wasser - WP - Wasser
d) Kaskadenlüftung
e) Wärmekompensation
f) Außenluft - Umluftbetrieb

Für das äußere Energieversorgungssystem dürften monovalente Systeme, d. h. Systeme nur mit einem Energieträger nicht mehr bevorzugt werden. In den Leitsätzen zum energiesparenden Bauen und zur Betriebsüberwachung ist dies unter der Forderung nach Diversifikation der eingesetz-

ten Energie enthalten. So sollten bei Krankenhäusern wegen der Forderung nach einer höheren Versorgungssicherheit grundsätzlich zwei Energieträger verwendet werden, wie dies in der Verwendung von Öl und Gas der Fall ist.

Die Verwendung von Strom als Energiequelle ist multivalent, d. h. die Erzeugung beruht auf mehreren Energieträgern wie Wasserkraft, Kohle, Öl, Gas und Kernenergie. Eine solche Fülle von Komponenten der Energieumsetzung und Rückgewinnung, sowie einer solchen Fülle des Angebotes an Energieträgern bedarf der Ordnung und Optimierung in einer integrierten Energieversorgung und -umsetzung.
Dabei schälen sich doch bestimmte Grundlinien heraus. Im äußeren Energiesystem sind Energiearten wie Strom, Fernwärme und Gas ihrer Tarifstruktur nach Energieformen mit Arbeits- und Leistungspreis, was bedeutet, daß sie zu ihrem wirtschaftlichen Einsatz größere Benutzungsdauer erfordern. Gewisse Schwierigkeiten stehen einer diversifizierten Energieverwendung dadurch entgegen, so das Bestreben der Lieferer, nur eine Energieform zu liefern. Unbestritten ist die Verwendung von Kältemaschinen zum Heizen und zum Kühlen, gleichgültig ob die dazu benötigte mechanische Energie aus dem elektrischen Netz stammt oder im Inselbetrieb von Verbrennungsmotoren erzeugt wird. Weiter unbestritten ist im Falle des Einsatzes von Gas die Verwendung von Öl als Spitzenenergie. Als Beispiel einer multivalenten Energienutzung sei das Versorgungsbeispiel eines Krankenhauses gezeigt, bei dem die Energieträger Strom, Gas, Fernwärme und Solarenergie, sowie Abwärme (Luft, Wasser) auf das Verbrauchskollektiv verteilt sind (Abb. 2.2/1)

## IV. Beispiele von Anlagen

### 1. Universitätsbibliothek der Universität Augsburg

Eine lufttechnisch zu behandelnde Fläche von 5 160 $m^2$ entspricht einer Kubatur von 27 100 $m^3$.

Die Zuluftmenge liegt bei 1oo ooo $m^3/h$, die Abluftmenge ist um 1o% höher. Der mittlere Luftwechsel liegt bei 3,7. Der Frischluftanteil von 1o% entspricht 2o $m^3/h$ und Person. Als Kühlung wurde eine eingeschränkte, sogenannte abgebrochene vorgesehen (ca. 116 kW). Die Lüftung ist als Umluftanlage konzipiert, was einer Energierückgewinnungsanlage entspricht.

Die Kältemaschine arbeitet im Winter als Wärmepumpe, die ihre Verdampfungsenergie aus der Fortluft bezieht.

Als Planungshinweis wurden genannt
- die baurechtlichen Bestimmungen
- die Lüftungsrichtlinien der OBB
- die DIN
- die VDI und VDE-Bestimmungen
- die TALärm
- die TALuft
- die Brandschutzauflagen

Die Universität wird von den Stadtwerken Augsburg mit Fernwärme aus

einem Netz versorgt, das überwiegend mit Wärme-Kraft-Kopplung arbeitet. Eine Variante mit einem Blockheizkraftwerk BHKW auf dem Gelände der Universität wurde deshalb nicht untersucht.

2. Bibliothek der Universität Bayreuth

Die HNF beträgt 5 800 $m^2$, der zugehörige umbaute Raum 37 100 $m^3$.

Bei der Planung wurden Variantenstudien für Öl-, Gas- und Elektroversorgung durchgeführt. Grundlage war eine Optimierung des Wärmeschutzes und der Wärmespeicherung der Gebäude, bei der nur die Hälfte des sonst üblichen Wärmeverbrauchs angesetzt werden mußte. Die Variante Ölfeuerung wurde wegen der Emission von Schadstoffen zurückgestellt. Bei der Variante Gasfeuerung wurde die Möglichkeit eines Antriebs von Wärmepumpen durch Verbrennungsmotoren nicht berücksichtigt, weil zu dem damaligen Zeitpunkt der Einsatz solcher Motoren technisch noch nicht ausgereift schien. Um die elektrische Lösung wählen zu können, war die konstruktive Durchbildung von großen Wasserspeichern Voraussetzung. Die gewählte Lösung ist in Abb. 2.2/2 dargestellt. Die Speicher wurden als Wärme- und Kältespeicher gebaut. Damit est es möglich, fast die gesamte Kälte und Wärme mit Niedertarifstrom zu erzeugen. Dort wurden die größten Wärmepumpen in Europa eingebaut, die für die Versorgung eines Gebäudekomplexes vorgesehen wurden.

Die baulichen Voraussetzungen, die für alle Gebäude hinsichtlich Wärmeschutz, der raumlufttechnischen Anlagen und der Energieversorgung gelten, sind auch für die Bibliothek verbindlich.

V. Lehren aus der Praxis beim Energieeinsatz in Gebäuden mit einer Nutzung, wie sie auch in Bibliotheken vorherrscht

Für die Optimierung von Gestaltung und Grundriss sollte zunächst bei den energieerzeugenden, verteilenden und verbrauchenden Komponenten begonnen werden.
Wenn wieder billige und ausreichende Energie zur Verfügung gestellt werden kann, müßte man weniger die Gestaltung und den Grundriss betrachten, sondern dann würde die Umweltverträglichkeit des Energieeinsatzes in den Vordergrund gerückt werden (siehe auch Punkt I und III).

Energie ist nicht im Überfluß vorhanden; darüberhinaus ist sie auch sehr teuer geworden und ein Ende der Preissteigerungen ist nicht in Sicht.
Deshalb sind die Umsetzungs- und Erzeugungsverluste zu reduzieren, womit gleichrangig auch die Umweltverträglichkeit verbessert werden kann.
Die Optimierung verspricht erhebliche Erfolge, wie z. B. durch
- bessere Kessel und Regelungen
- bessere Komponenten der raumlufttechnischen Anlagen, wie der Ventilatoren
- bessere Lampen (z. B. 3-Bandleuchten)
- Verbesserung der Wärmedämmung und der Wärmespeicherung
- optimale Fensterflächen

Darüberhinaus kommt der Verringerung der Ansprüche erhebliche Bedeutung zu (Interpretation der Normen und Richtlinien).

Dazu kommen Grundrißbetrachtungen (Verhältnis der Innen- und Außenräume), der Baukörperhöhen (Auswahl der Zahl der Geschosse), Geschoßhöhen (z. B. Frage der Anwendung von Installationsgeschossen).

## VI. Zusammenfassung und Ausblick

Seit das Energieangebot vielfältig und hinsichtlich der Preisentwicklung nicht mehr exakt kalkulierbar wurde, ergibt sich als Konsequenz, auch die Installation flexibel an das Energieangebot anzupassen.

Dies geschieht am besten durch den Einsatz energiesparender Technologien. Die Komponenten dieser energiesparenden Installationen wurden weitgehend aufgezählt. Jedoch ist es auch ein Gebot der Versorgungssicherheit, mehrere Eisen im Feuer zu haben, um den Eventualitäten begegnen zu können. Dies führt zu einer Mehrschienigkeit der Versorgung, die sich als Bivalenz in der Kombination zweier Energieträger in der Technik schon eingeführt hat. Jedoch genügt die Einbeziehung von zwei Energieträgern nicht in allen Fällen, was die Trithermheizung augenfällig zeigt. Bezieht man alle Möglichkeiten ein, dann kann man von einer multivalenten Energieversorgung sprechen.

Diese Vielfalt energiesparender Technologien und die Flexibilität führt zu einer Optimierung aller bautechnischen und bauphysikalischen Maßnahmen, die man als integrierte Energieversorgung bezeichnen kann. Um dem Wechselspiel von Exploration, Markt und politischen Erfordernissen weitgehend zu entgehen, sollte die Möglichkeit, regenerierbare Energien zu verwenden, weitgehend genutzt werden, wozu sich vielversprechende Ansätze der Erschließung von Energien aus Bioprozessen, der Wasserkraft und der Erdwärme ergibt. Die weitgehende Erschließung von Abwärme aus Kraftwerken, Industriebetrieben und nicht zuletzt aus raumlufttechnischen Anlagen verbessert die Versorgungssituation in der Zukunft fühlbar und trägt auch zu einer wünschenswerten Entlastung der Umwelt bei.

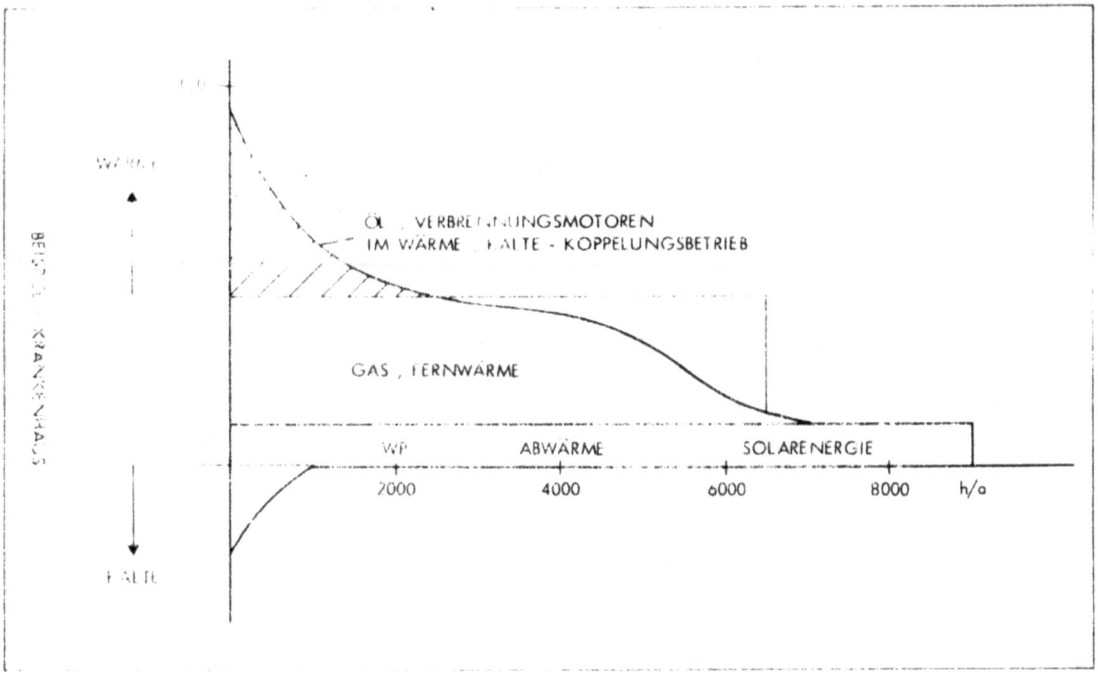


Abb. 2.2/1 Deckung des Energiebedarfs durch multivalente Energienutzung

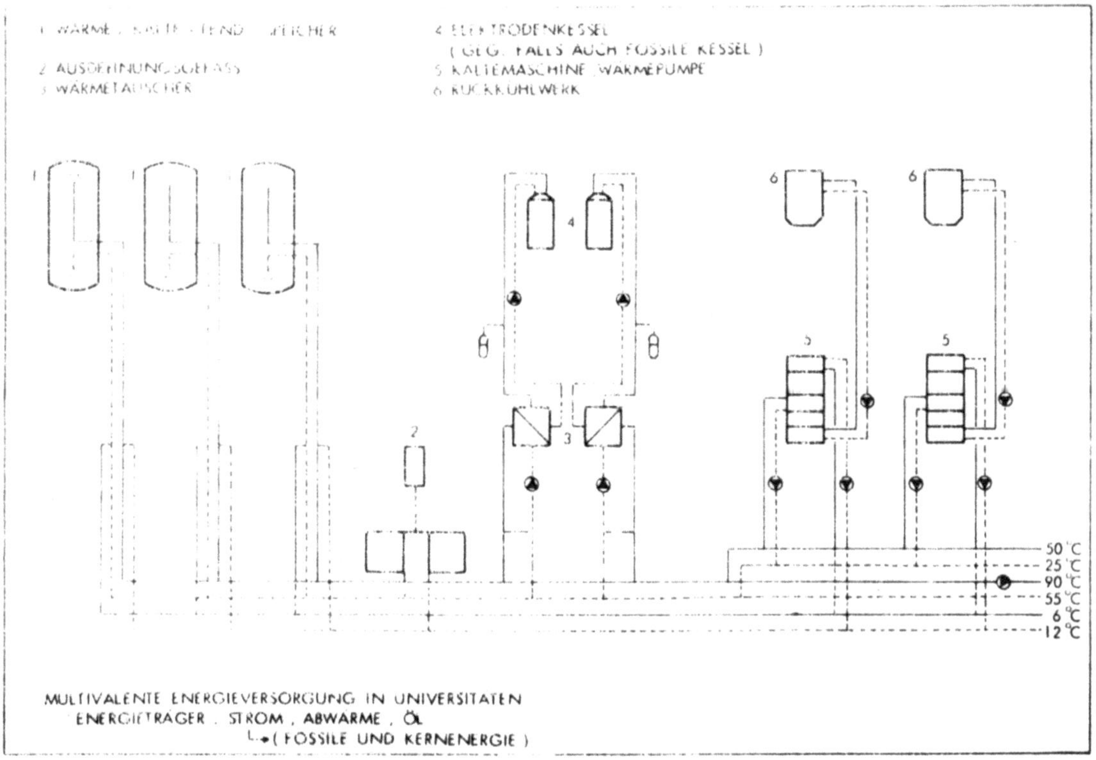


Abb. 2.2/2 Multivalente Energieversorgung

Wolfgang Graff

# Der Beitrag des Bibliothekars zur wirtschaftlichen Energieverwendung

---

Im Anschluß an die grundsätzlichen Ausführungen von Herrn Dr.-Ing. Gößl möchte ich aus der Sicht des Fachingenieurs noch einige praktische Hinweise zur wirtschaftlichen Verwendung von Energie und Wasser in Bibliotheken geben.
Der Gesamtenergieverbrauch einer Bibliothek teilt sich auf in den Verbrauch an Wärmeenergie zum Beheizen der Räume über statische Heizkörper oder mit Hilfe raumlufttechnischer (RLT-)Anlagen und in den Verbrauch zum Beleuchten der Räume sowie zum Betreiben besonderer haus- und betriebstechnischer Einrichtungen wie Ventilatoren, Aufzüge, Förderanlagen etc. Außer Energie wird noch Wasser für hygienische bzw. Reinigungszwecke und für technische Zwecke, wie als Medium in Heizungs- oder Kühlanlagen sowie zur Dampferzeugung (z.B. für die Luftbefeuchtung in RLT-Anlagen), verbraucht.

Zur volkswirtschaftlichen Bedeutung des Energieverbrauchs ist zu sagen, daß knapp 5o% der insgesamt eingesetzten Primärenergie in privaten und öffentlichen Gebäuden in Form von Wärmeenergie und Elektroenergie verbraucht werden. Im Bundesland Baden-Württemberg wurden 198o von den gesamten Sachmitteln gemäß Titel 517 o1 für die Bewirtschaftung aller im staatlichen Bereich genutzten Grundstücke, Gebäude und Räume allein ca. 44,5% für Heizung und ca. 25,5% für Beleuchtung und elektrische Kraft sowie für Heizung mit Hilfe von Gas und Elektroenergie bereitgestellt. Angenähert die Hälfte dieser Mittel für Energie entfallen auf die neun Universitäten dieses Landes. Daraus läßt sich bei dem augenblicklichen Kassenstand ein spezifischer Mittelbedarf von ca. 1 ooo DM/Studierendem und Jahr bzw. von ca. 5o DM/$m^2$ NF und Jahr für die Energieversorgung dieser wissenschaftlichen Hochschulen ableiten (6). Mit diesen wenigen Zahlen soll nur auf die Bedeutung hingewiesen werden, die der Kostenanteil für Energie im Hochschulbereich in den öffentlichen Haushalten inzwischen bekommen hat.

Der Bibliothekar kann seinen Beitrag zur wirtschaftlichen Verwendung von Energie und Wasser sowohl bei der Planung neuer als auch beim Betrieb vorhandener Bibliotheken leisten.
Im Rahmen des Planungsverfahrens für eine neue Hochschulbibliothek hat der Bibliothekar als späterer Nutzer die Möglichkeit, mit den von ihm aufzustellenden Nutzungsanforderungen sowie durch seine Mitwirkung bei der Aufstellung des Raumbedarfsplanes, der Vorplanungsunterlage (VU-Bau) und der Haushaltsunterlage (HU-Bau) in die Planung Forderungen und Wünsche einzubringen, die Auswirkungen auf den späteren Verbrauch von Energie und Wasser und damit auf die Betriebskosten "seiner" Bibliothek haben. Schon der organisatorische Aufbau einer Bibliothek hat Einfluß auf den späteren Energieverbrauch. Eine Bibliothek mit großem Magazinbestand und mit nur geringem Buchbestand im Lesesaalbereich verbraucht z.B. weniger Wärmeenergie als eine Bibliothek, die den gesamten oder den überwiegenden Teil des Buchbestandes in der Form einer Freihandbibliothek bereithält. In diesem Fall muß der ganze Raumbereich mit den Bücherregalen mit den für Lesesäle erforderlichen Bedingungen beheizt und beleuchtet werden. Auch die Festlegung auf große Räume, die in einigen Bibliotheken noch über verschiedene Ebenen

zusammenhängend verteilt sind, hat mit Sicherheit einen größeren Verbrauch an Wärmeenergie zur Folge als eine Aufteilung der Gesamtfläche in kleinere Raumeinheiten. Der Bibliothekar sollte auf jeden Fall seine Forderungen an Größe und Form des Gebäudes den Erkenntnissen über den Einfluß der Gebäudemorphologie auf den Energieverbrauch unterordnen. Auf die Forderung überhöhter, dem Nutzungszweck nicht angemessener Raumbedingungen muß in Interesse der wirtschaftlichen Energieverwendung verzichtet werden.

Auf jeden Fall sollte der Bibliothekar schon bei der Planung mit Nachdruck darauf hinweisen, daß er für eine energie- und kostenbewußte Betriebsführung über geeignete Regeleinrichtungen verfügen muß und den genauen Verbrauch von Energie und Wasser kennen muß (4, 5). Die zur Erfassung der Verbrauchsmengen erforderlichen Meßeinrichtungen sollten bereits mit den haus- und betriebstechnischen Anlagen bzw. Einrichtungen eingebaut werden. Nachrüstungen sind meistens schwieriger und erfahrungsgemäß auch teurer. Der Arbeitskreis Technische Versorgung (ATV) beim Zentralarchiv für Hochschulbau hat mehrfach - zuletzt im Jahre 1976 - Empfehlungen für den Einbau von Meßeinrichtungen zur Erfassung des Energie- und Medienverbrauchs ausgesprochen, mit deren Hilfe die meßtechnische Grundausstattung einer Bibliothek festgelegt werden kann (1).

Beim Betrieb der Bibliothek hat der Bibliothekar dann eine Reihe weiterer Möglichkeiten, den Verbrauch und die Kosten für Energie und Wasser zu beeinflussen. So sollte er als Vorgesetzter auf die Bediensteten in der Weise einwirken, daß ihr "Energiebewußtsein" geweckt bzw. gestählt wird. Dazu gehört zunächst, daß der leitende Bibliothekar mit gutem Vorbild voran geht und selbst energiebewußt handelt. Wichtig ist weiterhin, daß die Einhaltung von Richtlinien oder Weisungen für den Gebäudebetrieb überwacht wird. Dazu gehören zunächst regelmäßige Rundgänge durch alle Räume, die auch von einem Verantwortlichen für den Gebäudebetrieb durchgeführt werden können, wie er z. B. in allen Dienststellen des Landes Baden-Württemberg aus dem Kreis der Bediensteten zu bestimmen ist. Bei diesen Rundgängen festgestellte bauliche Mängel sind dem Bauamt zu melden. Bei offensichtlichem Fehlverhalten oder Bedienungsfehlern sind die Bediensteten zu energiebewußtem Verhalten oder richtigem Bedienen der Anlagen und Einrichtungen aufzufordern. Erforderlichenfalls müssen die Mitarbeiter von Zeit zu Zeit in der Bedienung der haus- und betriebstechnischen Einrichtungen des Gebäudes unterwiesen werden. Zu den organisatorischen Maßnahmen zählen auch die Kürzung der Öffnungszeiten der Bibliothek sowie die Schließung großer Lesesäle in den Zeiten geringer Nutzung und als Ersatz dafür die Einrichtung eines "Abendlesesaales" für die Abendstunden und die Wochenenden.

Durch eine Reihe gezielter Maßnahmen kann der Bibliothekar den Verbrauch an Energie und Wasser während des Betriebes beeinflussen:
W ä r m e e n e r g i e : Die Temperatur in Diensträumen und Aufenthaltsräumen für die Nutzer sollte auf 20°C, in Treppenhäuser, Fluren und Nebenräumen auf 15°C und in Sanitärräumen auf 18°C begrenzt werden. Diese Raumtemperaturen werden heute allgemein für angemessen gehalten. Die Regelung der Raumtemperatur darf während der Heizperiode z.B. nur über Heizkörperventile und nicht durch Öffnen der Fenster erfolgen. Außerhalb der Nutzungszeiten des Gebäudes - wie nachts und an Wochenenden - sollten die Raumtemperaturen abgesenkt werden. Ein Auskühlen der Räume, z.B. nachts durch offenstehende Fenster, ist unbedingt zu vermeiden. In den Gebäuden, die mit Hilfe von RLT-Anlagen beheizt werden, sollte das Aufheizen vor Öffnung der Bibliothek möglichst im Umluftbetrieb, mindestens aber mit stark gedrosseltem Außenluftanteil erfolgen. In Gebäuden oder Räumen ohne RLT-Anlagen hat die Lüftung durch sogenannte Stoßentlüftung zu erfolgen. Bei der Warmwasserbereitung ist die Wassertemperatur auf maximal 45°C zu begrenzen und die Betriebszeit der

Anlagen möglichst auf die Nutzungszeit des Gebäudes zu beschränken.
Elektroenergie: Die Einschaltdauer der Beleuchtung muß unbedingt auf die Dauer der Nutzung der Räume sowie auf die Tageslichtbedingungen abgestimmt werden. Auf ein rechtzeitiges Ausschalten der Beleuchtung in den Vormittagsstunden ist in den Wintermonaten besonders zu achten. Die Beleuchtungsstärke ist der jeweiligen Raumnutzung anzupassen und kann gegebenenfalls durch Herausnehmen einzelner Lampen, z.B. bei Leuchten mit mehreren Leuchtstofflampen, durch Außerbetriebnehmen einzelner Leuchten wie durch Austausch der Lampen gegen solche geringerer Leistung gesenkt werden. Haus- und betriebstechnische Anlagen sollten nur solange eingeschaltet werden, wie sie im Rahmen der Gebäudenutzung benötigt werden. Auf elektrische Zusatzheizgeräte sollte unbedingt verzichtet werden.
Wasser: Der Preis für Wasser ist in den letzten Jahren - besonders durch den Gebührenanteil für die Abwasserbeseitigung - allgemein sehr stark gestiegen. Dadurch haben auch die Kosten für Wasser Größenordnungen erreicht, die besondere und gezielte Maßnahmen erforderlich machen. Der Wasserverbrauch ist auf die unbedingt erforderliche Menge zu begrenzen. Dazu können z.B. in den Auslauf der Zapfstellen Lochblenden zur Mengenbegrenzung eingeschraubt und die Wassermenge in WC-Spülkästen neu eingestellt werden. Undichte Ventile müssen repariert und Leckstellen abgedichtet werden. Zur direkten Kühlung, z.B. von Getränken, sollte nicht Trinkwasser verwendet werden. Automatische Spüleinrichtungen (z.B. in Urinalanlagen) sind außerhalb der Nutzungszeiten abzustellen. Die wichtigste gezielte Maßnahme, um den Verbrauch und damit die Kosten für Energie und Wasser in den Griff zu bekommen, ist das regelmäßige Ablesen der Meßeinrichtungen und Aufzeichnen der Verbrauchsmengen. Daran sollte die Auswertung der Meßergebnisse unmittelbar anschließen. Auch die Prüfung der Rechnungen für Fremdlieferungen von Energie und Wasser sollte in dem Zusammenhang und möglichst durch den gleichen Bediensteten erfolgen.

Die festgestellten Verbrauchsmengen sind zunächst im eigenen Haus mit dem Verbrauch des letzten Ablesungszeitraumes (z.B. Monatsverbrauch mit dem des Vormonats; Jahresverbrauch mit dem des Vorjahrs) aber auch mit dem Verbrauch von den äußeren Bedingungen her vergleichbarer Ablesungszeiträume früherer Jahre (z.B. Verbrauch des Monates Dezember mit dem Dezemberverbrauch früherer Jahre; Verbrauch der letzten Heizperiode mit dem Verbrauch früherer Heizperioden) zu vergleichen. Wenn Aufzeichnungen über den Verbrauch einiger Jahre vorliegen, dann lassen sich mitunter schon durch diesen Vergleich Unregelmäßigkeiten feststellen, die z.B. auf Fehlmessungen zurückzuführen sind und eine Überprüfung der Meßeinrichtungen erforderlich machen. In den mehrjährigen Vergleich sind auch die Kosten einzubeziehen, um langfristig Kostenentwicklungen beobachten und um Voraussagen über die Höhe der für den Bezug von Energie und Wasser bereitzustellenden Mittel machen zu können.

Neben dem internen Vergleich von Verbrauch und Kosten für Energie und Wasser sollten diese Werte auch extern, d. h. mit den Betriebsergebnissen anderer Bibliotheken verglichen werden. Da es kaum direkt miteinander vergleichbare Bibliotheken gibt, müssen für einen externen Vergleich mit Hilfe geeigneter Bezugsgrößen spezifische Werte für Verbrauch und Kosten gebildet werden. Zur Berücksichtigung der baulichen Gegebenheiten ist zunächst die in der Bibliothek genutzte Fläche in $m^2$ eine geeignete und allseits anerkannte Bezugsgröße. Dafür bietet sich nach DIN 277 die Nutzfläche NF an, die derjenige Teil der Netto-Grundrißfläche NGF ist, die der Zweckbestimmung und Nutzung des Gebäudes dient. Manche Verwaltungen beziehen den Energieverbrauch auf den um die Nebennutzfläche NNF verringerten Teil der Nutzfläche, d.h. auf die sogenannte Hauptnutzfläche HNF. Von anderer Seite, so von der kommunalen Gemeinschaftsstelle für Verwaltungsvereinfachung in Köln, wird für Vergleiche die Netto-Grundrißfläche NGF als Bezugsgröße herangezogen. Da diese Bezugs-

fläche umfassender ist, wird dadurch der spezifische Wert absolut kleiner. Es muß bei einem Vergleich nur sichergestellt sein, daß es sich bei den spezifischen Werten um die gleiche Bezugsfläche handelt.

Der Vergleich mit Hilfe von spezifischen Werten kann noch auf für Bibliotheken typische weitere Bezugsgrößen erweitert werden, um z.B. die Art und die Intensität der Nutzung einzubeziehen. Dafür können beispielsweise die Zahl der Ausleihen/Jahr, die Öffnungszeit der Bibliothek in Stunden/Jahr und der Buchbestand (Verbrauch und Kosten je 1ooo Bände) geeignete Bezugsgrößen sein.

Die Möglichkeiten für einen überregionalen Vergleich von Verbrauch und Kosten für Energie und Wasser sind für Teilbereiche von Hochschulen noch sehr begrenzt. An vielen Stellen fehlen noch die für eine genaue Erfassung unbedingt erforderlichen Meßeinrichtungen. Man ist an den Stellen auf Schätzungen des Verbrauchers angewiesen, wofür es zwar allgemeine Empfehlungen aber noch keine spezifischen Vergleichswerte gibt (2).

| | | | | |
|---|---|---|---|---|
| Wärme | ca. | o,25 | $MWh/m^2$ NF | · a |
| Strom | ca. | 75 | $kWh/m^2$ NF | · a |
| Wasser | ca. | o,5 | $m^3/m^2$ NF | · a |

Für Bibliotheken werden deshalb nachfolgend auf der Grundlage einiger Erhebungen in Hochschulbibliotheken und mit Hilfe von Angaben für in der Nutzung vergleichbare Hochschulgebäude ermittelte spezifische Verbrauchswerte angegeben. Für Bibliotheken, in denen keine technischen Voraussetzungen für eine genaue Erfassung des Verbrauches gegeben sind, können diese Werte unter Vorbehalt für eine angenäherte realistische Ermittlung des Verbrauches herangezogen werden. Eine Erfassung des Verbrauches mit Hilfe von Meßeinrichtungen können sie nicht ersetzen.

Literaturangaben:


1. Empfehlungen des Arbeitskreises "Technische Versorgung" des Zentralarchivs für Hochschulbau, Stuttgart, für den Einbau von Meßeinrichtungen zur Erfassung des Energie- und Medienverbrauchs wissenschaftlicher Hochschulen (3.76).
   In: Information, Stuttgart, 9 (1976), Heft 33, Seiten 8o - 83

2. Empfehlungen des Arbeitskreises "Techniche Versorgung" des Zentralarchivs für Hochschulbau, Stuttgart, zur Schätzung von Betriebskosten von Gebäuden (7.76).
   In: Information, Stuttgart, 9 (19767) Heft 33, Seiten 79 - 8o

3. Empfehlungen des Arbeitskreises "Technische Versorgung" des Zentralarchivs für Hochschulbau, Stuttgart, zur Energieeinsparung im Bereich der Energieversorgung und der Haustechnik (11.79).

4. Empfehlungen des Arbeitskreises "Technische Versorgung" des Zentralarchivs für Hochschulbau, Stuttgart, zur Betriebsüberwachung wissenschaftlicher Hochschulen (9.8o).

5. Grundlagen der Technischen Versorgung. Bearb.: Eberhard Frey, Hrsg.: Zentralarchiv für Hochschulbau. München, New York, London, Paris: Saur 198o.

6. Erhebungen und "Berichte über Kosten und Verbrauch von Energie und Wasser in staatlichen Gebäuden" des Arbeitskreises Tehcnik im Bau (TiB) der Staatlichen Hochbauverwaltung des Landes Baden-Württemberg.

## 3. Ausgewählte Beispiele für neue Zentrale Hochschulbibliotheken in der Bundesrepublik Deutschland Erfahrungsberichte der Planer und Bibliothekare

Hermann-Josef Dörpinghaus

# Die Universitätsbibliothek Freiburg

---

Als Vertreter des Hausherrn, Prof. Kehr, einige Anmerkungen zu diesem Gebäude. Seit über 1o Jahren war Prof. Kehr schon mit den ersten Planungen für dieses Gebäude befaßt, nachdem in den vorausgegangenen Jahren mehrfach Versuche gescheitert waren, den aus dem Anfang des Jahrhunderts stammenden Altbau, der sich gerade 15o m von hier entfernt befindet, durch ein neues Gebäude zu ersetztn.

Inzwischen befinden wir uns seit gut 1 1/2 Jahren in diesem Haus - die Eröffnung fand am 2. Oktober 1978 statt - und - ich kann es nicht verschweigen - wir sind auch stolz darauf, in einem solchen Gebäude mit solch hervorragenden Arbeitsmöglichkeiten tätig sein zu können. Daher gilt unser Dank auch dem Veranstalter dieser Tagung, dem Zentralarchiv für Hochschulbau, das die UB Freiburg als Tagungsort ausgewählt hat und uns damit die Möglichkeit gibt, Ihnen diese Bibliothek vorzustellen.

Lassen Sie mich kurz, nur mit wenigen Angaben, das Gebäude selbst vorstellen und auf einige der wesentlichen Planungsziele aufmerksam machen, auf die es Architekten und Bibliothekaren bei der Erstellung dieses Gebäudes ankam.
Der Freiburger Universitätsbereich gliedert sich in das Klinikviertel, das naturwissenschaftliche Institutsviertel und das geistes- und sozialwissenschaftliche Zentrum. Den Planern war sehr schnell klar, daß als einzig möglicher Standort für die neue UB nur das geistes- und sozialwissenschaftliche Zentrum in Frage kam. Hier bot sich allein das Grundstück an, auf dem die Bibliothek jetzt auch steht. Es ist an der verkehrsreichen Ringstraße gelegen, die um den historischen Altstadtkern herumführt, aber eben doch in unmittelbarer Nachbarschaft der großen Kollegiengebäude. Für das notwendige Bauvolumen war das Grundstück eigentlich zu klein, zumal die Stadtverwaltung die Traufhöhe der Kollegiengebäude als Höhenobergrenze bestimmt hatte. Deswegen konnte das ursprünglich vorgesehene Raumprogramm auch nur mit einigen Abstrichen durchgeführt werden. Die Lage unmittelbar an der mehrspurigen Ringstraße und das eigentlich zu kleine Grundstück ließen nur eine sehr kompakte Bauweise zu, zwangen zu einer Vollklimatisierung und -beleuchtung und führten zu der zunächst ungewöhnlich anmutenden Entscheidung, die Haupteingangsebene vom Erdgeschoß in das zweite Obergeschoß zu verlegen und damit mit den geistes- und sozialwissenschaftlichen Kollegiengebäude zu verbinden. Dies hat sich - wie heute gesagt werden kann - als absolut richtige Entscheidung erwiesen. Der auch mögliche Eingang über das Erdgeschoß spielt - vor allem wegen der Verkehrssituation - für den Benutzer kaum eine Rolle gegenüber dem bequemen und sicheren Zugang über die Brükke, die ihn unmittelbar in das Informationszentrum der Bibliothek führt.

Damit komme ich bereits zu einigen der wesentlichen Planungsziele, die ich

mit den Schlagworten: mehr Information, mehr Selbstbedienung, mehr Kommunikation umschreiben möchte.

Zunächst zur Information

1. Im gerade erschienenen "Lehrbuch der Bibliothekspraxis" definiert Rolf Kluth die betriebliche Bibliotheksleitung als Bereitstellung und Vermittlung von Büchern und sonstigen Informationsträgern an den Benutzer. Vor der Vermittlung, vor der Übergabe des Buches an den Benutzer steht als Vorleistung das Angebot, stehe die Information über die in der Bibliothek vorhandenen Informationsträger wie die Vermittlung weiterer Informationsmöglichkeiten, die über die Bibliothek hinaus gehen.

Von diesem theoretischen Hintergrund her bestimmt sich die gesamte Konzeption der Haupteingangsebene.

Der Benutzer stößt unmittelbar nach Betreten des Gebäudes auf eine sogenannte "Allgemeine Auskunft", die als allgemeine Orientierungshilfe verstanden sein will. An sie schließen sich unmittelbar die alphabetischen Kataloge mit dem Nachweis des in der Bibliothek vorhandenen Bestandes, umgeben und ergänzt von zwei alphabetischen Katalogen, die den Zeitschriften- und Monographienbestand der in der Freiburger Hochschulregion vorhandenen sonstigen Bibliotheken - rund 16o an der Zahl - zusätzlich zum UB-Bestand nachweisen.

Durch eine Glastür gelangt man dann unmittelbar in den Bereich des Sachkatalogs, an den sich eine rund 34 ooo Bände fassende Bibliothek mit allgemeinen Nachschlagewerken und Bibliographien anschliesst, verbunden mit einer Auskunftsstelle für die qualifizierte Sachauskunft. In diesem Bereich finden sich auch die Zimmer der meisten Fachreferenten - soweit sie nicht in den Lesesälen angesiedelt sind. Ebenso trifft man dort auf unseren Datenbankanschluss an das Deutsche Institut für medizinische Dokumentation und Information in Köln, der noch im Sommer des Jahres 1980 auch auf das Fachinformationszentrum 4 in Karlsruhe ausgedehnt wird.

Damit wird dem Benutzer ein sorgfältig abgestuftes, logisch aufeinander folgendes, in seiner Differenziertheit sich steigerndes Informationsangebot vermittelt, je mehr er in das Innere der Bibliothek vorstösst. Mit Ausnahme der an die Dienststunden gebundenen Fachreferenten und Sachauskunft ist dieser Informationspool während der gesamten Öffnungszeit von 8.30 bis 21.30 Uhr ohne Kontrolle frei zugänglich und benutzbar.

Die einzige Kontrolle im ganzen Haus - ebenfalls auf der Haupteingangsebene seitlich vom Katalogpool gelegen und damit auch einmal ansprechbar, wenn die allgemeine Informationsstelle nach den Dienststunden geschlossen ist - beaufsichtigt den Zu- und Abgang zu den beiden Lesesaalgeschossen, die sich in den beiden obersten Geschossen befinden.

Mit einer Stellraumkapazität von 181 ooo Bänden und mit 75o Leseplätzen bieten sie ein in alten deutschen Universitätsbibliotheken wohl noch recht selten anzutreffendes Maximum an frei zugänglicher, systematisch gegliederter Literatur an. Es war auch für uns Bibliothekare zunächst völlig überraschend, in welch starkem Ausmaß dieses Angebot von Anfang an genutzt worden ist: waren es im Altbau, dessen Lesesaalbestand sich auf knapp 2o ooo Bände belief, 1977 nur etwa 11o ooo Lesesaalbenutzer, so

registrierte der automatische Zähler bei der Lesesaalkontrolle über 640 000 Durchgänge für 1979. Es kann daher nicht verwundern, daß wir nach Bezug des neuen Gebäudes bereits gezwungen waren, die Mappenablagen um weitere 350 zu erweitern und die beiden Auskunftsinseln in den Lesesälen zu vergrößern, da sie als Personalarbeits- und Ablageplätze einfach nicht mehr ausreichten.

Eine weitere Baumaßnahme steht unmittelbar bevor. Bereits im vergangenen Jahr erhielt die Bibliothek den Auftrag, im Lesebereich Arbeitsplätze und -zimmer für das bisher anderweitig untergebrachte Universitätsarchiv bereitzustellen und dessen gesamten Bestand in die Magazine aufzunehmen. In enger Zusammenarbeit mit dem Bauamt sind wir zur Zeit dabei, hier eine einigermaßen praktikable Lösung zu finden, doch kann nicht verschwiegen werden, daß damit unweigerlich ein Verlust an Leseplätzen verbunden sein wird.

Es wäre verwegen - anderthalb Jahre nach Bezug des Neubaus - behaupten zu wollen, diese Bibliothek sei in bestimmten Bereichen bereits zu klein - dies ist auch gar nicht beabsichtigt - wohl aber läßt sich feststellen, daß das in diesem Haus vorhandene Informationsangebot in einem Ausmaß genutzt wird, das alle großzügigen Vorausberechnungen bereits übertroffen hat.

Den Planern dieser Bibliothek kam es nicht nur darauf an, dem Benutzer im neuen Gebäude möglichst viel an Information zu vermitteln, genauso wichtig schien es ihnen, dieses Informationspotential in einem Rahmen anzubieten, der - wo immer nur möglich - freie Zugänglichkeit garantiert und ein hohes Maß an Selbstbedienung zuläßt. Schwellenangst sollte gar nicht erst aufkommen. Ich glaube, daß diese Absicht bereits bei der Kurzbeschreibung des Informationsbereichs und der Lesesäle deutlich geworden ist.

Berücksichtigen Sie aber auch, daß es sich bei der Freiburger Bibliothek um eine sogenannte alte Universitätsbibliothek mit geschlossenen Magazinen handelt - h a n d e l t e , wie ich fast schon besser sagen muß: voraussichtlich werden wir im August soweit sein, dem Benutzer den gesamten seit 1968 erworbenen Magazinbestand nur unter Ausschluß bestimmter Formalgruppen wie z. B. Dissertationen, Kapselschriften und Rara frei zugänglich in Selbstbedienung und über EDV ausleihbar zur Verfügung zu stellen. Kontoanfragen, Vormerkungen und Verlängerungen wird der Benutzer bei diesem EDV-System selbst vornehmen können. Es handelt sich dabei um ein Pilotprojekt des Landes Baden-Württemberg, das schon seit einiger Zeit in der Lehrbuchsammlung und in der sogenannten Freizeitbücherei, die aus der früheren Studentenbücherei hervorgegangen ist - mit bestem Erfolg läuft. Wir haben errechnet, daß über 70% aller Ausleihen auf den dann über EDV ausleihbaren Bestand entfallen. Voraussichtlich schon im nächsten Jahr wird es im übrigen möglich sein, auch den restlichen Bestand aus geschlossenen Magazinen über EDV auszuleihen.

Freilich, noch wissen wir nicht, wie der Benutzer, der bei uns bislang nur Zutritt zur Lehrbuchsammlung und zur Freizeitbücherei hat, auf die Öffnung des Freihandmagazins reagieren wird. Gerade hier aber läßt sich an einem hervorragenden Beispiel zeigen, wie sich architektonische und bibliothekarische Planung ergänzen:

Zu- und Abgang zum Freihandmagazin befinden sich an einer einzigen Stelle, die schon jetzt die Ausleihverbuchung für die dem Freihandmagazin vorge-

lagerte Lehrbuchsammlung und die Freizeitbücherei vornimmt. Sollten sich nach Öffnung des Freihandmagazins größere Bücherverluste oder Beschädigungen der Literatur ergeben, so genügt es, eine Tür zu schließen und das Magazin vom nächsten Tag an als geschlossenes Magazin weiterzuführen - aber selbst dann noch mit dem Vorteil, alle Bücher auch weiterhin über EDV ausleihen zu können. Lehrbuchsammlung und Freizeitbücherei wären wie im Augenblick weiter frei zugänglich.

Ebenso flexibel ist die bibliothekarische Seite gestaltet: vorgesehen ist, dem Benutzer im Direktzugriff nur die aktuelle Literatur der letzten 15 - 2o Jahre zur Verfügung zu stellen. Die Aufstellung dieser Literatur erfolgte in vier Großgruppen, die in sich nach Jahresringen gegliedert sind. So ist es ohne weiteres möglich, ältere Jahresringe bei Platzbedarf o h n e Katalogveränderung in das geschlossene Magazin zurückzustellen und damit Platz für neue Jahresringe zu finden. Der Benutzer muß bei dieser Konzeption zwar wie bisher auch den alphabetischen Katalog benutzen, kann dann aber das gewünschte Buch sofort am Standort selber aufsuchen bzw. selber vormerken. Eine feinsystematische Aufstellung hätte diese Verwaltungsvorteile nicht geboten.

Der im Augenblick für das Freihandmagazin vorhandene Raum im 1. OG hat eine Kapazität von 319 ooo Bänden. Nimmt man dazu den schon erwähnten Bestand in den Lese- und Informationsbereichen von 215 ooo Bänden sowie kleinere frei zugängliche Bestände wie die Lehrbuchsammlung und die schon erwähnte Freizeitbücherei (57 ooo Bände), so wären damit 591 ooo Bände aktueller Literatur in Selbstbedienung frei zugänglich. Dies ist - wie wir meinen - ein für eine alte Universitätsbibliothek recht großzügiges Konzept, das vielleicht in der Größenordnung schon an die Grenzen dessen kommt, was eine alte Bibliothek von der Verwaltung her noch gerade verkraften kann.

Meine Damen und Herren, bevor ich abschließe, noch ein Hinweis auf einen weiteren Aspekt, der uns für dieses Gebäude charakteristisch erscheint:

Der Neubau ist bewußt auf Kommunikation hin angelegt. Auch aus diesem Grunde sind Fremdbenutzer in nicht unerheblichen Ausmaß in das Baukonzept eingeschlossen.

Dabei denke ich nicht nur an die verschiedenen Geschäfte, die Sie im Erdgeschoß antreffen, wobei wir Bibliothekare auch heute noch ein wenig traurig darüber sind, daß es - entgegen unserer ursprünglichen Absicht - aus Wettbewerbsgründen nicht gelungen ist, auch eine Buchhandlung in diesem Gebäude anzusiedeln. An deren Stelle ist - ebenfalls im Erdgeschoß gelegen - die zentrale studentische Informationsstelle getreten, was erfreulicherweise dazu geführt hat, daß die Universitätsbibliothek eins der ersten Universitätsgebäude ist, das die Erstsemester kennenlernt.

Ich denke weiterhin an die zunächst noch freie Verfügungsfläche des schon erwähnten Freihandmagazins im 1. OG, die von der Universität vorläufig für 1o Übungs- und Vorlesungsräume mit separatem Zugang in Anspruch genommen worden ist. Auf dem gleichen Geschoß befindet sich ferner die Nebenstelle des Universitäts-Rechenzentrums für Geisteswissenschaftler, ein Standort, der nicht zuletzt auch unseren eigenen EDV-Aktivitäten zugute kommt.

Der Ausstellungs- und Vortragsraum, in dem wir uns jetzt befinden, dient nicht nur universitären Nutzern und gleiches gilt auch für die auf der anderen Seite dieses Stockwerks gelegenen Cafeteria, die jedermann benutzen kann.

Als recht vorteilhaft für die Bibliothek ist weiterhin hervorzuheben, daß unser Konferenzraum nicht nur für Sitzungen der Bibliotheksmitarbeiter zur Verfügung steht, sondern sehr viel häufiger für Sitzungen der verschiedensten akademischen Gremien genutzt wird, daß unser recht freundlich ausgestatteter Personalraum nicht nur für die Erholung unserer Mitarbeiter da ist, sondern z. B. in den Abendstunden auch einmal als Raum für repräsentative Verpflichtungen der Universität in Ansspruch genommen wird. Dies alles hat dazu geführt, daß nahezu der gesamte Lehrkörper dieser Universität mehr oder weniger häufig Gast in diesem Hause ist, ein Umstand, dessen Werbewirksamkeit kaum zu unterschätzen ist.

Ganz besonders darf ich Sie schließlich noch auf die Konzeption des 3. Obergeschosses aufmerksam machen: Sie stoßen hier in einem frei zugänglichen Bereich nicht nur auf eine auch von den Bürgern der Stadt sehr rege benutzte Zeitungs- und Zeitschriftenauslage, sondern auch auf Flächen und Räume, die vor allem dem studentischen Benutzer für Diskussionen und Arbeitsgruppen zur Verfügung gestellt worden sind. Insgesamt werden hier 155 Zeitungslese-, Einzel- und Gruppenarbeitsplätze angeboten, die gleicherweise der Lektüre, der Arbeitsdiskussion wie dem entspannenden Gespräch diesen.

Man trifft sich in der Bibliothek! Was könnte ein Bibliothekar sich besseres wünschen.

Ortwin Müller

# Der Neubau der Universitätsbibliothek Freiburg - ein Baubericht

Am 2. Oktober 1978 wurde die neue Universitätsbibliothek in Freiburg eröffnet. Damit ist die Voraussetzung für eine optimale Informations- und Literaturversorgung der Universität, der übrigen Hochschulen und der interessierten Bürger des südbadischen Raumes geschaffen. Gleichzeitig ist durch die neuen vielfältigen Arbeitsplätze für Studenten eine merkliche Entlastung des sehr beengten Bereiches der Universität in der Innenstadt erreicht. Nach dem Umbau der alten Universitätsbibliothek für Institute und Seminare der Philosophischen Fakultäten werden in absehbarer Zeit weitere entlastende Nutzflächen bereitgestellt.

Das Geistes- und Sozialwissenschaftliche Zentrum der Universität Freiburg liegt in der Innenstadt und zwar mit Schwerpunkt in einem früher von der Stadtmauer umgrenzten Altstadtbereich. Im Wintersemester 1978/79 studierten in den Einrichtungen der Universität auf diesem nur 5,5 ha großen Innenstadtgelände 11 696 Studenten. Damit ist deutlich, auf welch engem Raum hier die Universität ihre Aufgaben bewältigen muß.

Der Vorteil dieser Innenstadtanlage und die damit erreichte Verflechtung universitärer und städtischer Aktivitäten wird heute klar erkannt. Selbstverständlich ist, daß in einer solchen Situation notwendige Universitätserweiterungen mit der Stadtplanung abgestimmt werden müssen. Ganz vorne steht dabei die Forderung, der Stadt möglichst wenig Grundstücksflächen zu entziehen, diese an der für die Stadtentwicklung richtigen Stelle zu wählen und dann optimal, das heißt in diesen Fällen sehr verdichtet zu bebauen.

Angesichts der für die Universitätsbibliothek katastrophalen Raumnot kam 1965 ein Gutachten, das die Bibliotheksfachleute Oehme und Pflug sowie die Architekten Bartmann und Meiling erarbeitet hatten, zu folgenden Ergebnissen:
Eine großzügige und sinnvolle Erweiterung des alten Bibliotheksgebäudes, das 1896 - 19o2 erbaut und nach schweren Bombenschäden 1957 mit etwas Raumgewinn wieder aufgebaut worden war, ist nicht möglich. Ein für die Zukunft ausreichend dimensionierter Neubau im Universitätszentrum wird dringend empfohlen. Vorgeschlagen wird dafür ein Grundstück westlich des Universitätsgeländes in der Altstadt und jenseits der großen Ringstraße, das inzwischen tatsächlich den Bibliotheksneubau aufgenommen hat.

Die neue Universitätsbibliothek ist im Bereich des Universitätszentrums der erste Neubau, der außerhalb des historischen Altstadtkerns angesiedelt ist. Er wird durch eine Fußgängerbrücke angebunden, die über die verkehrsreiche Ringstraße führt und die ungewöhnliche Lage des Eingangs- und Hauptgeschosses im zweiten Obergeschoß bestimmt. Der Neubau muß auf die städtebaulichen Gegebenheiten Rücksicht nehmen und sich mit ihnen auseinandersetzen. Er bildet die zwischen Stadttheater und Kollegiengebäude I

vermittelnde südwestliche Platzwand des großen städtischen Freiraums zwischen Stadttheater und Kollegiengebäude II. Er geht auf den Straßenraum der Ringstraße ein und verengt ihn raumbildend vor seinem Übergang in den großen Platz. Er richtet sich in seiner Höhenentwicklung nach dem gegenüberliegenden Kollegiengebäude I und nimmt mit terrassenförmigen Abstufungen Rücksicht auf die niedere Bebauung im Westen. Große Wandflächen, schmale Fensterbänder lassen sichtbar werden, daß der konzentriert Lesende in der Bibliothek vom Straßenlärm abgeschirmt werden muß. Zusätzliche Aufgaben der Gliederung übernehmen besondere Elemente - Geländer, Leuchten, Markisen, Blenden -, eine fein abgestimmte Farbgebung und die gezielte Begrünung des großen Baues.

Das Bauprogramm dieser modernen Universitätsbibliothek, die einer großen Universität gerecht werden soll und den Bedürfnissen der Bürger einer ganzen Region, ergänzten noch folgende Forderungen: Im Anschluß an die Aktivitäten des Einzelhandels in diesem Bereich der Stadt war im Erdgeschoß des Neubaus eine kleinere Ladezone einzurichten. Ebenso mußte ein Beitrag zur Entlastung des von der Universität verursachten ruhenden Verkehrs geleistet werden. Da für Parkierungsflächen keine zusätzlichen Grundstücke zur Verfügung standen, mußte dafür ein Untergeschoß des Neubaus vorgesehen werden. Zur sofortigen Entlastung der Universität in der Innenstadt schließlich sollte eine Verfügungsfläche bereitgestellt werden, die längerfristig auch ein gewisses Wachstum der Universität ermöglicht.

Bevor die Organisation des Gebäudes in einer Übersicht dargestellt wird, soll noch auf zwei Besonderheiten kurz eingegangen werden. Die eine ist der große Bereiche mit 155 Zeitungslese- und Gruppenarbeitsplätzen, der über eine offene Treppe von der Hautphalle des 2. Obergeschosses aus für jeden Bibliotheksbenutzer im 3. Obergeschoß zu erreichen ist. Dieser Bereich ist attraktiv ausgestattet, unkontrolliert und für Gespräche und Rauchen frei.

Die andere Besonderheit ist das umfangreiche Freihand- und Ausleihmagazin einschließlich Freizeitbücherei und Lehrbuchsammlung. Der Benutzer erreicht diese Einrichtung ebenfalls von der Haupthalle aus, er passiert eine Kontrolle, eine Treppe und kann im 1. Obergeschoß aus großen Beständen aktueller Literatur das für ihn wichtige auswählen. Bei der gleichen Kontrolle kann er dann auf dem Rückweg die gewünschten Bücher ausleihen. Das Verfahren ist dabei mit Hilfe von EDV besonders beschleunigt.

Der folgende Überblick zeigt geschoßweise geordnet, wie der Neubau im ganzen organisiert ist:

| | |
|---|---|
| 2. + 3. UG: | Großflächenmagazin für maximal 2,8 Mio. Bände |
| 1. UG: | 2o5 Pkw-Abstellplätze |
| Erdgeschoß: | Eingang, Anlieferung, Post- und Packstelle, Technikzentralen, Zu- und Abfahrt zum 1. UG, drei von der Stadt gewünschte kleinere Ladengeschäfte |
| 1. OG: | Freihandmagazin, Verfügungsfläche (1o Übungsräume, Außenstelle des Rechenzentrums) |
| 2. OG: | Hauptgeschoß: Eingangshalle mit Gesamtkatalog, Informationszentrum, Ausleihe, Lehrbuchsammlung, Vortrags- und Ausstellungsraum, Garderobe, kontrollierter Aufgang zu den Lesesälen Cafeteria |
| 3. OG: | Zeitungslese- und Gruppenarbeitsplätze, Direktion und Bib- |

liotheksverwaltung, Foto- und Reprozentrale
4. + 5. OG: Lesesäle mit 770 Plätzen
Dachgeschoß: Technik und Maschinenräume

Das Gebäude ist auf einem Raster 1,25/1,25 m entwickelt - 1,25 m ist der Mindestachsabstand von Magazinregalen! - und bei einem Stützabstand von 7,50 m mit Flachdecken (bei Auskragungen vorgespannt!) in Stahlbeton errichtet. In den Obergeschossen sind die Decken für eine Nutzlast von 500 kp/qm in den Untergeschossen für eine von 1250 kp/qm berechnet.
Als Trennwände sind mit Gipskartonplatten beplankte Leichtmetall-Ständerkonstruktionen oder Stahlrahmen-Glaswände verwendet.
Bis auf die Hallen im Erdgeschoß und im 2. Obergeschoß, die als Bodenbeläge Betonwerksteinplatten erhalten haben, und mit Ausnahme der Untergeschoßmagazine, die mit Linoleum belegt sind, wurden alle Hauptnutzflächen mit Textilbelägen ausgestattet.
Der Hallenbereich im 2. und 3. Obergeschoß hat eine abgehängte Holzkassettendecke erhalten. Die übrigen abgehängten Decken bestehen aus perforierten, mit Schallschluckmaterial hinterlegten Blechlamellen.
Der Verkehrslärm der umgebenden Straßen wird durch die schallschützende Ausbildung der Fassade und ihrer Glaselemente von den Innenräumen ferngehalten. Da deshalb keine Fensterlüftung möglich ist, außerdem die Großräume und die Buchbestände besondere Raumluftbedingungen stellen, ist das ganze Gebäude - nach den einzelnen Ansprüchen differenziert - klimatisiert.
Zwei Aufzugsgruppen mit je 3 Personenaufzügen und 1 Lastenaufzug unterstützen den Vertikalverkehr.
Für den Buchtransport innerhalb des Hauses ist eine Kleinförderanlage eingebaut, eine Rohrpostanlage muß vor allem durch das rasche Versenden der Bestellzettel den Ausleihverkehr beschleunigen.

Baudaten:

| | |
|---|---|
| Baubeginn | 5. 11. 1973 |
| Übergabe an den Nutzer | 28. 4. 1978 |
| Eröffnung | 2. 10. 1978 |
| Hauptnutzfläche | 20 811 m² |
| Nebennutzflächen | 6 206 m² |
| (darunter Tiefgaragen = 5 264 m²) | |
| Funktionsfläche | 3 932 m² |
| Verkehrsfläche | 10 470 m² |
| Umbauter Raum | 164 500 m³ |

Baukosten:

| | |
|---|---|
| lt. Staatshaushaltsplan 1979 | 59,3 Mio DM |

Gebäudekapazität:

1. Stellraum für Bücher

| | |
|---|---|
| Tiefmagazin 2. + 3. UG | 2,1 Mio Bände |
| nach Erweiterung der Fahrregalanlage 3. UG | 2,8 Mio Bände |
| Freihandmagazin 1. OG einschließlich der zur Zeit noch anderweitig verwendeten Verfügungsfläche | 465 000 Bände |
| Lesesäle 4. + 5. OG einschließlich Nachschlagewerke und Bibliographien 2. OG | 181 000 Bände |

2. Zahl der Lese und Arbeitsplätze

| | |
|---|---|
| Lesesäle 4. + 5. OG | 77o Plätze |
| Freihandmagazin 1. OG | 61 Plätze |
| Informationszentrum 2. OG | 39 Plätze |
| Lese- und Gruppenarbeitsplätze 3. OG | 155 Plätze |
| Übungsplätze in den 1o Übungsräumen der Verfügungsfläche 1. OG | 332 Plätze |
| Arbeitsplätze in der Außenstelle des Rechenzentrums 1. OG | 29 Plätze |
| Plätze im Vortragssaal 2. OG | 2oo Plätze |

3. Pkw-Abstellplätze

| | |
|---|---|
| Pkw-Abstellplätze 1. UG | 2o5 Pkw-Abstellplätze |
| Pkw-Abstellplätze im EG-Bereich | 28 Pkw-Abstellplätze |

Abb. 3.1/1 Ansicht der Universitätsbibliothek Freiburg von NW

Abb. 3.1/2 Grundriss Erdgeschoss

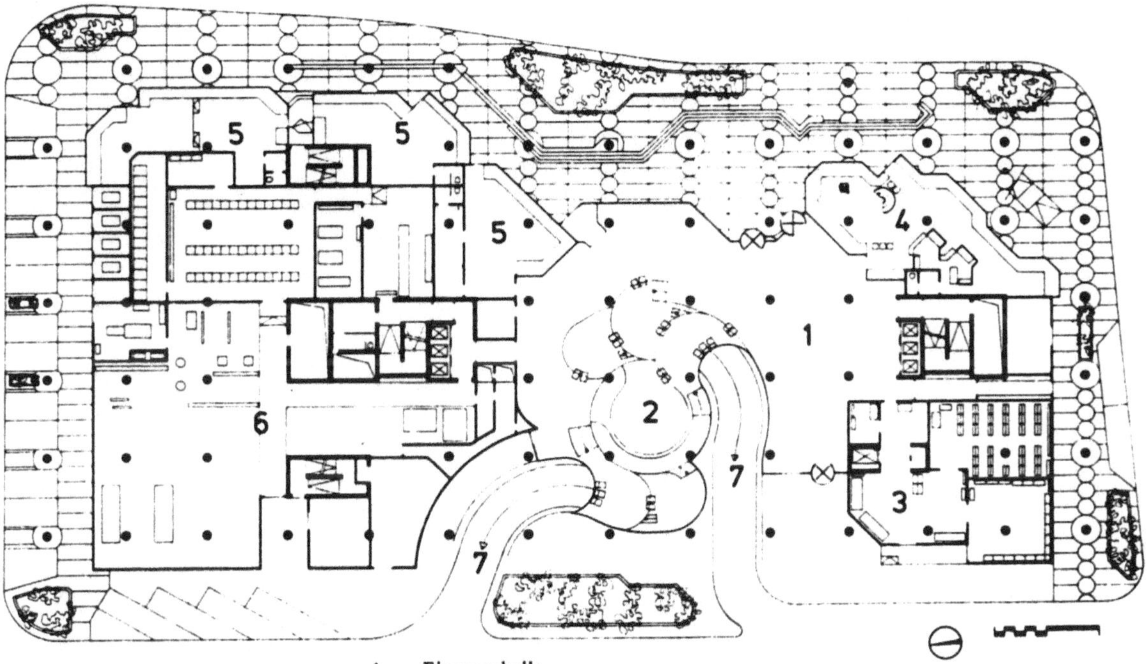


1 = Eingangshalle
2 = Ausstellungen
3 = Post- und Packstelle UB
4 = Info-Stelle Studentensekretariat
5 = Ladengeschäfte
6 = Technische Zentralen
7 = Pkw-Zu- und-Abfahrt 1. U.G.

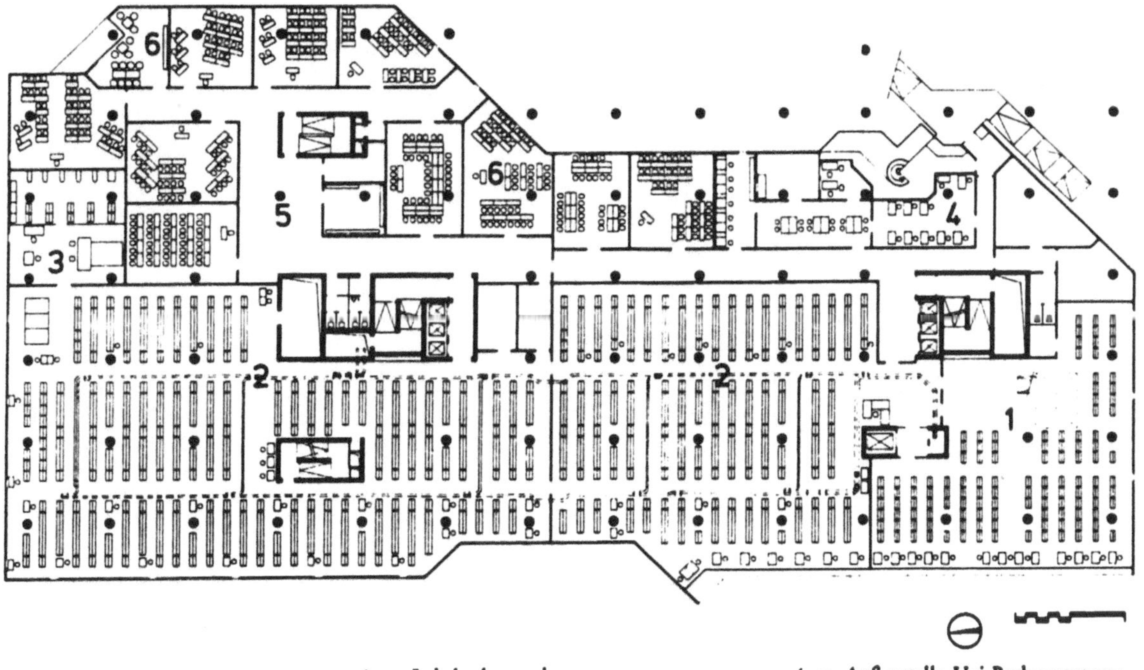


1 = Lehrbuchsammlung
2 = Freihand-Ausleihmagazin
3 = Kartensammlung
4 = Außenstelle Uni-Rechenzentrum
5 = Übungsräume (Verfügungsfläche)
6 = Dozentenzimmer

Abb. 3.1/3 Grundriss 1.Obergeschoss

Abb. 3.1/4 Grundriss 2.Obergeschoss(Eingangsgeschoss)

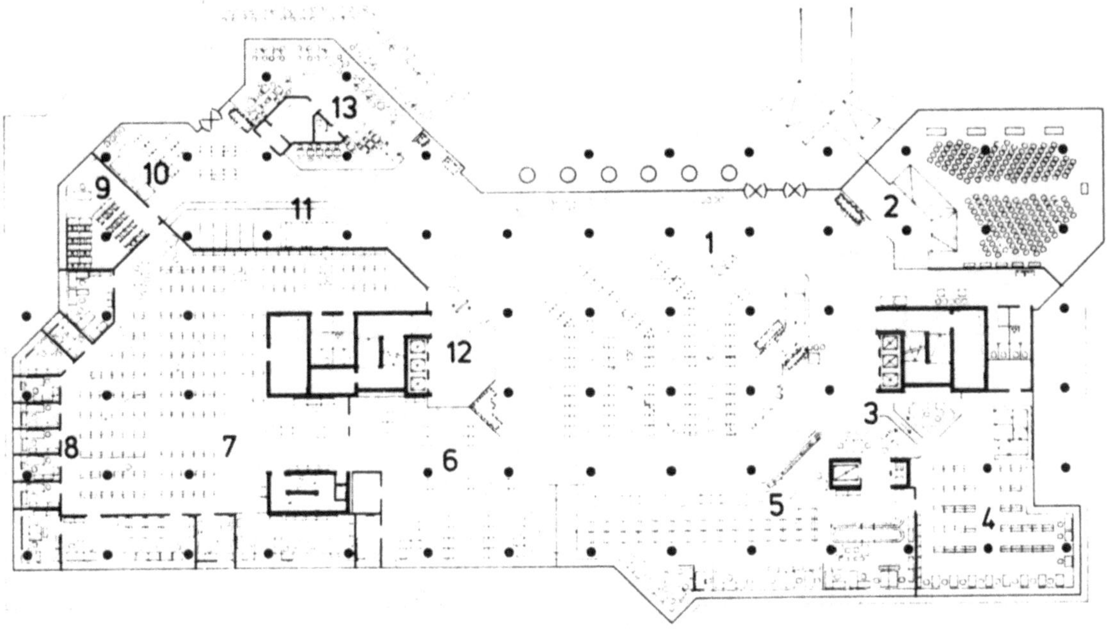

1 = Haupthalle mit Auskunft und Gesamtkatalog
2 = Vortrags- und Ausstellungsraum
3 = Kontrollierter Zugang zu den Freihandmagazinen
4 = Freizeitbücherei
5 = Ausleihe
6 = Sachkatalog
7 = Bibliographisches Zentrum
8 = Referenten
9 = Seminarraum
10 = Kopierautomaten
11 = Garderobe
12 = Kontrollierter Zugang zu den Lesesälen
13 = Erfrischungsraum

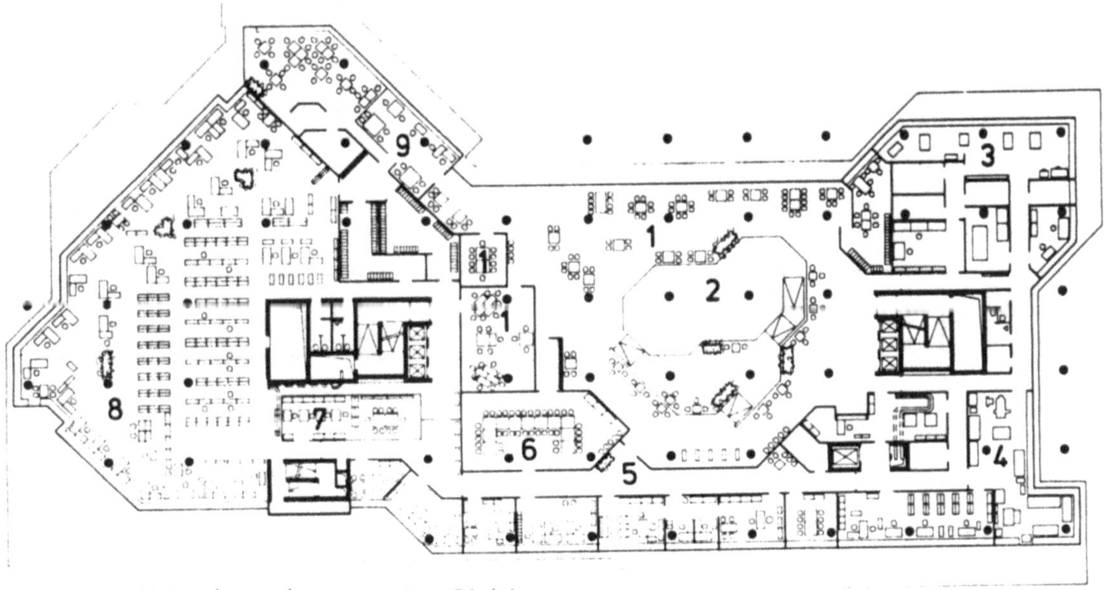

1 = Zeitungslese- und Arbeitsgruppenplätze
2 = Luftraum Haupthalle
3 = Foto- und Reprostelle und Druckerei
4 = Buchbinderei
5 = Direktion
6 = Konferenzraum
7 = Bücherleitstelle
8 = Buchbearbeitung
9 = Sozialräume

Abb. 3.1/5 Grundriss 3.Obergeschoss

Abb. 3.1/6 4.Obergeschoss

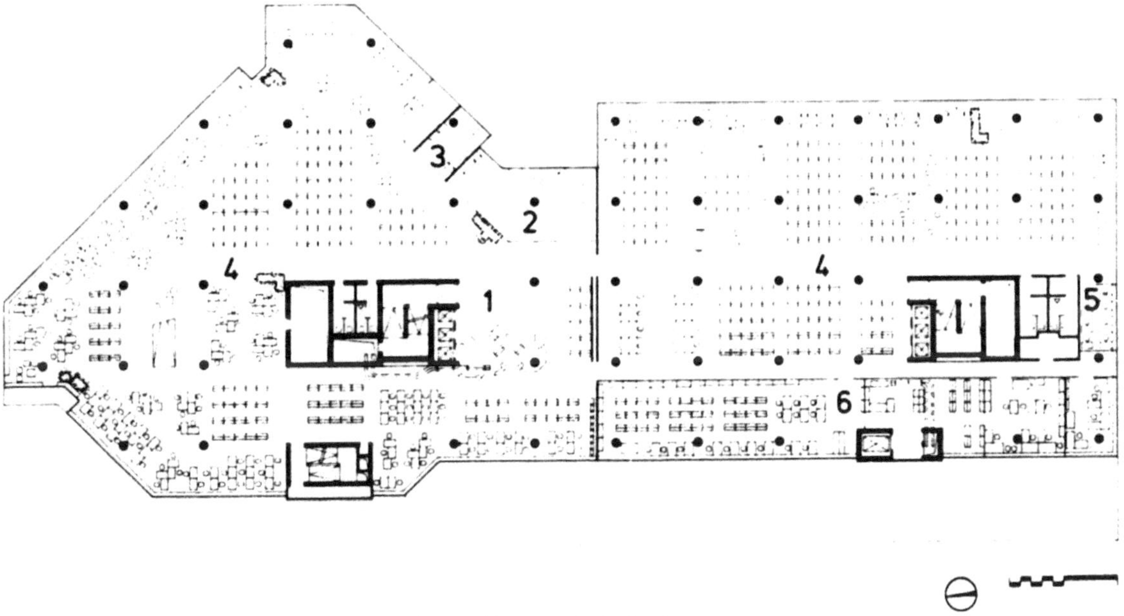


1 = Lesesaaleingang mit Auskunft
2 = Parlatorium mit Kopierautomaten
3 = Referenten
4 = Lesesaal
5 = Schreibmaschinen
6 = Sonderlesesaal

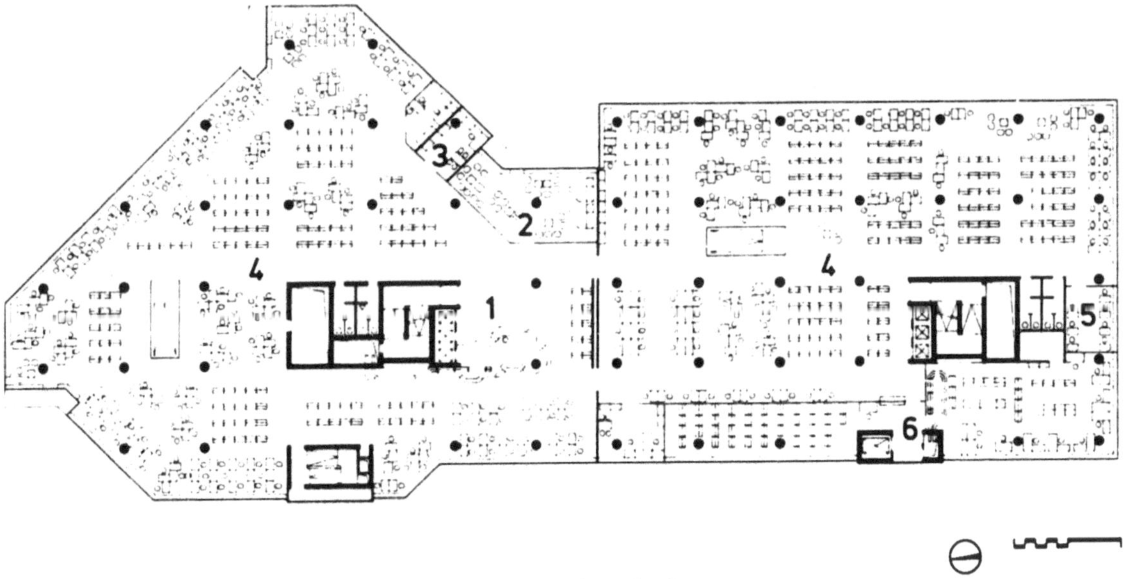


1 = Lesesaaleingang mit Auskunft
2 = Parlatorium mit Kopierautomaten
3 = Referenten
4 = Lesesaal
5 = Schreibmaschinen
6 = Zeitschriftenbearbeitung

Abb. 3.1/7 5.Obergeschoss

Abb. 3.1/8 Schnitt

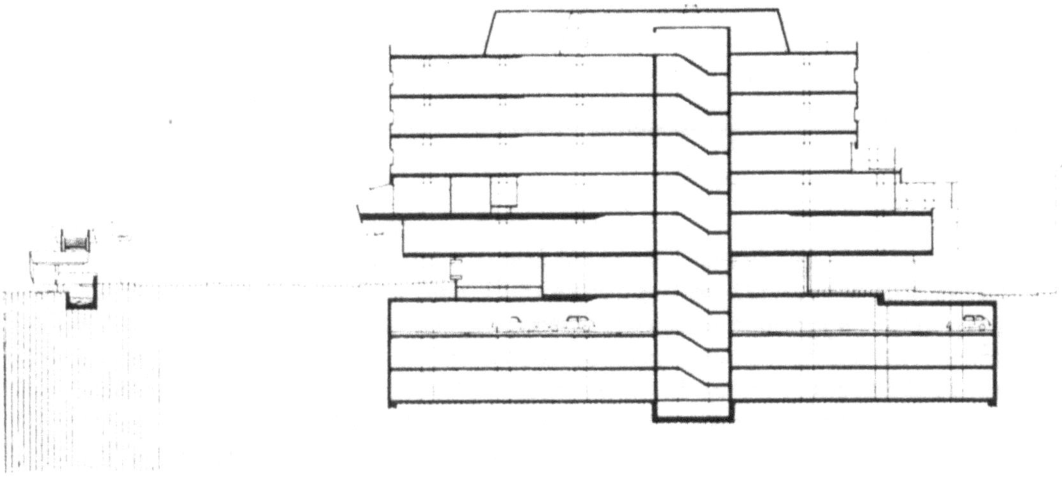

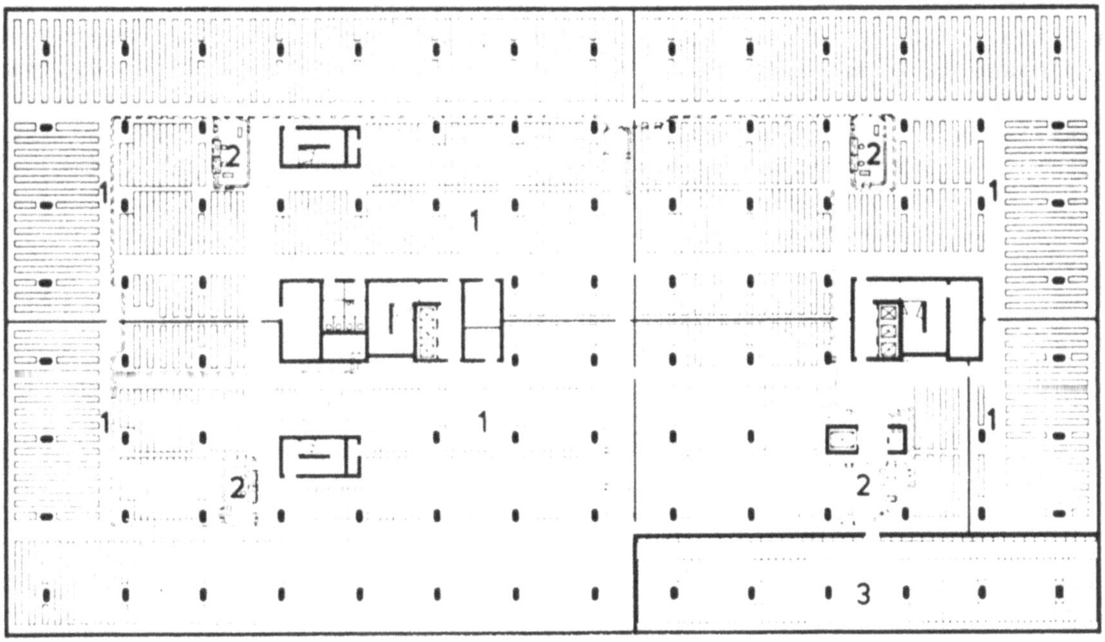


3\. U.G.
- 1 – Großflächenmagazin
- 2 – Magazinerstützpunkt mit Rohrpost und Förderanlage
- 3 – Tresorraum im 3. U.G.

Abb. 3.1/9 Grundriss 3.Untergeschoss

Roland Kutzky

# Erfahrungsbericht Universitätsbibliothek Bremen aus der Sicht des Architekten

## Die Universität

Die städtebauliche Situation der bremischen Universität ist durch ihre Stadtrandlage gekennzeichnet; Die Entfernung vom Stadtzentrum beträgt 6 km und sie ist noch nicht baulich in die naheliegenden Wohngebiete eingebunden. Den Zwischenraum zu der Wohnbebauung zum benachbarten Horn-Lehe soll jedoch in den nächsten Jahren mit 5oo - 7oo Wohnungen ausgefüllt werden, so daß die Universität zumindest in ihrer baulichen Substanz nicht so isoliert als reine "Campus-Uni" auf der grünen Wiese dasteht - und diese grüne Wiese ist nicht einmal grün, sondern durch den vielen angeschwemmten Sand eher gelb.

Das Planungskonzept der Universität Bremen geht von einem 'Boulevard' in Ost-West-Richtung aus, eine aufgeständerte Ebene 1, die ca. 5 Meter über dem vorhandenen Gelände liegt (Abb. 3.2/2 und 3.2/5). Auf diesem Boulevard gehen die Menschen, sind die Haupteingänge der Gebäude, unter dieser Trasse werden in Ebene 0 die Versorgungsleitungen der Uni geführt, erfolgt die betriebstechnische Erschließung. Wegen der Probleme des Grundwassers wurden Bauteile unter dem Gelände vermieden. Das Grundwasser ist auch eine der Begründungen für die Aufständerungen des Boulevards. Die Kellerräume, Lager, Magazin sind in Ebene 0, also ebenerdig errichtet.

Die Uni Bremen sollte ursprünglich mehr als 12 ooo Studenten aufweisen. Heute studieren ca. 6 5oo Studenten an dieser Universität und diese Zahl wird voraussichtlich um 5oo - 1 ooo Studenten sich vergrößern.

## Standort der Bibliothek

Der Bibliotheksstandort sollte in zentraler Lage sein, möglichst in der Nähe der Geisteswissenschaften. Die Naturwissenschaften durften zwar auch nicht zu lange Wege zur UB haben, jedoch eine später zu erstellende große Bereichsbibliothek für diesen Wissenschaftszweig wurde erwogen und wird heute planerisch bereits konzipiert.

Wir gingen damals, also 1968, davon aus, daß die primären Benutzer (die Uniangehörigen) ca. 9o% aller Ausleihen tätigen würden und die Sekundärbenutzer aus der Stadt nur ca. 1o%.

Die Realität ist eine andere:
45% aller Ausleihen werden in Bremen durch die Sekundärbenutzer aus Stadt und Umland vorgenommen. Nachteilig ist für diese Benutzergruppe die dezentrale Lage der Uni, die sie nur mittels Bus und PKW etwas umständlich erreichen können. Ein Stadtbahnanschluß, einst vorgesehen, wird wegen der reduzierten Unigröße nicht mehr im Zentrum der Uni erstellt werden.

Vielleicht kommt es noch zu einem Stadtbahnanschluß, jedoch dann 5oo m vom Zentrum der Uni entfernt, wenn die Wohnbebauung "Uni-Ost" die bauliche Lücke nach Horn-Lehe schließt.

Konzept, Kapazität

Die planerische Kapazität dieser Bibliothek war 1968 noch mit 1,3 Millionen Bänden im Programm ausgewiesen. Wir Planer haben damals in dem Bewußtsein, daß die Buchbestände von Bibliotheken viel schneller wachsen als sich das viele vorstellen, ohne großes Aufhebens die Bibliothek für 1,5 Mio. Bände ausgelegt und in Abstimmung mit Dr. Kluth, dem ersten Direktor dieser UB, bereits während des Rohbaus Maßnahmen zur Kompaktierung der Bücher im Magazin eingeleitet. Diese UB kann heute max. 1,8 - 1,9 Mio. Bände aufnehmen und wir sind froh, daß wir diese Maßnahme "so unter der Hand" eingeleitet haben, denn schon heute sind 1,5 - 1,6 Mio. Bände aufgestellt und die Frage der weiteren Erweiterung stellt sich deutlich.

Bei den Arbeitsplätzen für das Personal hatten wir 1968 eine Programmangabe von 13o - 15o Mitarbeitern. Die damalige bremische Staatsbibliothek, aus der diese UB hervorging, hat ca. 4o Mitarbeiter. Der Programmansatz schien angemessen; aber auch hier haben wir als Planer stillschweigend größer gebaut, als das Programm 68 es vorsah und zwar für 16o - 18o Mitarbeiter. Wir mußten dann jedoch die Erfahrung machen, daß schon beim Einzug über 2oo Planstellen besetzt waren und somit alles etwas eng geworden ist. Die Erkenntnis ist die, daß die rasante Entwicklung zum Teil über unsere eigentlich großzügigen Absichten noch hinweggegangen ist.

Struktur

Die bremische UB war eine der ersten deutschen Bibliotheken, bei der die noch klassische Dreiteilung in Magazine, Lesesäle und Mitarbeiterbereich aufgehoben wurde. Dr. Kluth war es, der forderte, daß dieses Prinzip radikal aufzuheben sei und in Anlehnung an die anglo-amerikanischen Beispiele eine Bibliothek zu konzipieren sei, bei der Bücher, Leseplätze und Bibliothekare möglichst miteinander zu verflechten und räumlich in unmittelbarem Zusammenhang anzuordnen seien. Die Grundrisse lassen deutlich erkennen, daß in den Ebenen 2 - 4 die Bücher in der Mitte einer 5 ooo $m^2$ großen Fläche stehen. Am Rande an der Seite der natürlichen Belichtung - also auch mit ungehindertem Ausblick - sind als ein Band ringsum die Leseplätze aufgestellt und an einer Seite schließlich die Plätze der Mitarbeiter. Wir haben mit diesem Konzept lediglich die baulichen Voraussetzungen erstellt, daß der unmittelbare Kontakt von Büchern, Benutzern und Bibliothekaren möglich ist, die reale Ausformung jenes Wunsches auf Kontakt mußte den Nutzern überlassen bleiben.

Der Großraum hatte aber auch die Aufgabe, daß die Bücher in höchstmöglicher Flexibilität, je nach dem unterschiedlichen Wachstum, in den entsprechenden Teilbereichen neu geordnet werden konnten, daß Leseplatzzonen, Präsenzbestand, Zeitschriften, Bibliographien und Ausleihbestand, ja selbst Mitarbeiterräume und -zonen immer wieder unerwarteten Veränderungen angepaßt werden konnten. Die Praxis der Flexibilität hat sich sehr bewährt; in Lesezonen wurden Regale gestellt, Regale wurden um 9o° gedreht, verdichtet, umgestellt; Gänge verlegt, Auskunftstresen neu ge-

schaffen; Gruppenräume wurden zu Referentenräumen u. a. m.

Die Großräume in den Ebenen 2 - 4 sind in der Mitte weitgehend ohne bauliche Fixpunkte (Treppenhäuser, Räume etx.). Sie müssen jedoch klimatisiert werden. Aber genau diese Klimatisierung wird, vielleicht nicht unberechtigt, von den Nutzern zum Teil abgelehnt. Wer verhindern will, daß die Mitarbeiter- oder auch Leseräume klimatisiert werden, muß zwangsläufig das Prinzip der Dreiteilung Bücher, Lesen, Arbeiten wieder verstärkt in Kauf nehmen.

## Planung, Planungsablauf

Die Planung der UB erfolgte nach streng funktionaler Konzeption über das Programm, über Teilstrukturprogramme, mit einem Funktionsplan sowie über Wege- und Nutzerdiagramme, an der sich dann folgender Vorentwurf, das Raumbuch und schließlich Entwurf in sehr großem Maße orientiert hat.

Die Optimierung nach diesen Gesichtspunkten sowie nach denen der Variabilität, Flexibilität, kurzen Wegen, Kosten u. a. ließen einen Entwurf zu, der wenig Schnörkel hatte, keine Emporen oder architektonisch großartige Hallen. Und doch glauben wir in aller Bescheidenheit als Architekten, daß uns ein durchaus großzügiger Bau gelungen ist, dem man nicht nur seine bewußte Funktionalität ansieht.

Die zurückhaltende Farbgebung der Fassade entsprach dem architektonischen Zeitgeist und dem damaligen Stand der Farbeloxaltechnik. Nur der Haupteingang wurde farblich besonders betont. Im Innern kam es uns darauf an, daß die Bibliothek Ruhe "ausstrahlt", zur Ruhe hinführt. Grün und ein gedecktes Gelb und dazu passende neutrale Töne sind die beherrschenden Farben; dazu gebrannter Stein, Betonfarben und schwarz. Dieses Farbkonzept konnte an einer Vielzahl von Einrichtungsgegenständen, Wände etc. einheitlich erreicht werden. Wir haben die Erfahrung, daß sich die Farbkomposition durchaus bewährt hat.

Die Planung wurde sehr intensiv mit den damals in der Staatsbibliothek tätigen Mitarbeitern abgestimmt. Damals hatte die Bibliothek ca. 35 Mitarbeiter.

Herr Dr. Kluth war sehr bestimmend für die Planung. Wir haben die angelsächsischen Beispiele kennengelernt und ausgewertet, und wir haben auch sehr intensiv mit den Mitarbeitern, die damals da waren, Erfahrungen ausgetauscht. Oft waren wir Gäste in der Bibliothek und haben uns in den alten Gemäuern umgeschaut. Nur, wie das dann so ist: als das Gebäude stand, waren die meisten Mitarbeiter nicht mehr da. Inzwischen war aber die Zahl der Mitarbeiter auf über 2oo bestiegen, von denen kaum einer etwas mit der Planung zu tun gehabt hatte, so daß der Eindruck entstand, als ob die Architekten ganz alleine geplant und überhaupt nicht kooperiert hätten. Dieses ist das Problem aller Neubauten.

## Geschoßzahl, Organisation

1968 wurde von Dr. Kluth im Entwurfsbericht geschrieben, daß aus betriebstechnischen und personalwirtschaftlichen Gründen weder Hochhaus (Turm) noch eingeschossiger Flachbau (Teppich) sinnvoll erschienen.

Flachbau: sehr lange Wege, große Dunkelflächenbereiche, unüberschaubar,

Hochhaus: Überwindung der horizontalen Ebene, Zerteilung mittelbar zugeordneter Fachbereiche, Einschränkung der Variabilität.

Wir haben deshalb einen fünfgeschossigen Bau konzipiert.

In Ebene 1 ist gemäß der Generalplanung die Fußgängerebene (Abb. 3.2/5). Über und unter dieser Ebene sollten die weniger personenintensiven Bereiche entsprechend der Nutzungsintensität angeordnet werden. In der Ebene 1 mußte deshalb der Eingang liegen. Weiterhin wurden deshalb in derselben Ebene Saal, Ausleihe, Katalog und Lehrbuchsammlung angeordnet. Ebene 0 (wenig personenintensiv) ist die Ebene für Straßen, Parkplatz und Anlieferung sowie die Hauptebene für die Ver- und Entsorgungsleitungen (Technik) (Abb. 3.2/4). Unter der Ebene 0 kann kein weiteres Geschoß angeordnet werden (Grundwasser). Das Geschoß der Ebene 0 hat teilweise kellerartigen Charakter. In der Ebene 0 liegen deshalb das Magazin (auch wegen der hohen Lasten), die Betriebstechnik und die Technik. Über Ebene 1 liegen die noch personenintensiven Ebenen 2 und 3, mit den Freihandbereichen, für die Fachabteilungen, Geisteswissenschaft sowie Natur, Rechts-, Staats-, Wirtschafts- und Sozialwissenschaften (Abb. 3.2/6). Darüber in Ebene 4 (Abb. 3.2/7) im Staffelgeschoß die seltener genutzten Abteilungen Musik und Kunst, die Sonderabteilung Deutsche Presseforschung und die Rara, Inkunabeln, Handschriften und die Tonstudios und wenn schon kein Innenhof ringsum, der wirklich schöne Dachgarten - rechnungshofkritisiert - aber doch eine unerläßliche Stätte der Ruhe. In allen Geschossen an der Westseite die Räume der Mitarbeiter übereinander angeordnet (Abb. 3.2/3).

Die Fünfgeschossigkeit ist auch rückwirkend gesehen optimal und ganz in Übereinstimmung mit dem Vortrag von Herrn Dr. Gößl bei diesem Haus die wirtschaftlichste Lösung.

Variabilität

Die Struktur sollte möglichst offen sein und der Vielzahl der Erfordernisse in den Entwicklungsstadien des Systems entsprechen. Das System konnte sich zudem ganz oder partiell vor allem in den Fachbereichen wandeln.

Deshalb mußte auch die Organisation in hohem Maße variabel sein, um sich an das flexible System anpassen oder in dem System neue Organisationsformen verwirklichen zu können.
Das Wachstum in den einzelnen Fachbereichen (Zunahme der Bücherbestände, Mehrforderung nach Leseplätzen, weniger Referenten u. a.) sowie das Wachstum der Fachbereiche durch Verdrängung anderer Bereiche (z. B. Restawiso verdrängt Medizin oder neue Leseplätze anstelle Bücherzonen) sollte gewährleistet sein, ebenso wie der Austausch ganzer Zonen. Variable (und damit austauschbare, verdrängbare) Zonen sind alle Fachbereiche und in den Fachbereichen wiederum die Bücherzonen, Lesezonen, Einzel-, Gruppenräume und Carrels, Referentenplätze, eventuell die Auskunft sowie in bedingtem Maße auch die innerbetrieblichen Zonen, (Referenten, Bibliothekstechnik).

Beweglichkeit war dabei wichtiger als völliger Austausch. Diesem Wunsche auf Variabilität sind wir nachgekommen. So ist z. B. das Treppenhaus aus

der Mitte verbannt und nicht, so wie wir Architekten dieses uns aus Gründen besserer Orientierung und besserer Gliederung der Großräume gedacht hatten, als Mittelpunkt zu verstehen. Diese seitliche Anordnung der Treppe (versteckt hinter dem Aufzug) führte zu der Kritik, daß der Benutzer die Treppe erst einmal suchen muß. Erreicht wurde in Ebene 2 und 3 eine große zusammenhängende Fläche ohne einschneidende Fixpunkte.
Auch die Mitarbeiterräume in Ebene 2 und 3 sollten als "Großraum" erstellt werden. Während der Rohbauzeit wurde auf Wunsch der Mitarbeiter dieses Konzept geändert und diese Zone in kleinere Büroräume eingeteilt. Dies hat zu Schwierigkeiten mit der Klimatisierung einzelner Räume geführt, weil bereits ein Teil des "Rohrsalates" stand, ein Teil auch gar nicht mehr nachinstallierbar war. Zwei Räume mußten immer zusammengeschaltet werden, es gab erhebliche Probleme, die wir beim Einzug und kurz danach zu spüren bekamen, als wir uns eine Zeitlang kaum mehr sehen lassen durften, weil wir natürlich dafür voll verantwortlich gemacht worden sind.

Wir haben keine Höhenunterschiede eingebaut, um mehr Variabilität zu erreichen, und wir haben das Ausbauraster vom Rohbauraster (1,2o m), also Stützenraster, von den Wänden getrennt und dabei ein möglichst großes Raster von 7,2o m gewählt.

Heutige Erfahrungen: schlichter Mauerwerksbau ohne Trennung von Ausbau und Rohbau; eine simple alte Bauweise, um ein wenig von der überzogenen Technik wegzukommen. Die Entwicklung gegen Ende der 6oer Jahre war so, und bei den riesenhaften Flächen, die zu erstellen waren, wahrscheinlich auch berechtigt. Die Flexibilität durch Umbau von Wänden ist in einem so geringen Maße erforderlich, daß man in solchen Fällen während der Umbauzeit etwas Schmutz gut in Kauf nehmen kann. Die Flexibilität, innerhalb von 2 - 3 Tagen eine Wand umstellen zu können, ist so selten erforderlich, daß sie nicht berücksichtigt zu werden braucht. Soweit die Erfahrungen mit der Variabilität und der Flexibilität.

## Erweiterung

Bereits 1969 haben wir im Entwurfsbericht dazu ausgeführt, daß laut Liebers der Glaube an das unendliche Wachstum der Bibliothek nachgelassen habe und daß Möglichkeiten zur Begrenzung der Größe in der Abspaltung von Sonderbibliotheken und Magazinbibliotheken für Bestände, die wenig gebraucht werden, zu sehen sei. Trotzdem erscheine es notwendig, die Möglichkeit der Anbaufähigkeit der UB offen zu lassen. Verschiedene Fachbereiche wie die Medizin oder eventuell die Naturwissenschaften seien voraussichtlich in ihrer Gesamtheit auszugliedern und als Abteilungsbibliothek an anderer Stelle (in Nebenzentren) aufzubauen.

Wir haben deshalb nach Norden hin noch sehr große Flächen für den Ausbau der UB um mehr als 1 Mio. Bände, vor allem in den Ebenen 0 und 1 freigelassen. Das Buchfördersystem kann nahtlos in diese Richtungen verlängert werden.
Weiterhin wird z. Z. eine Fachbereichsbibliothek für Naturwissenschaften geplant und vielleicht auch gebaut. Die Medizin kommt in den nächsten Jahrzehnten nicht.

Zur Zeit ist die Bibliothek schon so sehr gefüllt, daß die ersten Erweiterungsbauten bald projektiert oder die Anzahl der Neuerwerbungen drastisch reduziert werden müssen.

Fördertechnik

Folgende Anlagen wurden installiert:
Aufzüge (5); Gurtbandförderanlagen als horizontales System im Magazin in Ebene 0 zur Ausleihe in Ebene 1; Telelift als Vertikalförderer in allen 5 Ebenen (6 Stationen). Die beiden letzteren Systeme sind erweiterungsfähig. Die Erweiterung stellt sich z. Z. nicht als erforderlich heraus. Gesamtkosten der Fördertechnik ca. 8oo ooo.-- DM. Wir haben versucht, die UB maßvoll mit Förderanlagen auszurüsten. Komplizierte Anlagen wir in Rotterdam (Randtrieversystem), würden in Bremen Kosten von 5 - 1o Mio. DM verursachen, also höchst unangemessen sein.
Problem: Bücher, die z. B. vom Magazin in den Ebenen 2 und 3 benötigt werden, müssen in der Ausleihe in Ebene 1 manuell vom Gurtband in den Telelift befördert werden.

Nachrichtentechnik, EDV

Vorhandene Systeme sind:

Telefonanlage, Wechselsprechanlagen, Personenrufanlage (kaum genutzt), Lautsprecheranlage, Haustelefonanlage (mit 14 Apparaten); Mediothek (Ebene 4), Tonkabinen und Tonstudios (wenig genutzt); Fernschreiber, Uhrenanlage, Feuermeldeanlage (Ionisations- und Wärmemelder im Buchbereich), Alarmanlage, Raumsicherungsanlagen, Mediothek, AV-Zentrum, EDV (off-line) für Katalogsystem und Ausleihe.
Faksimilegeräte zur Übertragung von Ausleihbestellungen von den Ebenen 1 - 4 zum Magazin; Problem: Die Übertragungsqualität ist nicht immer zufriedenstellend.

Kompaktierung

Die Kompaktierung halte ich für sehr notwendig und auch für wirtschaftlich. Ich glaube, daß sie ein richtiger Weg ist. Immerhin kann man dabei eine Einsparung beim umbauten Raum von über 35% im Vergleich zur nicht kompaktierten Aufstellung erreichen. Der Mehraufwand an umbautem Raum bei z. B. Freihandaufstellung muß nicht nur gebaut werden, sondern auch bewirtschaftet werden. Auch wenn durch eine Kompaktierung mehr Personal erforderlich werden sollte, so wird das Resultat einer Wirtschaftlichkeitsberechnung immer zugunsten einer Kompaktanlage ausfallen. Ich meine, daß eine Kompaktierung für die Bücher, die sehr selten benutzt werden, der einzig richtige und wirtschaftliche Weg ist. Bremen hat im Magazin eine handbetriebene Kompaktanlage,bei der max. ca. o,9 - 1,o Mio. Bände auf 3 ooo $m^2$ HNF untergebracht werden können. Der Handbetrieb ist in Relation zu den Kosten durchaus richtig und angemessen!-

Brandschutz

Wir haben ungewöhnlich große Fläche auf ca. 5 2oo $m^2$ in den Ebenen 2 und 3 zu jeweils einem Brandabschnitt zusammenfassen dürfen. Lediglich eine Feuermeldeanlage überwacht die Räume. Das Haupttreppenhaus verbindet die vier oberen Geschosse und ist in den Ebenen 2 - 4 durch eine Stahl-/ Drahtglastrennwand abgetrennt, um dem Treppenbenutzer ein hohes Maß an

Transparenz zu ermöglichen. Diese Glastrennwand hat sich schon bei einem Brandfall kurz vor Fertigstellung der UB bewährt.

## Sonstige Techniken

Staubsauganlage: Die Wirtschaftlichkeit der Anlage hat sich gezeigt und die Anlage hat sich sehr bewährt. Der Staub in der Bibliothek hat ständig abgenommen, daher ist die Verschmutzung der Bücher gering und z. B. bei den Leuchtstoffrähren hat sich eine längere Lebensdauer ergeben.

Klimaanlage: Starke Ablehnung durch die Mitarbeiter, Argumentation zum Teil nicht sehr objektiv, bei neueren Bauten andere Formen der Klimaanlagen dringend zu empfehlen!-

Beleuchtung: Leuchtstärke an der unteren Grenze: Lesezone 8oo Lux, Regelzonen 2oo - 3oo Lux, Arbeitsplätze 4oo - 5oo Lux, Magazin 1oo - 2oo Lux (zum Teil zu wenig). Im Benutzerbereich werden Warmtonleuchten empfohlen.

Heizung/Kälte: Anschluß an Fernwärmenetz, zentrale Kälteanlage der Uni, Bedarf: Wärme 5,1 Gcal, Kälte 2,6 Gcal.

Elektro: Bedarf 1 6oo KVA, 4 Trafos, Verbrauch 1 2oo KVA.

## Sonstige Angaben zur UB

Bauzeit 1971 - 74, Bruttorauminhalt BRI = 128 ooo $m^3$, Nettogrundrißfläche NGF = 25 5oo $m^2$, HNF 18 5oo $m^2$, lichte Geschoßhöhe 3,o8 m,
Nutzlasten: Ebene 0 = 2 ooo $kp/m^2$, Ebene 1 - 3 = 75o $kp/m^2$, Ebene 4 = 1 ooo $kp/m^2$ (1o $KN/m^2$).
Anzahl der Bände max. 1,9 Mio., davon 1,o im Magazin, 2oo - 22o Mitarbeiterplätze, 6oo - 7oo Leseplätze,
Gesamtkosten GBK: 4o Mio. DM
GBK/BR 31o.-- $DM/m^3$, GBK/HNF 2 2oo.-- DM.

Planung und Durchführung:
Universität Bremen,
Herren Kaiser,
Kutzky
Uhlig
Schuhmann
Tietmann
Blankemeyer
Neß
Überschaer

Wolfgang Budach

# Universitätsbibliothek Bremen; Erfahrungsbericht in Stichworten und Zahlen

---

## 1. Aufgaben, Struktur und Organisation der Bibliothek

- einschichtiges Bibliothekssystem, zentralisierter Geschäftsgang, Campus-Universität mit Zentralbibliothek in zentraler Lage, nur 6 ziemlich kleine dezentrale Bereichsbibliotheken mit Präsenzbeständen von insgesamt rd. 55 ooo Bänden (= 3,6% des Gesamtbestandes), pro Bibliothek 3ooo bis max. rd. 12 ooo Bände

- hervorgegangen aus Staatsbibliothek Bremen, nimmt weiterhin als Nebenaufgabe Funktion einer wissenschaftlichen Landesbibliothek wahr, trotz Stadtrandlage (vom Stadtzentrum aus mit öffentlichen Verkehrsmittel in einer knappen halben Stunde zu erreichen) beachtliche außeruniversitäre Benutzung (Anteil an der Ortsausleihe rd. 45%, davon 17% Angehörige anderer, auch nicht bremischer! - Hochschulen und 19% Lehrer und Schüler), einzige wissenschaftliche Universalbibliothek der Region Unterweser

- Zentralbibliothek = große Freihandbibliothek, organisatorische und bauliche Hauptgliederung: Betriebsteilungen (Ebene 0 und 1)/Fachabteilungen (Ebenen 2 - 4), die 6 Fachabteilungen sind nicht nur für Bestandsaufbau und Sacherschließung, sondern auch für Benutzerservice auf ihren Freihandebenen und in den Bereichsbibliotheken verantwortlich (Gliederung und Präsentation der Bestände, Auskunftsdienst, Sonderausleihe aus Präsenzbestand, Führungen, etc.)

## 2. Kapazität, Bestandsentwicklung, Erweiterungsmöglichkeiten

- Festlegung des Raumprogramms und Beginn des Bestandsaufbaus 1965, Zielzahl 1,5 Mio. Bände, ohne Prognose über Jahreszuwachs, davon 8oo ooo Bände in den Freihandbereichen der Ebenen 1 - 4 und den Bereichsbibliotheken, 7oo ooo Bände im geschlossenen Magazin, Bezug des Neubaus 1974: bereits keine freien Buchstellflächen mehr, 1978 Kompaktierung im Magazin (bauseitig durch Schienen im Estrich vorbereitet), Kapazität jetzt rd. 1,8 Mio. Bände in der Zentralbibliothek

- heutiger Bestand: rd. 1,5 Mio. Bände und 4o ooo Einheiten audiovisuelle Medien (AV), 15 ooo Mikroformen und 9 ooo Karten

- Jahreszugang: rd. 8o ooo Bände und Sondermaterialien

- Alternative für Erweiterung: Teilbibliothek Naturwissenschaften in Verbindung mit neuem Gebäude für Studiengang Produktionstechnik/

Magazinerweiterung in direktem Anschluß an vorhandenes Magazin (auch bei Realisierung der Teilbibliothek, aber dann erst später, erforderlich), von der Grundstückssituation her kaum Begrenzung für die Magazinerweiterung

3. Benutzung

- Relation Freihand-/Magazinaufstellung zur Zeit fast 5o : 5o, rd. 75o ooo Bände/rd. 7oo ooo Bände (ohne Bereichsbibliotheken),

- Relation Präsenz-/Ausleihbestand innerhalb der Freihand: rd. 24o ooo Bände/rd. 51o ooo Bände

- Freihandgliederung: ursprüngliches Konzept: innerhalb jeder Fachabteilung 4 Gruppen, die von der Lesezone an der Fensterfront bis hin zum zentral gegenüber von Treppenhaus und Fahrstuhl liegenden Auskunftsplatz aufeinander folgen: Präsenzbestand, Zeitschriften, Ausleihbestand, Fachbibliographien, jeweils nach Fächern und Fachsystematik untergliedert, inzwischen wurden in mehreren Fachabteilungen der Präsenzbestand (außer Zeitschriften und Bibliographien), sowie die ursprünglich für alle Fächer zentral in Ebene 1 zusammengefaßte Lehrbuchsammlung in den Ausleihbestand integriert

- pro Fachabteilung 1 Auskunftsplatz, automatische Ausleihverbuchung mit strichkodierten Benutzerausweisen und Buchetiketten

4. Lesezonen, Carrels, Einzel- und Gruppenarbeitsräume

- Zahlen:

| | |
|---|---|
| Leseplätze insgesamt | |
| - Bereichsbibliotheken | 12o |
| - Zentralbibliothek | 588 |
| davon | |
| - Carrels | 8o |
| - Einzelarbeitsräume | 3o |
| - Gruppenarbeitsräume (je 12 - 15 Personen) | 14 |
| Studenten SS 198o | rd. 6 8oo |
| wissenschaftliches Personal | rd. 1 2oo |

- Ausnutzung: offene Lesezonen und Carrels nur zu ca. 2o% (außer bei Juristen!), Einzelarbeitsräume ständig belegt (Vergabe in der Regel für 4 Wochen, Reservierungen oft bis 6 Monate im Voraus!), Gruppenarbeitsräume etwa zu 5o%, einige inzwischen dienstlich genutzt

- vermutete Gründe für geringe Ausnutzung:

  - Lese- und Arbeitsgewohnheiten
  - verhältnismäßig niedrige Studentenzahl

- Ablehnung der Vollklimatisierung
- bequeme Ausleihmöglichkeit: fast alle aktuellen Bestände in Freihand, Sofortausleihe aus dem Magazin (nur 5% der Gesamtausleihe), automatische Verbuchung ohne Ausfüllen von Leihscheinen, keine zahlenmäßige Beschränkung der Ausleihe pro Benutzer (Gesamtausleihe 1979: rd. 53o ooo Bände)

5. Flexibilität

- Im Benutzungsbereich fast unbegrenzt gegeben: außer Einzel- und Gruppenarbeitsräumen fast nur große, offene, gleichmäßig ausgeleuchtete Flächen, bereits genutzt für Neugliederung in Teilen der Freihandaufstellung, teilweise mit Achsendrehung um 9o° und Aufstellung zusätzlicher Regale, sowie für stellenweise Verschiebung der Grenze zwischen Lesezone und Buchstellfläche

- im Verwaltungsbereich

  - 1 Wand versetzt, 1 Wand entfernt } (hoher Kostenaufwand)
  - 2 zusätzliche Arbeitszimmer eingebaut } (hoher Kostenaufwand)
  - von Planung abweichende Raumnutzung
  - weitere Umbauten geplant

6. Klimatisierung, Arbeitszimmer für Mitarbeiter, Großräume

- Klimaanlage:

  - große Anfangsschwierigkeiten, inzwischen einigermaßen gleichmäßige Funktion, an zahlreichen Stellen noch störender Luftzug, Anpassung an Wetteränderung und Sonnenschutzanlage nicht befriedigend, Regelungsmöglichkeiten für einzelne Räume zu gering

  - von fast allen Mitarbeitern und vielen Benutzern als unangenehm bis krankmachend abgelehnt

  - Empfehlung für neue Planungen: unbedingt Verwaltungsbereich, möglichst auch Lesezonen, ohne Klimatisierung

- einige Arbeitsräume in den Ebenen 0 und 1 nur mit Oberlicht bzw. ganz ohne Tageslicht, führt zu Belastung der Mitarbeiter und organisatorischen Problemen (Rotation)

- 2 ursprünglich geplante Großräume in den Ebenen 2 und 3 wurden während der Bauzeit in kleinere Zimmer für 2 - 5 Personen unterteilt, 1 ursprünglich nicht vorgesehener "kleiner Großraum" (für 24 Mitarbeiter) durch Ausweitung der Erwerbungsabteilung gegenüber dem Raumprogramm von 1965 neu geschaffen.

7. Regalsysteme

- Freihandbereich: bewegliche, schwarze Stahlregale, max. 6 Bretter übereinander, Achsabstand 1,44 m, zahlreiche, von der Bibliothek initiierte Verbesserungen (z. B. Buchstützen, Beschriftungssystem, rote Bretter für Ablage entnommener Bände)

- Magazin: zunächst bewegliche Stahlregale, 1978 Umrüstung auf Kompaktanlage unter Verwendung der vorhandenen Regale, Handbetrieb problematisch

8. Büchertransport

- größere Mengen (Neuzugang, Ausleih-Rückgaben) mit Bücherwagen, bzw. -körben, kein Bücheraufzug, Fahrstuhlbenutzung problematisch, da keine klare Trennung Benutzer-/Personalfahrstühle

- für einzelne Bücher (vor allem Anforderungen aus dem Magazin) Gurtbandsystem mit Auslauf in der Ortsleihe und Teleliftsystem mit 6 Stationen (Sortierraum neben Magazin, Ortsleihe, Ebenen 1 - 4: Auskunftsplatz), da 75% der Anforderungen von den Ebenen 2 - 4 kommen und Umladen an der Ortsleihe personell nicht zu leisten ist, wird Umbau angestrebt: Auslauf Gurtband in Sortierraum, dort Verteilung über Telelift auf die 4 Ebenen

9. Buchsicherung, Eingangsbereich, Garderobe

- nur 1 Ein- und Ausgang für Benutzer, Verbindungstüren und Fahrstühle zwischen Benutzungs- und Verwaltungsbereich nur mit Schlüsseln, Nottreppenhäuser unten nur über verplombten Panikriegel zu öffnen, dennoch Lücken für Eingeweihte

- Eingangsbereich zu großzügig ausgefallen, effektive Kontrolle sehr erschwert, Umbau geplant, Installation einer Buchsicherungsanlage erwogen

- verschließbare Garderobenschränke mit 5 DM-Pfandeinrichtung, daneben notgedrungen Garderobenständer ohne effektive Bewachung, Garderobe mit Personal wäre optimal

1o. ADV-Anwendung

- off-line-Katalogsystem mit Datenerfassung über Klarschriftdrucker/ optische Belegleser (COMPUSCAN) und Ausgabe auf Microfiche, Lesegeräte und Katalogexemplare stehen an allen Auskunftsplätzen und im Verwaltungsbereich in ausreichender Anzahl zur Verfügung

- Erwerbungsstatistik

- Realzeitausleihsystem: hier ist die Tresengestaltung (s. o. Zi. 9)

verbesserungsbedürftig, vor allem der Innenraum ist nicht ausreichend

11. AV-Zentrum

- sammelt und erschließt für sämtliche Fächer Ton- und Bildträger aller Art, archiviert auch Eigenproduktionen der Universität, Rundfunk- und Fernsehsendungen, die für Forschung und Lehre benötigt werden, werden durch Mitschnitte zugänglich gemacht

- vielfältige Wiedergabemöglichkeiten, für einzelne wie für Gruppen

12. Sonstige technische Einrichtungen

Fotolabor, Druckerei, Buchbinderei, Restaurierungswerkstatt, Kopiergeräte (4 im Verwaltungsbereich, 6 im Benutzungsbereich: Ausnutzung meist 100%, oft Wartezeiten).

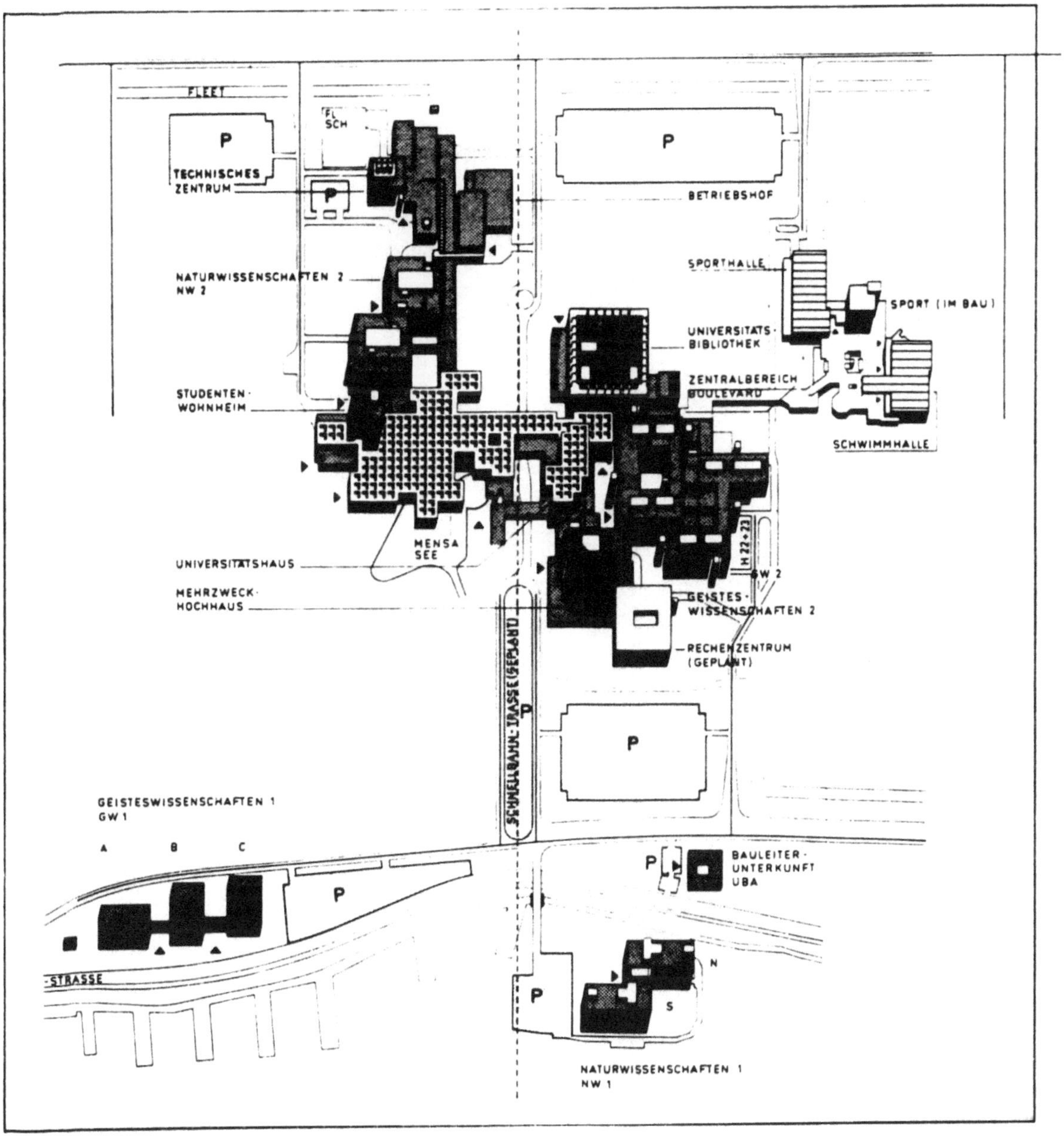


Abb. 3.2/1 Lageplan

Abb. 3.2/2 Ansicht von der Fussgängerebene

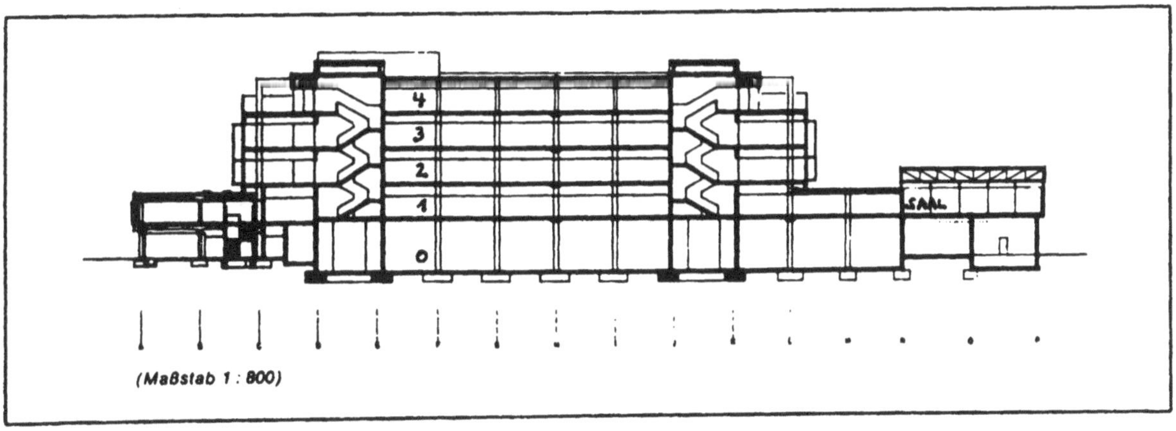


Abb. 3.2/3 Schnitt

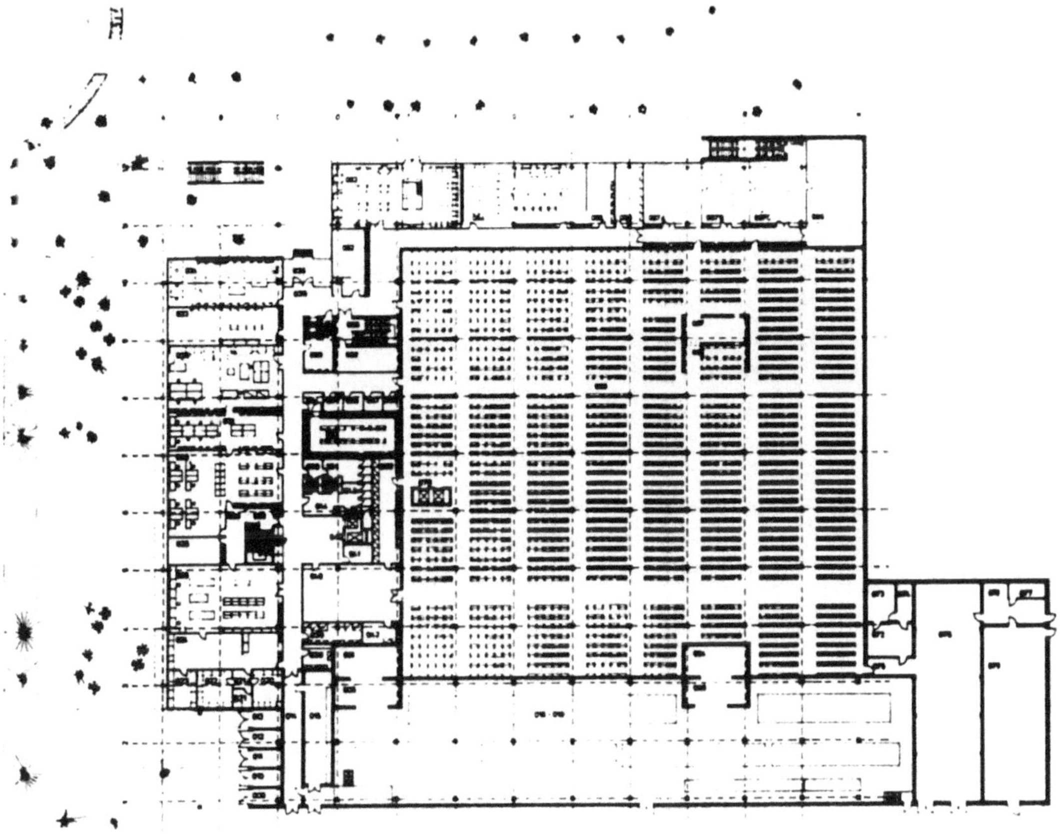

Abb. 3.2/4 Ebene 0

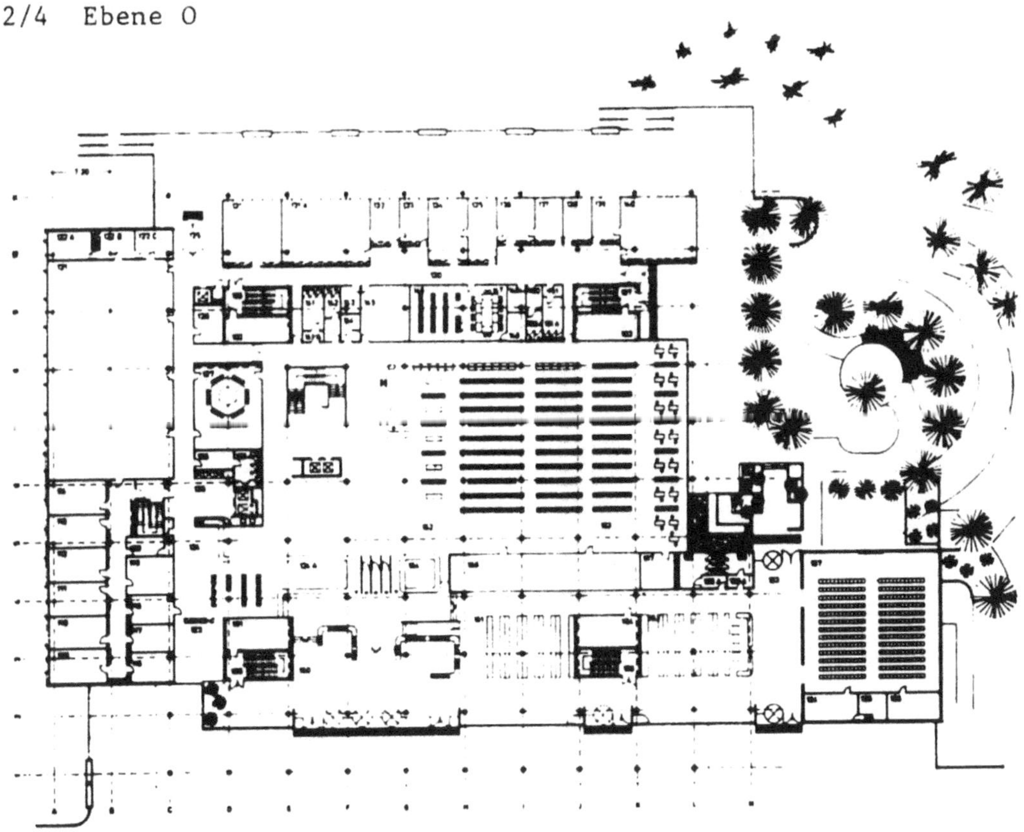

Abb. 3.2/5 Ebene 1

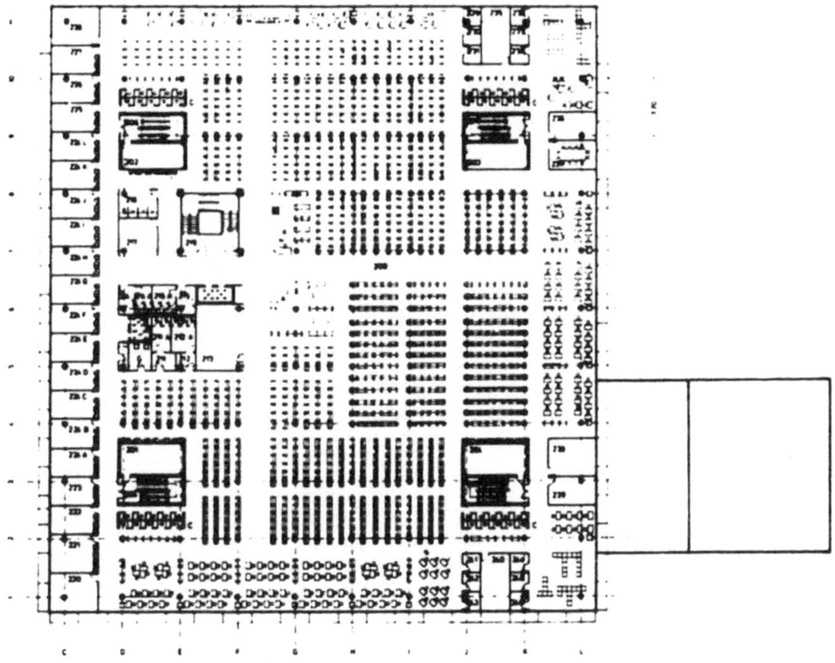

Abb. 3.2/6 Ebene 2

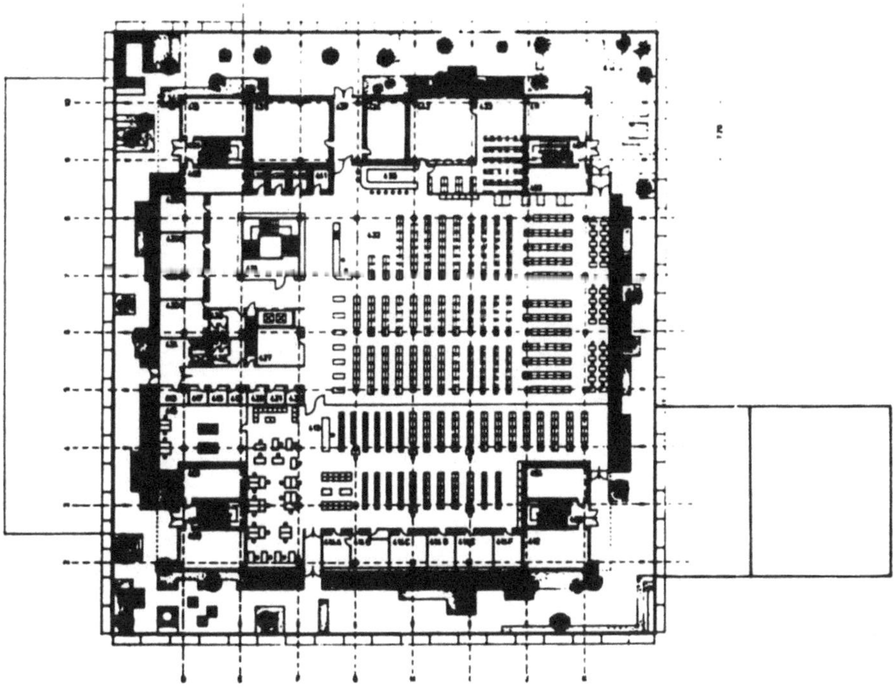

Abb. 3.2/7 Ebene 4

H. Wagner

# Neubau der Zentralbibliothek der Universität Düsseldorf

Die Düsseldorfer Universitätsbibliothek hat sich aus der Bibliothek der ehemaligen Medizinischen Akademie und aus der seit 177o bestehenden Landes- und Stadtbibliothek Düsseldorf entwickelt. Die Universitätsbibliothek gliedert sich in derzeit elf Fachbereichsbibliotheken mit einer Medizinischen Abteilung sowie dem nun fertiggestellten Neubau der Zentralbibliothek.

Die Fachbereichsbibliotheken sind den verschiedenen Instituten und Seminaren unmittelbar zugeordnet. Die Zentralbilbiothek dagegen liegt im Zentrum der Universität und hat Hochschulangehörige, Bürger der Stadt Düsseldorf und andere Benutzer mit Literatur und sonstigen Informationsmitteln zu versorgen.

Im Jahre 1972 hatte der Finanzminister des Landes Nordrhein-Westfalen einen allgemeinen Bau und Ideenwettbewerb zur Erlangung von Vorentwürfen für den Zentralbereich und die Bibliothek ausgeschrieben. Der Ideenwettbewerb sollte die städtebauliche Situation des Zentrums der Universität klären; durch den Bauwettbewerb sollte eine optimale Lösung für die Zentralbibliothek ermittelt werden. Die von der Architektengemeinschaft Diplomingenieure Volkamer/Wetzel/Beckmann eingereichte Bibliothekslösung wurde mit dem 1. Preis ausgezeichnet.

Der Standort der Zentralbibliothek ist aus dem Gesamtplan ersichtlich. Sie bildet den optischen Abschluß der nördlichen Fußgängerzone nach Süden hin und wird zusammen mit einer für die Zukunft geplanten zweiten Mensa und weiteren zentralen Einrichtungen einen maßstäblich geformten Forumsplatz umgrenzen. Westlich der Zentralbibliothek wird ein künstlicher See angelegt. Bis zur Errichtung der zweiten Mensa und der weiteren zentralen Einrichtungen wird an deren Stelle eine Grünanlage geschaffen. Unter dem Fußgängerbereich des Zentrums bzw. nördlich der Bibliothek liegt eine dreigeschossige Tiefgarage für 7oo PKW. Der Fußgängerbereich ist gegenüber dem natürlichen Gelände um ein Geschoß angehoben, so daß sich eine günstige Trennung von Fußgänger-, Fahr- und Anlieferverkehr ergibt.

Die Düsseldorfer Zentralbibliothek ist als Freihandbibliothek geplant worden. Rund 42o ooo Bände und Zeitschriften können in Freihandregalen, rund 6oo ooo Bände in geschlossenen Magazinen aufgestellt werden. Durch Aufstockung der Freihandregale können weitere 25o ooo Bände aufgenommen werden. An den Fensterseiten des Gebäudes sind etwa 7oo Leseplätze untergebracht.
Im Querschnitt des Gebäudes erkennt man den funktionellen Aufbau der Bibliothek. Der Nutzer betritt vom Fußgängerbereich her die Eingangshalle mit dem dahinterliegenden Informationszentrum und der Lehrbuchsammlung. An der Eingangshalle liegen die Ausleih-, Rückgabe- und Verbuchungsstel-

len sowie die Taschen- und Garderobenschränke. Von der Eingangshalle her sind über Treppen das eingeschobene Zwischengeschoß mit Direktion und Verwaltung sowie der Vortrags- und Mehrzweckraum erreichbar. Im südwestlichen Gebäudebereich liegen - für die Benutzer nicht zugängig - die Erwerbungs- und Katalogisierungsabteilungen.
Die Geschosse im Sockel sind mit Magazinen, Werkstätten, buchtechnischen Diensträumen und haustechnischen Zentralen gefüllt. In drei fast gleichen Obergeschossen befinden sich die Freihandbereiche. Nur das 1. Obergeschoß ist um die Abteilungen für Audiovision und Handschriften erweitert. Hier befinden sich auch der Tresor für die wertvollen Handschriften, Inkunabeln und die Thomas-Mann-Sammlung. Die in der Kernzone der Obergeschosse stehenden Regale sind aufstockbar. Die baulichen Voraussetzungen dafür wie notwendige Raumhöhen, Treppen und Lift sind vorhanden. Man kann - je nach Zuwachs der Büchermengen - auf die Regalpfosten eine Stahlzwischendecke legen und darauf weitere Regale montieren, bis sich schließlich die Stellfläche in der Kernzone verdoppelt hat. Die hierfür nötige doppelte Raumhöhe ist über den Leseplätzen am Fenster nicht erforderlich. Hier bilden das abgewalmte Dach und die in die Fassade gehängten Laubendächer mit den über den Lesetischen hängenden Leuchten einen Raum im Raum.

In die Fassade der Lesegeschosse sind - wie Häuser im Raum - die Carrels und die Räume für Gruppenarbeit und für Referenten eingeschoben. Gemeinsam mit lose aufgestellten Regalen gliedern sie die Lesebereiche, so daß Raumgruppierungen mit einer übersichtlichen Zahl von Arbeitstischen entstehen.

Diese Umgebung soll zum Wohlbefinden der Nutzer und zu deren Identifikation mit dem Haus beitragen.

Die drei Lesegeschosse, die Magazine und die Eingangshalle mit dem Informationszentrum und dem Vortrags- und Mehrzweckraum sind über Hochdruckanlagen klimatisiert. Die Außenzonen der Lesegeschosse, der Eingangshalle und des Informationszentrums werden durch Induktionsgeräte versorgt. Zur Verbesserung der Betriebswirtschaftlichkeit wurde eine Wärmerückgewinnungsanlage in den Fortluftstrom eingebaut. Die Räume der Katalogisierung und Erwerbung, der Verwaltung, der Direktion und die Werkstätten haben natürliche Belüftung über zu öffnende Fenster.

Zur weiteren technischen Ausrüstung gehören vier Personenaufzüge, ein Lastenaufzug, eine Telelift-Buchförderanlage, ein Rohrpostsystem und eine Wechselsprechverbindung von den Lesebereichen und der Ausleihstelle zum Magazin. Die Ausleihverbuchung erfolgt über elektronische Datenverarbeitung. Das Gebäude ist an das Fernheiznetz der Universität angeschlossen. Für die Sicherheit des Hauses wurden Feuer- und Rauchmeldeanlagen eingebaut. Alle betriebstechnischen Anlagen sind an die zentrale Leitwarte angeschlossen, bei der Störungen und Defekte angezeigt werden. Das Raumvolumen beträgt etwa 9o ooo $m^3$ bei etwa 13 1oo $m^3$ Hauptnutzfläche. Die Gesamtbaukosten betragen etwa 34 Mio. DM.

Günter Gattermann

# Die Universitätsbibliothek Düsseldorf

Die Universitätsbibliothek Düsseldorf hat - historisch gesehen - zwei Wurzeln:
Die 177o gegründete ehemalige Landes- und Stadtbibliothek der Stadt Düsseldorf und die ehemalige Zentralbibliothek der Medizinischen Akademie. Umfang und Art dieser beiden Bibliotheken haben den Bau und die Organisation der Universitätsbibliothek geprägt. Weitere Einflüsse haben sich aus der Gründungszeit der Universität ergeben.

Im November 1965 wurde der 1923 gegründeten Medizinischen Akademie der Name Universität von der Landesregierung verliehen. Neben die bestehende Medizinische Fakultät traten im Laufe der nächsten Jahre bis 1969 eine Mathematisch-naturwissenschaftliche und eine Philosophische Fakultät. Außer der 1951 aus kleinsten Anfängen gebildeten Zentralbibliothek der Medizinischen Akademie gab es in der 6oer Jahren keine anderen bibliothekarischen Einrichtungen, die den Literaturbedarf der neuen Fakultäten in Forschung und Lehre hätten befriedigen können. Die bei anderen Neugründungen von Universitäten meist vorhandene Vorlaufzeit für den Aufbau einer zweckmäßigen Bibliotheksorganisation hat in Düsseldorf gefehlt. Die ersten Lehrstuhlinhaber der Philosophischen und der Mathematisch-naturwissenschaftlichen Fakultät waren daher bei Beginn des Vorlesungsbetriebes Anfang 1969 zunächst weitgehend auf eigene Initiative angewiesen. So entstanden an mehreren Stellen der Universität Büchersammlungen, deren Streulage in der Stadt und auf dem Campus die Zusammenarbeit erschwerte.

Zum 1. Oktober 197o wurde die Landes- und Stadtbibliothek der Stadt Düsseldorf dem Land Nordrhein-Westfalen übertragen und der Universität übergeben. Gleichzeitig wurde ein Direktor der Universitätsbibliothek berufen, der von Anfang an für alle bibliothekarischen Einrichtungen der Universität zuständig war.

## Konzept des Bildungssystems

Für die Struktur des Bibliothekswesens in der Universität und für das Konzept des Neubaus haben - wie gesagt - einige Voraussetzungen die wichtigsten Entscheidungen maßgeblich beeinflußt:

1. Eine dezentrale Lösung, d. h. Aufstellung aller Buchbestände in dezentralen Fachbereiches- oder Fakultätsbibliotheken etwa wie in Bielefeld oder später in den Bibliotheken der nordrhein-westfälischen Gesamthochschulen schied von vornherein aus. Die 5oo ooo Bände der Landes- und Stadtbibliothek konnten nicht aufgeteilt werden, sondern mußten wegen ihres Alters, ihres Wertes, auch wegen ihres äußeren Zustandes und wegen der im Übergabevertrag zugesicherten uneingeschränkten Benutzbarkeit durch die Bürger der Stadt zusammenbleiben. Damit

war entschieden, daß es in Düsseldorf eine große zentrale Bibliothek geben würde.

2. Das Vorhandensein einer separaten Zentralbibliothek für die Literaturversorgung der Medizinischen Einrichtungen in einer für den Universitätscampus peripheren Lage im Nordwesten des Klinikgeländes und das Faktum der mit einem Vorsprung von zwei bis drei Jahren in den Instituten und Seminaren aufgebauten Büchersammlungen schlossen die Konzentration aller Buchbestände unter einem Dach aus. Damit war entschieden, daß es in Düsseldorf neben einer Zentralbibliothek auch dezentrale bibliothekarische Einrichtungen geben würde.

3. Die Medizinische Akademie hatte sich schon Anfang der fünfziger Jahre auf Empfehlung der Bibliothekskommission für ein zentral verwaltetes Bibliothekssystem entschieden. Nach Gründung der Universität beschloß der Senat,
   - alle Bücher zentral durch die Universitätsbibliothek zu beschaffen
   - einen zentralen Katalog in der Universitätsbibliothek zu führen
   - auch die neuen Abteilungen in der bisherigen zentralen Form wie die medizinische Abteilung zu führen mit der Maßbage, daß die einzelnen Institute in den einzelnen Institutsgruppen eine Präsenzbibliothek als Dauerleihgabe erhalten.

   Mit diesem Beschluß und nach Verabschiedung des neues Hochschulgesetzes vom 7. April 197o war vorgegeben, daß in Düsseldorf ein einheitlich strukturiertes und zentral verwaltetes Bibliothekssystem weiterzuführen bzw. einzuführen war. Den traditionellen Dualismus zwischen unabhängig voneinander geführten Institutsbibliotheken und einer isolierten Zentralbibliothek sollte es nicht geben.

4. Angesichts eines relativ knappen Stellenplans und beschränkter Haushaltsmittel erschien es zweckmäßig, für räumlich benachbarte und aufeinander bezogene Fächer gemeinsame Bibliotheken einzurichten, um eine für den Einsatz bibliothekarischer Fachkräfte lohnende Betriebsgröße zu erreichen, eine rationelle Verwaltung zu ermöglichen, unnötige Mehrfachanschaffungen zu vermeiden, längere Öffnungszeiten einzuführen, generell eine bessere Verfügbarkeit der Literatur für alle Universitätsangehörigen zu garantieren und fachübergreifende Arbeiten zu fördern.
   Diese Überlegungen trafen sich mit Plänen des Staatshochbauamts für die Universität Düsseldorf und der Universitätsverwaltung, beim Bau neuer Institutsgruppen einheitlich eine Etage für die dezentralen Bibliotheken der Geisteswissenschaften vorzusehen, ein"Bibliothekskontinuum" über mehrere Gebäude hinweg.

   Im großen Neubaukomplex der Naturwissenschaften (Bauvorhaben Uni-Süd) erschien es dagegen von Anfang an sinnvoll, für die östlich der von Nord nach Süd verlaufenden Fußgängerebene liegenden Fächer Biologie, Chemie, Pharmazie und die westlich davon liegenden Fächer Geowissenschaften, Mathematik, Physik je eine relativ große"Verbundbibliothek" in unmittelbarer Nähe der Institutsräume zu bauen und beide Bibliotheken mit einer Büchertransportanlage untereinander zu verbinden. Damit war entschieden, daß neben der Zentralbibliothek nur wenige größere dezentrale Teilbibliotheken errichtet werden sollten.

5. Zu den elementaren Zielen des einheitlichen Bibliothekssystems zählen

rationeller Einsatz der zur Verfügung stehenden Haushaltsmittel, schnelle und einfache Buchbearbeitung, zentraler Nachweis und allgemeine Zugänglichkeit der Bestände. Für das Erreichen dieser Ziele wurde die zentrale Bewirtschaftung der Literaturbeschaffungsmittel in der Universität und die Überführung der in den dezentralen Bibliotheken tätigen Mitarbeiter in einen gemeinsamen Stellenplan der Universitätsbibliothek als unabdingabre Voraussetzungen angesehen. Die zentrale Bewirtschaftung ermöglicht eine wirkungsvolle Koordinierung der Erwerbungen. Der zusammenfassende Stellenplan ermöglicht über die bibliotheksfachliche hinaus auch die dienstrechtliche Aufsicht. Für die Durchsetzung abgestimmter Arbeitsabläufe im System ist dies unentbehrlich. Mit der Erfüllung beider Voraussetzungen waren wichtige Entscheidungen für die Organisation der Universitätsbibliothek getroffen.

## Bau der Fachbibliotheken

Die Verwirklichung des Bibliothekssystems nahm nach 197o jedoch einen anderen Verlauf, als es den begründeten Wunschvorstellungen des Bibliothekars entsprach. Nicht die große Zentralbibliothek als Hauptstützpunkt der Literaturversorgung an zentraler Stelle des Neubaugeländes wurde mit einer gewissen Vorlaufzeit als erstes Gebäude errichtet, sondern die Institutsgruppen mit Hörsälen, Seminaren und Instituten, in denen die Fachbibliotheken unterzubringen waren. Die Baumasse der Universität wuchs nicht vom Zentralbereich nach außen, sondern von der Peripherie nach innen.

Diese Vorgehensweise brachte mehrere Komplikationen mit sich: Das Bauvorhaben Zentralbibliothek wurde abhängig vom Baufortschritt bei den Institutsgruppen und verzögerte sich. Dem Bibliothekssystem fehlte dadurch lange das sichtbare Zentrum mit den notwendigen Räumen und Wirkungsmöglichkeiten. Die Tatsache, daß die Fachbibliotheken gebaut und gut ausgestattet wurden, als ihnen der Bezugspunkt einer leistungsfähigen Zentrale noch fehlte, hat sicherlich mehr Mühe verursacht, als wenn die Entwicklung umgekehrt verlaufen wäre. Die Fachbibliotheken haben in diesen Aufbaujahren ein größeres Gewicht erhalten, als ihnen in der Planung zugedacht worden war.

Die Konzentration auf den Bau und die Ausstattung der Fachbilbiotheken hatte jedoch auch einen positiven Effekt: Alle Beteiligten, das Staatshochbauamt für die Universität, die Universitätsverwaltung und die Universitätsbibliothek konnten wertvolle Erfahrungen sammeln, die der Planung und dem Bau der Zentralbibliothek zugute gekommen sind: Die Fachbibliotheken als Experimentierfeld für neue Methoden und Verfahren, für technische Hilfsmittel, Möbel und Geräte.

## Konzept des Neubaus der Zentralbibliothek

Das Raumprogramm der Universitätsbibliothek ist innerhalb weniger Wochen erarbeitet worden, eine erste Fassung wurde Anfang 1971 vorgelegt. Die zuständigen Gremien der Universität haben dem Programm mit 17o85 qm Hauptnutzfläche zugestimmt. Die Genehmigung durch den Minister für Wissenschaft und Forschung erfolgte am 21. Januar 1971. Die Hauptnutzfläche war auf 13 28o qm gekürzt worden, hauptsächlich auf Kosten der Stellflächen in den Büchermagazinen und in den Lesegeschos-

sen. Das Konzept wurde ohne Abstriche gebilligt. Zusätzlich wurde auferlegt, daß mit dem Bauvorhaben die räumlichen Voraussetzungen für eine zentrale Bibliotheksverwaltung des Gesamthochschulbereichs Düsseldorf sicherzustellen sind und die Einrichtung von Bibliotheken auf Institutsebene oder für noch enger begrenzte Bereiche ausgeschlossen ist.

Das Konzept ist 1972 in den Ausschreibungstext des Bauwettbewerbs übernommen worden, wurde zur Grundlage der Entwurfs- und der Ausführungsplanung und ist bis zur Inbetriebnahme des Gebäudes Richtschnur geblieben: Die Zentralbibliothek bildet das hauptsächliche Bücherreservoir der Universität und hat folgende Funktionen:

- Großer Bücherspeicher für ältere Bestände der gesamten Universität und für besonders wertvolle Werke in geschlossenen Magazinen,
- Zentrale Ausleihbibliothek mit gut ausgebauten Spezial- und Allgemeinbeständen,
- Zentrale "Lehrbuchsammlung" (d. h. Sammlung vielgenutzter Studienliteratur),
- Wissenschaftliche Arbeitsbibliothek mit umfangreichen Präsenzbeständen in drei großen Fachlesesälen zur Entlastung der Fachbereiche und zur Förderung fachübergreifender Forschung,
- Bibliographisches Informationszentrum (Zentralkataloge der Universität, Handbibliothek bibliographischer Nachschlagewerke, Dokumentationsdienste, Auskunft),
- Zentrale Buchbearbeitungs- und Verwaltungsstelle des integrierten Bibliothekssystems der Universität, Zentrale für den Einsatz der Automatisierten Datenverarbeitung,
- Zentrale Ausbildungs- und Fortbildungsstelle für alle Mitarbeiter,
- Verkehrszentrale des Büchertransportsystems zu den Fachbibliotheken,
- Betreuung der seinerzeit noch im Besitz der Stadt Düsseldorf verbliebenen mittelalterlichen Handschriften und der Inkunabeln,
- Betreuung der Thomas-Mann-Sammlung Dr. Hans-Otto Mayer.

Wegen des Alters, Wertes und auch wegen des äußeren Zustandes mußte ein großer Teil des Buchbestandes der ehemaligen Landes- und Stadtbibliothek in geschlossenen Magazinen untergebracht werden: Ältere nicht akutelle Bestände wegen ihrer geringeren Benutzung, ältere Zeitschriftenjahrgänge, aus den Fachbibliotheken ausgesonderte Literatur, historisch wertvolle Zeitungen, Karten, Atlanten, Tafelwerke, die meisten Dissertationen, Kleinschrifttum, Berichtsreihen, Mikroformen.

Etwa 800 000 Bände, d. h. etwa 50 v. H. des späteren Buchbestandes, sollten in zwei Unterflur-Flächenmagazinen in Rechteckform untergebracht werden. Berechnungsgrundlage waren ein Achsabstand der Regale von 130 cm und die Unterbringung von 1000 Bänden auf 5,5 qm Geschoßfläche. Nach Genehmigung des Raumprogramms blieb eine Fläche für knapp 600 000 Bände übrig, die nach den inzwischen erlassenen Flächenstandards mit einem Achsmaß von 120 cm und einem Richtwert von 1000 Bänden auf 3,42 qm Geschoßfläche berechnet wurde, einem Wert, der sich nach Aufstellung der Bücher als illusionär erwiesen hat, da in ihm weder die Großformate von Zeitschriften und Zeitungen noch die Flächenverluste durch Lüftungskanäle, Transportanlagen, Trassen für Elektrokabel usw. einkalkuliert waren.

Von vornherein gab es keinen Zweifel daran, daß für die in den geschlossenen Magazinen aufgestellten Bestände "Sofortausleihe" vorzusehen war, d. h. daß jedes verfügbare Buch etwa 10 - 15 Minuten nach Aufgabe einer

Bestellung für den Leser an der Ausleihtheke oder in den Lesegeschossen bereitliegen sollte. Diese Absicht setzte entsprechende Nachrichtenverbindungen und ein mechanisches Transportsystem für Bücher voraus. Da noch nicht abzusehen war, wann die Automatisierte Datenverarbeitung die Bestellübermittlung übernehmen könnte, wurde eine Rohrpost eingeplant. Da das mechanische Transportsystem auch dezentrale Fachbibliotheken anschließen sollte, kam nur eine automatische Behälterförderanlage für Horizontal- und Vertikaltransporte in Betracht. Nachdem das System Telelift auf der"Versuchsstrecke" zwischen den Fachbibliotheken Ost und West der Naturwissenschaften (Uni-Süd) seine Brauchbarkeit erwiesen hatte, wurde es für die gesamte Universitätsbibliothek vorgesehen. Auch die im Norden gelegenen Fachbibliotheken können später an die Anlage angeschlossen werden, da die erforderlichen Trassen freigehalten worden sind.

Alle übrigen Bücher, die nicht unbedingt in die Büchermagazine mußten, sollten für den Leser frei zugänglich in drei Lesegeschossen bzw. Fachlesesälen systematisch geordnet aufgestellt werden. Hierfür waren auch etwa 8oo ooo Bände vorgesehen. Berechnungsgrundlage war hier ein Achsabstand der Bücherregale von 15o cm, der nach den Flächenstandards auf 144 cm reduziert werden mußte und später wegen des konstruktiven Rasters von 8,4o m auf 14o cm nochmals verkürzt wurde.

Die offene Aufstellung eines so großen Buchbestandes wurde bewußt gewählt trotz des größeren Raumbedarfs und Bearbeitungsaufwandes, weil außer Mangel an Raum und Personal kein vernüftiger Grund gefunden wurde, der dafür gesprochen hätte, Leser und Buch voneinander zu trennen. Warum sollte das Prinzip, das ohne Frage für die Buchbestände der Institutsbibliotheken auch an alten Universitäten als richtig und attraktiv angesehen wurde, nicht auch für die Fachlesesäle einer Zentralbibliothek anwendbar sein? Um die Überschaubarkeit der Bestände zu gewährleisten, sollten die Lesegeschosse in Buchbereiche und ruhige Lesezonen gegliedert werden. Um deren Anteile künftig den sich wandelnden Erfordernissen der Bibliotheksbenutzung leicht anpassen zu können, sollten nutzungsneutrale Geschoßflächen ein Höchstmaß an Flexibilität garantieren. Gleichzeitig wurde verlangt, die Geschoßhöhe in jedem Lesegeschoß so zu bemessen, daß sie eine zweigeschossige Regalanlage aufnehmen konnte, die als Galerie je nach Bedarf aufzustocken wäre. In der Praxis zeigte sich, daß der Forderung nach Flexibilität die Forderung nach Aufstockbarkeit der Regale entgegenstand, da die Regalpfosten von vornherein fest mit dem Fußboden zu verbinden waren. Um der Kapazitätserweiterung willen ist daher im Kernbereich der Lesegeschosse auf die geforderte Flexibilität verzichtet worden.

Die Stellflächen in den Lesegeschossen 01 - 03 mit je etwa 155 ooo Bänden werden ergänzt durch die im doppelgeschossigen Sicherheitsmagazin der Handschriftenabteilung, im Handschriftenlesesaal und anderen Spezialabteilungen und ergeben zusammen Platz für etwa 495 ooo Bände. Die vorgesehene Aufstockung bringt zusätzlich 3 x 85 ooo = etwa 255 ooo Bände. Zusammen mit den Stellflächen für die bibliographische Handbibliothek von etwa 2o ooo Bänden im Informationszentrum und für die daneben angesiedelte Lehrbuchsammlung von etwa 3o ooo Bänden entsteht eine Kapazität von 545 ooo + 255 ooo = insgesamt etwa 8oo ooo Bänden in offener Aufstellung. Diese Zahl war im Raumprogramm vorgesehen, freilich ohne die Aufstockungsflächen schon zu berücksichtigen.

Eine weitere Entscheidung ist ebenfalls im Raumprogramm schon skizziert: Ein eigener Zeitschriftenlesesaal entfiel, da die Fachzeitschriften (letztes Heft und Hefte des laufenden Jahrganges in der Auslage, gebundene

Jahrgänge im Regal) bei den einzelnen Fächern präsent gehalten werden sollten. Folgerichtig wurden auch die Fachbibliographien und sonstigen fachlichen Nachschlagewerke jeweils zum Fach gestellt. Dementsprechend enthält das Informationszentrum nur Allgemeinbibliographien und keine Fachbibliographien. Nur bei den Mehrfachexemplaren der Lehrbuchsammlung im Erdgeschoß ist vom Prinzip abgewichen worden, fachlich Zusammengehöriges nicht aus formalen Gründen zu trennen, weil es zweckmäßig schien, die Unruhe verbreitende Massenausleihe der Lehrbücher aus den ruhigeren Lesegeschossen fernzuhalten.

Die Absicht, die Zentralbibliothek auch als Stätte wissenschaftlichen Arbeitens attraktiv zu machen, veranlaßte die Forderung, die Freihandbestände vertikal in drei Lesegeschosse nach Fachgebieten zu gliedern und jedes der drei etwa 2000 qm großen Geschosse durch bauliche Maßnahmen sowie durch Regale und Möbel horizontal zu unterteilen und aufzulokkern. Durch klar gegliederte Flächen sowie übersichtlich und sinnvoll geordnete Bestände sollte dem Leser eine leichte Orientierung und bequeme Zugänglichkeit geboten werden.

## Leseplätze

Berechnungsgrundlage für die im Raumprogramm vorgesehenen Leseplätze war die 1971 für die Universität geplante Zahl von 8000 Studenten. Hinzugezählt wurden etwa 1500 wissenschaftliche Bedienstete der Universität. Für etwa 25 v. H. der Studenten sollten nach Berechnungen der Zentralen Planungsstelle zur Rationalisierung von Landesbauten in Aachen ein Arbeitsplatz zur Verfügung gestellt werden. Da nach den Raumprogrammen für die Institutsgruppen etwa 1060 Arbeitsplätze vorhanden oder geplant waren, sollten im Neubau der Zentralbibliothek weitere 1030 eingerichtet werden (einschließlich eines Zuschlages ovn 40 Plätzen für etwa 4000 nichtuniversitäre Benutzer).

Der Erlaß des Wissenschaftsministers vom 21. Januar 1972 genehmigte 875 Leseplätze und 100 Carrels nach den Flächenstandards und ließ offen, wieviel Arbeitsplätze in Spezialleseräumen, in der Abteilung für Audiovisuelle Medien, im Informationszentrum und in der Lehrbuchsammlung zusätzlich eingerichtet werden. Die erforderlichen Flächen für insgesamt rund 1000 Leseplätze sind im Gebäude auch tatsächlich vorgehalten worden. Für die Ersteinrichtung wurden jedoch nur Mittel für 703 Leseplätze bewilligt.

Die Universitätsbibliothek hat diese Verringerung ohne Widerspruch hingenommen, da man sehen konnte, daß in anderen Bibliotheksneubauten und in den eigenen Fachbibliotheken die Belegung geringer war als vorausgesagt und daß viele Arbeitsplätze nicht genutzt wurden. Die anfänglichen provisorischen Benutzungseinrichtungen der Universitätsbibliothek boten keine geeignete Basis, das künftige Benutzerverhalten der Universitätsangehörigen zu untersuchen und daraus Schlüsse zu ziehen. Ferner war zu berücksichtigen, daß die Universität Düsseldorf wegen ihres Standortes zu den typischen Pendleruniversitäten gehört, daß der Campus, solange er noch eine große Baustelle ist, abends fast menschenleer wirkt und daß die Verkehrsanbindungen des Campus an die Innenstadt mit öffentlichen Verkehrsmitteln nach wie vor unbefriedigend ist.

Da offensichtlich geeignete Methoden zur Bedarfsbemessung fehlen (vgl.

Antonius Jammers, Zum Bedarf an Leseplätzen in Hochschulbibliotheken. In: Vom Bauen neuerer Bibliotheken, hrsg. von Rolf Fuhlrott, Wiesbaden 1979, S. 163 - 178), Studier-, Arbeits-, Lese- und Ausleihverhalten nur bedingt planbar und vorhersehbar sind, sollte die Zahl der Arbeitsplätze im Verhältnis zu den Buchstellflächen in den vorgegebenen Grenzen flexibel gehalten werden. Seit Eröffnung des Gebäudes werden siebenmal täglich im Abstand von einer bzw. zwei Stunden die Leser in den Lesegeschossen und im Informationszentrum gezählt, um künftig aus der Statistik einen besseren Überblick über Angebot und Nachfrage zu bekommen.

Von insgesamt etwa 14oo Arbeitsplätzen (Stand 198o) werden 722 in der Zentralbibliothek, 68o in den Fachbibliotheken (386 in den Geisteswissenschaften, 232 in den Naturwissenschaften, 62 in der Medizin) angeboten. Diese Arbeitsplätze stehen jetzt etwa 12 ooo Studenten (davon 18oo der Abteilung Neuss der ehemaligen Pädagogischen Hochschule Rheinland) zur Verfügung. Hinzu kommen noch Studenten der Fachbereiche Wirtschaft, Sozialwesen, Sozialpädagogik der Fachhochschule Düsseldorf, die auf dem Universitätscampus untergebracht sind und zwei eigene Fachbereichsbibliotheken benutzen, aber auch häufig die Universitätsbibliothek aufsuchen. Zu berücksichtigen sind ferner etwa 3ooo "Externe", d. h. nichtuniverselle Benutzer, Bürger der Stadt usw.

Das Angebot von 14oo Plätzen für über 12 ooo Studenten, d. h. für etwa 12% der Studenten ein Arbeitsplatz, davon mehr als die Hälfte in der Zentralbibliothek, scheint für die Gegebenheiten am Ort nach ersten Erfahrungen ausreichend una ausgewogen zu sein.

Das Angebot an Arbeitsplätzen soll jedoch nicht nur Studenten anziehen, in der Bibliothek zu lesen, sondern auch die Wissenschaftler mit größeren Arbeitsvorhaben, die Staatsexamens- und Diplomkandidaten, Doktoranden, Assistenten und Professoren. Für diesen Personenkreis sind 22 geschlossene Einzelarbeitsplätze (carrels) in den Lesegeschossen geplant und gebaut worden. Daneben gibt es noch 1o Carrels für die Benutzung audiovisueller Medien.

Die erhebliche Verringerung gegenüber 1oo im Raumprogramm genehmigten Carrels erschien zweckmäßig, nicht nur um erhebliche Baukosten (Schallisolierung, Klimatisierung) einzusparen, sondern vielmehr aus der Absicht, möglichst a l l e Arbeitsplätze in den Lesegeschossen so einzurichten, daß sie als Einzelarbeitsplätze akzeptiert würden und dem Leser eine angenehme Arbeitsatmosphäre vermitteln. Schalldämmung durch abgehängte Decken, textiler Bodenbelag und gefüllte Bücherregale, einzelne Anordnung der Beleuchtungskörper über den Arbeitstischen (Einzelplatzbeleuchtung mit zentraler Schaltung), Möblierung mit 78 x 78 cm großen Arbeitstischen, die beliebig aneinandergestellt und kombiniert werden können, günstiger Tageslichteinfall und Sonnenschutz tragen zum Wohlbefinden der Leser bei.

Als Mangel stellte sich heraus, daß im Raumprogramm zwar der Wunsch nach Gruppenarbeitsräumen, aber nicht deren Zahl fixiert worden war und daß dann nur zwei geschlossene Gruppenarbeitsräume im obersten Lesegeschoß eingebaut werden konnten. Kompensiert wird dieser Mangel etwas dadurch, daß die Gliederung der Flächen das Bilden einzelner Arbeitsgruppen fördert und daß gedämpftes Sprechen in Gruppen aufgrund der guten Schalldämmung die übrigen Leser offensichtlich nicht stört.

Der Forderung der Universitätsbibliothek nach Klimatisierung der Lesegeschosse, des Informationszentrums und der Büchermagazine ist entsprochen worden. Die Auslegung von 9 verschiedenen Aggregaten für verschiedene Klimazonen mit unterschiedlichen Laufzeiten und Regeleinstellung gemöglicht, das Raumklima dem Bedarf anzupassen und differenziert zu regeln. Die Außenzonen des Lesegeschosse werden durch Induktionsgeräte versorgt. Zur Senkung der Betriebskosten wurde eine Wärmerückgewinnungsanlage eingebaut. Die Räume der Erwerbung, der Katalogisierung, der Verwaltung und der Werkstätten haben natürliche Belüftung durch zu öffnende Fenster.

## Aufstellung der Bücher

Die Universitätsbibliothek besaß Ende 1979 etwa 1,5 Mio Bände. Davon sind in der Zentralbibliothek etwa 82o ooo, in der Medizinischen Abteilung etwa 34o ooo und in den Fachbibliotheken zusammen etwa 34o ooo Bände aufgestellt.

Von den etwa 82o ooo Bänden der Zentralbibliothek waren bis Ende 1979 etwa 2oo ooo Bände Monographien und etwa 125 ooo Bände Zeitschriften,in neue Aufstellungssystematiken für 33 Wissenschaftsfächer eingearbeitet, in den drei Lesegeschossen frei zugänglich aufgestellt. Die Zeitschriften im Freihandbestand werden nicht ausgeliehen. Bei den Büchern des Freihandbestandes ist der größere Teil ausleihbar. Als "Nicht ausleihbar" sind vornehmlich die herkömmlichen Lesesaalwerke in der allgemeinen Gruppe a jedes Faches (reference works), Quellenausgaben, Corpora, je eine Gesamtausgabe der wichtigsten Primärautoren, ein Exemplar der in der Lehrbuchsammlung stehenden Werke, schließlich Literatur, die wegen ihrer äußeren Form nicht verliehen werden sollte (Leseblattausgaben, Tafelwerke usw.), gekennzeichnet. Im übrigen bestimmt der Fachreferent in seinen Fächern, welche Werke präsent gehalten werden.

In den Fachbibliotheken sind die Buch- und Zeitschriftenbestände nach den gleichen Aufstellungssystematiken wie in der Zentralbibliothek frei zugänglich aufgestellt und werden überwiegend präsent gehalten.

In den geschlossenen Magazinen der Zentralbibliothek ist der historische Altbestand der ehemaligen Landes- und Stadtbibliothek in mehr als 1oo Gruppen akzessorisch aufgestellt. Die neueren Bestände ab 197o stehen ebenfalls in gruppenakzessorischer Aufstellung nach den 33 Wissenschaftsfächern, die auch für die Freihandbestände gültig sind.

In der Universitätsbibliothek werden insgesamt 8 542 Zeitschriften per 31. Dezember 197o laufend gehalten. Davon stehen 1 587 in der Medizinischen Abteilung; 6 955 werden in der zentralen Zeitschriftenstelle für die Zentralbibliothek (3 922), die geisteswissenschaftlichen (1 o56) und die naturwissenschaftlichen Fachbibliotheken (1 977) verwaltet. Von den 6 955 laufend gehaltenen geistes- und naturwissenschaftlichen Zeitschriften werden nur 385 Titel zweimal, 32 Titel dreimal und 3 Titel viermal gehalten. Insgesamt 42o Doppel- bzw. Mehrfachabonnements sind etwa 6% der Gesamtmenge.

## Ausleihverbuchung

Im Konzept des Neubaus war geplant, die Ausleihe der Bücher einfach und

unbürokratisch zu organisieren. Für die Verbuchung der Ausleihen sollte ein geeignetes Verfahren der Automatisierten Datenverarbeitung eingesetzt werden. Nach den Erfahrungen in anderen Bibliotheken kam dafür nur ein On-line-Verfahren in Frage. Für die Ausleihe der Magazinbestände wurde daher eine relativ kleine Ausleihtheke von etwa 8 m Länge mit drei Buchungsplätzen für Ausgabe, Rücknahme, Anmeldung und Gebührenzahlung vorgesehen. Die Verbuchung der vom Leser selbst aus den Freihandbeständen in den Lesegeschossen entnommenen Bücher wurde von der Ausleihtheke getrennt. Eine zentrale Verbuchungsstelle mit zwei Plätzen sollte mit der Ausgangskontrolle (möglichst mit Buchsicherungsanlage) zusammengelegt werden. Die Trennung von Ausleihtheke und Zentralverbuchung schien zweckmäßig, um in Spitzenzeiten die unterschiedlichen Funktionen zu entmischen und die Warteschlangen nicht zu lang werden zu lassen. Da eine zentrale Ausgangskontrolle bis zum Ende der Öffnungszeiten ohnehin erforderlich ist, wogegen Ausleihe und Büchermagazine früher schließen, lag es nahe, die Kontrolle mit der Verbuchung zu verbinden.

Nach dem Scheitern eines Versuches mit einem anderen System hat die Universitätsbibliothek im Einvernehmen mit allen Beteiligten kurzfristig das "Bochumer System" übernommen:
Das Rechenzentrum der Ruhr-Universität Bochum hat ein Verbuchungssystem für die Universitätsbibliothek Bochum und die Bibliotheken der Gesamthochschulen Essen, Paderborn, Siegen und Wuppertal entwickelt und betreibt dieses System auf der DVA Telefunken TR 445 in Bochum und mit Prozessoren der Firma Dietz in den einzelnen Bibliotheken. Es entwickelt und warten die Software des Systems zentral in Bochum.

Da das Bochumer System, das während des Tagesbetriebes unabhängig vom Großrechner läuft, relativ lange Reaktionszeiten benötigt und den Bibliotheken eine On-line-Zugriff auf die Benutzerdatei nicht erlaubt, wurde für Düsseldorf eine verbesserte Hardware beschafft.

Den Verbuchungsplatz hat die Firma Dietz neu entwickelt und in Düsseldorf erstmals eingesetzt: Ein von Dietz kommender Mikorporzessor steuert die einzelnen Bestandteile des Arbeitsplatzes, ein Datensichtgerät mit Tastatur (Tandberg), Serialdrucker (Binder) und einen mobilen OCR-B-Schrift-Leser (Recognition Equipment).

Die von den (zur Zeit sieben) Buchungsplätzen ausgehenden "Telegramme" werden in einem Vorrechner konzentriert (Dietz 621 X1 mit 48 KB). Die eigentliche Verarbeitung wird von der Zentraleinheit geleistet (Dietz 621 F1-X2 mit 128 KB Hauptspeicher), an den 2 Magnetplattenspeicher mit je 3o Mio. Byte, 1 Etikettendrucker und 1 Schreibkonsole angeschlossen sind. Für das Herstellen der Mahn- und Benachrichtigungsschreiben und das Führen der Statistik dient die DVA TR 445 des Rechenzentrums der Universität Düsseldorf. Der Dietz-Prozessor X2 ist über DFÜ an die TR 445 angeschlossen.

Das Verbuchungssystem wurde am 17. September 1979 zur Inbetriebnahme des Neubaus, d. h. etwa zehn Monate nach Auftragserteilung, erstmals eingesetzt. In der ersten Ausbaustufe bedient es die Ausleihe aus den Freihandbeständen der Lesegeschosse und der Lehrbuchsammlung, die Magazinanteile (noch ohne Bestellverbuchung) und die gebende Fernleihe. Dem Ansturm der Leser nach Eröffnung des Neubaus war das System gewachsen. Die kurzfristig getroffene Entscheidung zur Übernahme eines laufenden Systems unter Verzicht auf Besonderheiten und Eigenentwicklung hat sich als richtig erwie-

sen. Das Einpassen des Systems in einen bereits weit forgeschrittenen Neubau ließ sich ohne besondere Komplikationen bewerkstelligen. Die Erweiterung des Systems wird zur Zeit vorbereitet.

## ADV-Einsatz in der Katalogisierung

Die Universitätsbibliothek setzt das ursprünglich für die Universitätsbibliothek Bielefeld von der Firma Siemens entwickelte Programmpaket BIKAS ein. BIKAS dient der Herstellung und Führung von Bibliothekskatalogen. Die Titelaufnahmen werden in einem analytischen Datenerfassungsschema off-line erfaßt, in sequentieller Form mit Stapelverarbeitung weiterverarbeitet und in Listenform über Schnelldrucker oder über COM auf Mikrofiches ausgegeben. Das Programmpaket ist für die Universitätsbibliothek Düsseldorf an RAK angepaßt und durch eine umfangreiche Neuprogrammierung optimiert worden. Als BIKAS 2 läuft es auf der Datenverarbeitungsanlage Siemens 7.760 des Universitätsrechenzentrums im Betriebssystem BS 2000. Neben alphabetischen Verfasserkatalogen, Standortkatalogen, systematischen Katalogen wird auch neuerdings ein Titelstichwortkatalog KWOC (Key-word-out-of-context) hergestellt. Die Kataloge werden im COM-Verfahren auf Mikrofiches ausgegeben, sie stehen im Informationszentrum in den Lesegeschossen und in den Fachbibliotheken den Lesern zur Verfügung. Insgesamt sind über 100 Mikrofiche-Lesegeräte aufgestellt.

Die Katalogdaten werden mit Hilfe eines Datensammelsystems, das in der Katalogisierungsabteilung betrieben wird, maschinenlesbar erfaßt. Das Datensammelsystem umfaßt Zentraleinheit (GIER 2200-126), Wechselplattenlaufwerk, Magnetbandstation, Matrixdrucker und Erfassungsbildschirme. Die Darbietung der Kataloge über Mikrofiche-Lesegeräte und die Erfassung der Katalogdaten über Datenendgeräte ist in der Planung und Realisierung des Neubaus berücksichtigt worden.

Die gesammelten Erfahrungen zeigen inzwischen, daß die Verarbeitung der großen Titelmenge, die in einem Bibliothekssystem anfallen, mit Off-line-Datenerfassung und sequentieller Stapelverarbeitung nicht schnell genug und vor allem auch nicht mehr wirtschaftlich bewältigt werden kann. Der Übergang zu einem in der Praxis erprobten On-line-System mit Dialogbetrieb wird daher vorbereitet. Es soll als Interimslösung bis zum Anschluß an das künftige regionale Verbundsystem des Hochschulbibliothekszentrums dienen. Die Implementierung des geplanten On-line-Systems wird ohne bauliche Veränderungen möglich sein.

## Technische Einrichtungen

Die schienengebundene B e h ä l t e r f ö r d e r a n l a g e "Telelift" verbindet alle Lesegeschosse, Ausleihe, Fernleihe, Magazingeschosse, Erwerbung, Katalogisierung und Poststelle in der Zentralbibliothek untereinander und mit den naturwissenschaftlichen Fachbibliotheken. Eine Anbindung der übrigen Fachbibliotheken ist vorgesehen. Zur Zeit wird die Anlage um einen codierten Vorratsspeicher für 16 Behälter erweitert.

Der Einbau eines B u c h s i c h e r u n g s s y s t e m s an der "Zen-

tralverbuchung" ist anfangs zurückgestellt worden; alle baulichen Maßnahmen, die den nachträglichen Einbau gestatten, sind jedoch vorgehalten worden. Die Erprobung des für den Einbau vorgesehenen Systems durch zwei benachbarte Bibliotheken wird abgewartet. An der Notwendigkeit eines Buchsicherungssystems bei umfangreichen Freihandbeständen wird nicht gezweifelt.

Die Ausstattung einer Abteilung für A u d i o v i s u e l l e M e d i e n mit den erforderlichen Geräten und Wiedergabeeinrichtungen ist ebenfalls anfangs zurückgestellt worden, unter anderem auch deswegen, weil die herstellende Industrie es bisher versäumt hat, die auf dem Markt befindlichen Systeme zu normen und kompatibel zu machen. Die entsprechenden Räume sind im Neubau vorhanden. Für die Einzelbenutzung von Audiovisuellen Medien stehen 1o Kabinen (Carrels) zur Verfügung.

Die Stiftung Volkswagenwerk hat in ihrem Programm zur Restaurierung wertvoller Altbestände in wissenschaftlichen Bibliotheken der Universitätsbibliothek 1979 eine Starthilfe für die Einrichtung einer eigenen R e s t a u r i e r u n g s w e r k s t a t t bewilligt. Diese Werkstatt war im Raumprogramm nicht vorgesehen. Sie tritt neben die übrigen "Werkstätten": Buchbinder-Werkstatt, Mikrofilm- und Fotostelle, Kopierstelle, Vervielfältigungsstelle, für die im genehmigten Raumprogramm zu wenig Platz bewilligt worden ist, der der Bedeutung dieser "bibliothekarischen Nebenbetriebe", die für die Dienstleistungen einer modernen Bibliothek ganz unentbehrlich geworden sind, nicht entspricht.

## Künftige Kapazitätsprobleme

Die Überleitung der Abteilung Neuss der ehemaligen Pädagogischen Hochschule Rheinland in die Universität zum 1. April 198o bescherte der Universitätsbibliothek eine Abteilungsbibliothek mit etwa 95 ooo Bänden und 23 Seminarteilbibliotheken mit weiteren 9o ooo Bänden. Da der Standort Neuss bis spätestens Mitte 1983 aufgegeben werden soll und die Bestände der Abteilungsbibliothek und der Seminarbibliotheken größtenteils im Neubau der Zentralbibliothek aufgestellt werden sollen, wird es nötig sein, die Regale im Kern der Lesegeschosse aufzustocken, viel früher als ursprünglich geplant. Für den Haushalt 1982 werden die für die Aufstokkung erforderlichen Haushaltsmittel beantragt. Die Übernahme der Bibliotheken der PH war bei der Planung und Realisierung des Neubaus nicht vorhersehbar; das Wachstum der Universitätsbibliothek wird die Kapazität der vorhandenen Stellflächen dementsprechend früher ausfüllen.

## Rückblick

Die Zusammenarbeit zwischen Architekten, Staatshochbauamt für die Universität, Universitätsverwaltung und Universitätsbibliothek war ausgezeichnet. Über fünf Jahre lang haben wir uns unter der Oberleitung des Staatshochbauamts wöchentlich an einem "jour fixe" getroffen, teilweise mit Fachingenieuren und bauausführenden Firmen. In diesen wöchentlichen Bausitzungen haben wir gemeinsam versucht, nicht nur den roten Faden des Konzepts sondern auch unzählig viele Details nicht aus den Augen zu verlieren.

Ob die Wünsche und Erwartungen der Planer durch den Neubau der Universitätsbibliothek erfüllt worden sind, ob die Leser die neue Bibliothek voll akzeptieren und sich in ihr wohlfühlen werden, ob es gelingt, die divergierenden Interessen einer steigenden Zahl von Benutzern durch verbesserte Dienstleistungen zu befriedigen, kann erst die Erfahrung der nächsten Jahre lehren.

Veröffentlichungen zum Neubau

Jans Peter Volkamer, Frank Wetzel, Konrad Beckmann: Bibliothek Universität Düsseldorf. In: Baumeister 76, 1979, S. 1246 - 125o.

Staatshochbauamt für die Universität Düsseldorf: Neubau der Zentralbibliothek in der Universität Düsseldorf. In: Bauverwaltung 53, 198o, S. 68 - 71.

Günter Gattermann, Die neue Universitätsbibliothek Düsseldorf. In: Bibliotheksdienst 1979, H. 1o, S. 653 - 658.

Universitätsbibliothek Düsseldorf. Beiträge zur feierlichen Übergabe am 26. November 1979. Redaktion: Günter Gattermann und Hans Marwald. Düsseldorf: Pressestelle der Universität 198o. 114 S. (Uni-Mosaik. 2). Mit Beiträgen u. a. von C. F. Curtius, G. Gattermann, F. Sieben, F. Wetzel, zahlreichen Abbildungen und Zeichnungen.

Abb. 3.3/1 Ansicht von NW

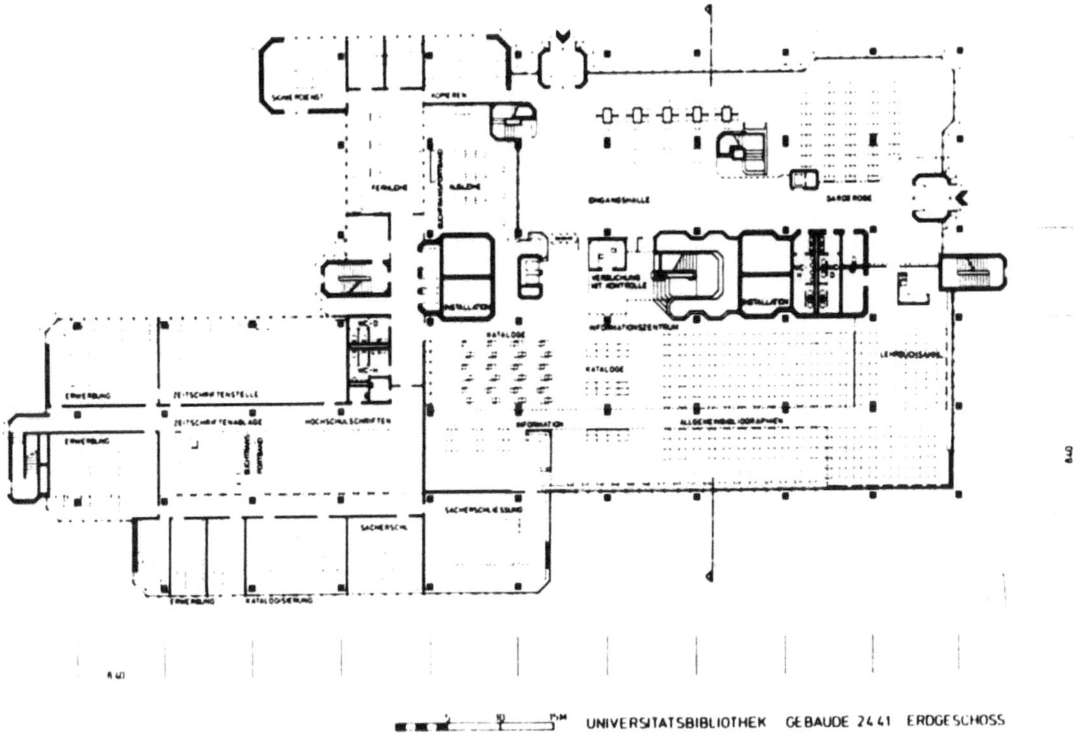


Abb. 3.3/2 Erdgeschoss

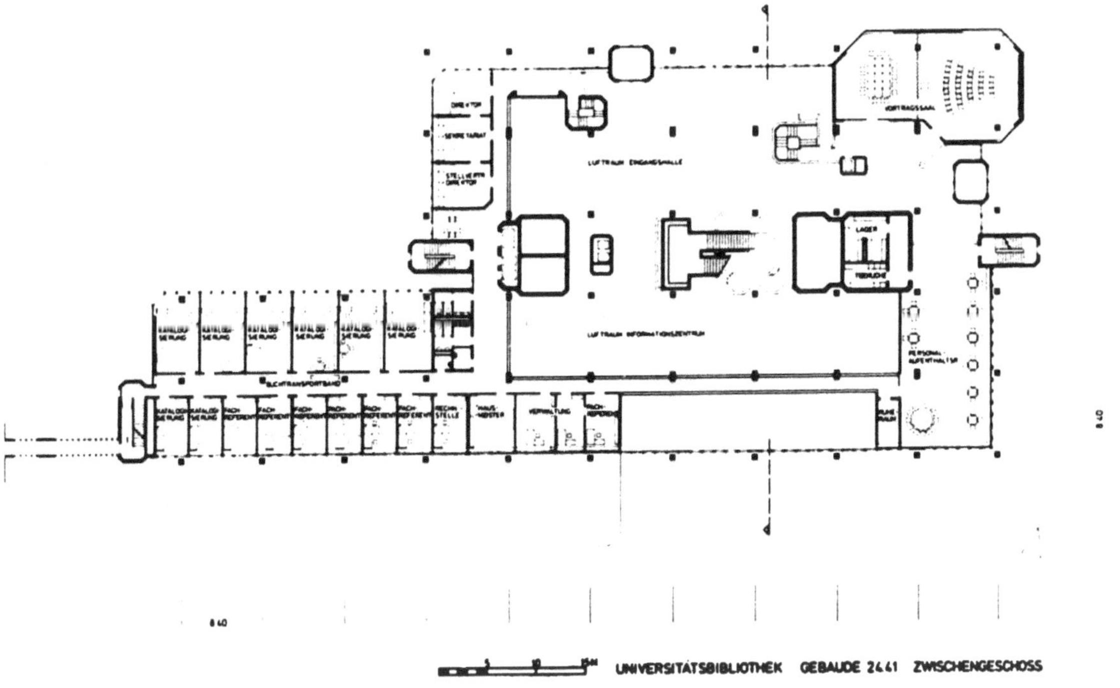


Abb. 3.3/3 Zwischengeschoss

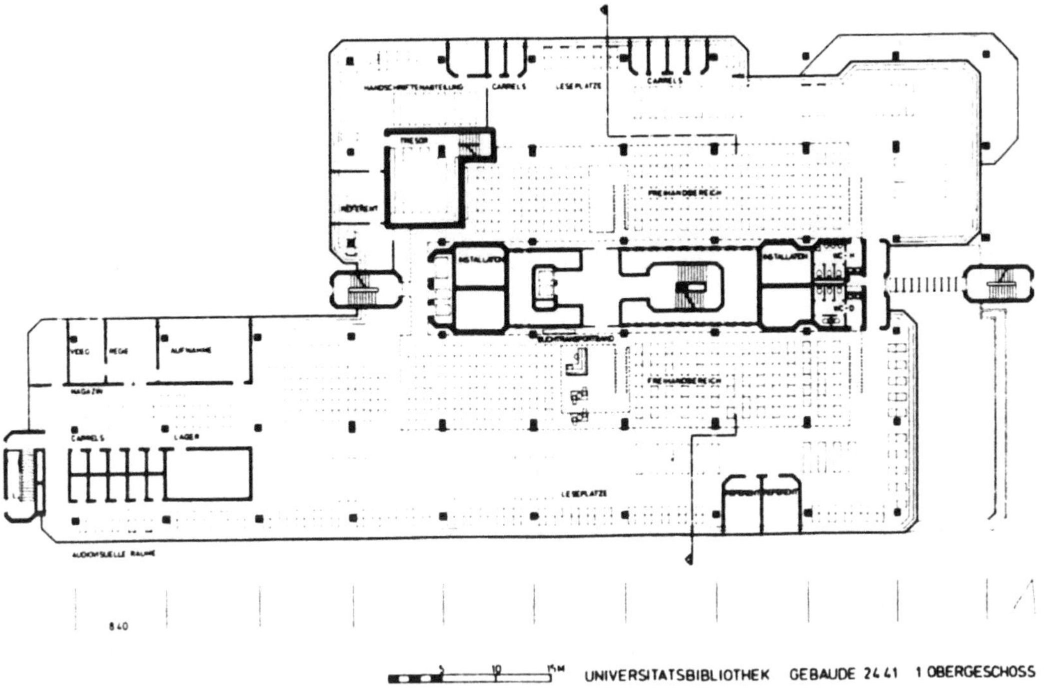


Abb. 3.3/4 1.Obergeschoss

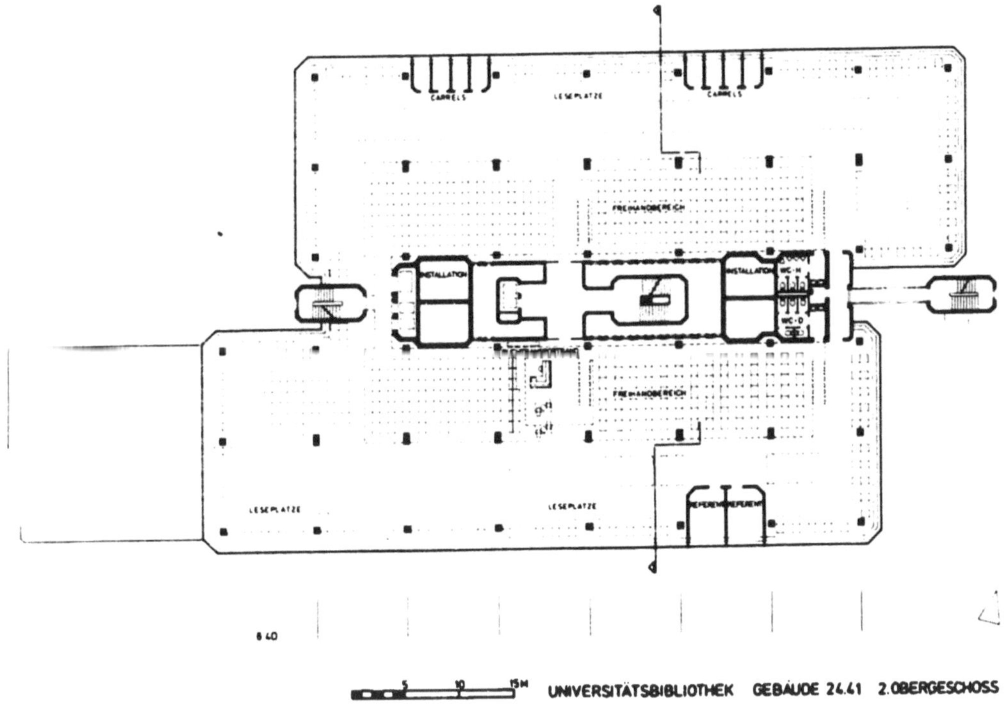


Abb. 3.3/5 2.Obergeschoss

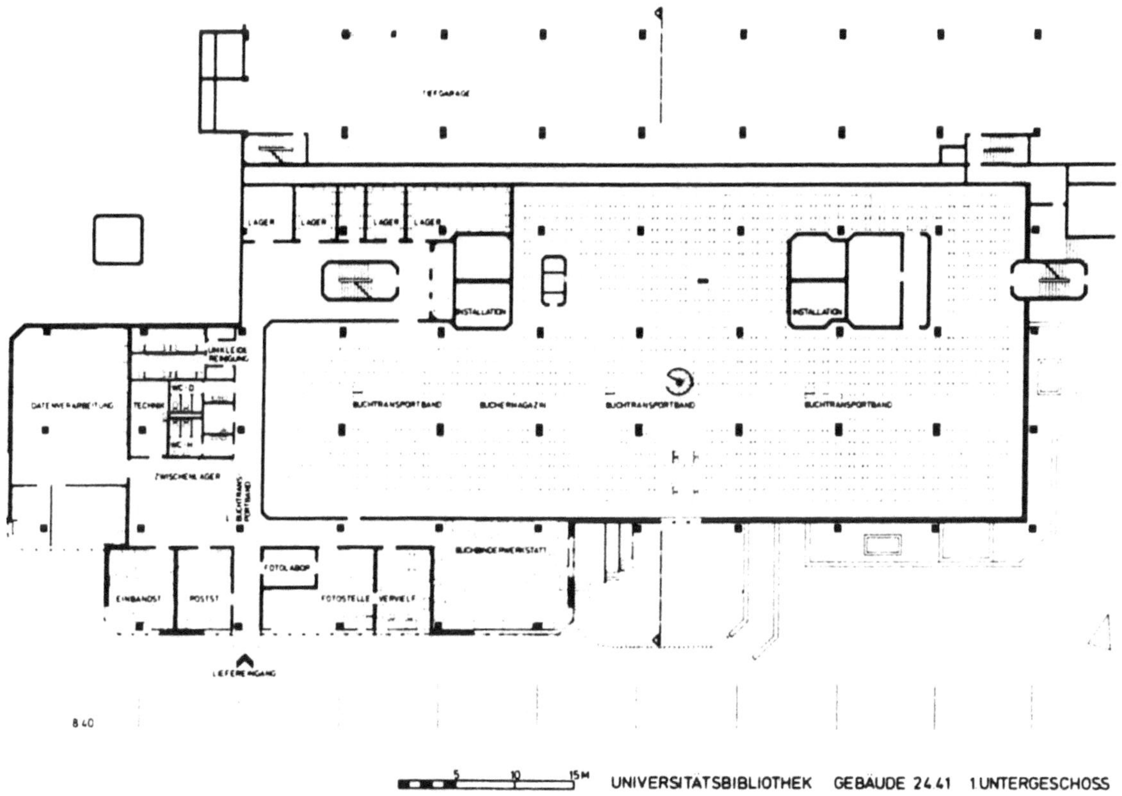


Abb. 3.3/6 1.Untergeschoss

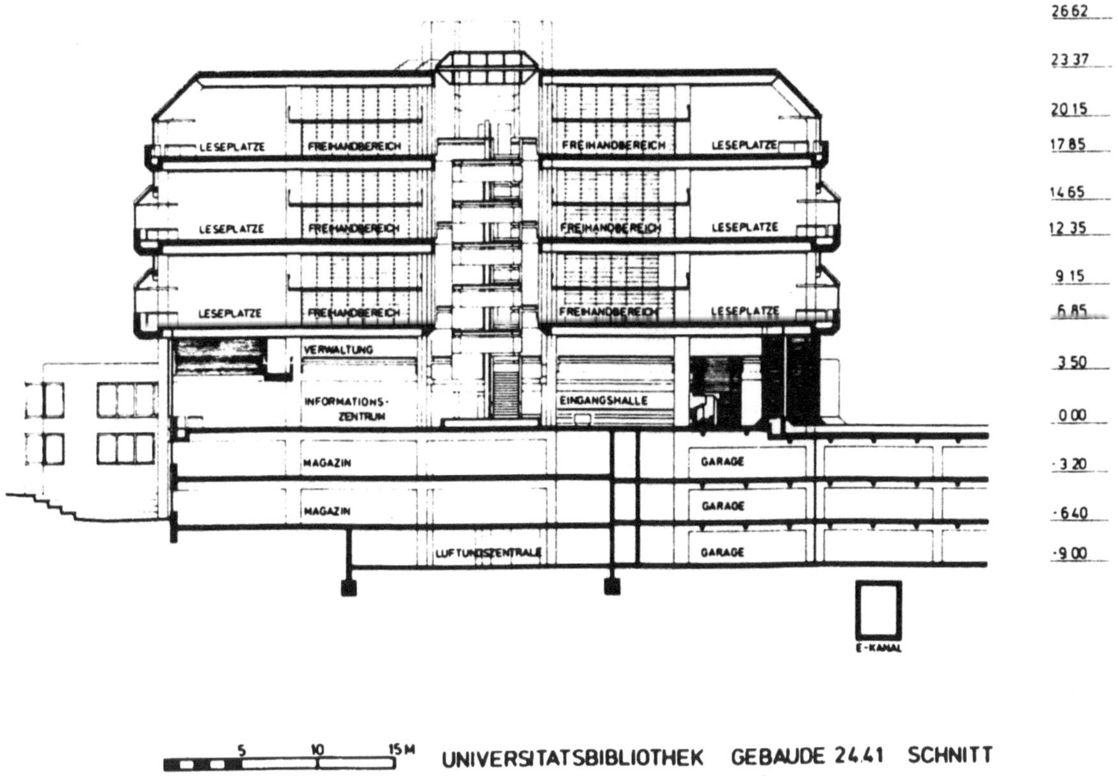


Abb. 3.3/7 Schnitt

Erich Schneider-Wessling

# Besondere Gesichtspunkte bei der Planung der Gesamthochschulbibliothek Siegen

---

Eine Hochschulbibliothek ist ein Zentrum nicht nur für Studenten und Wissenschaftler, sondern auch für die Bevölkerung der zugehörigen Stadt. Diese liegt in Siegen - wie an den meisten modernen Hochschulstandorten - ziemlich weit entfernt. Die Universitäten müssen dort gebaut werden, wo Platz ist, und der ist in den Innenstädten meist nicht verfügbar. Dort würden die Institutionen multifunktionale Bedeutung haben: Bürger benutzen die Einrichtungen der Universität - Studenten und Lehrer die Stadt, vorrangig die vorhandenen Massenverkehrsmittel.

Die Hochschule auf der grünen Wiese hat viele Probleme, aber auch den einen Vorteil, schnell gebaut werden zu können. Und sicher ist - wie alte Universitäten vor den Mauern beweisen -, daß sie die Stadt nach sich ziehen; sie werden zu Kristallisationspunkten für eine rege Siedlungstätigkeit. Dafür ist in Siegen, aus welchen Gründen auch immer, keine Voraussetzung geschaffen worden. Keine Bauleitplanung bereitet den Schritt in die Zukunft vor.

Bedenkt man die Schwierigkeiten der Eingliederung universitärer Funktionen in eine bestehende Stadt, so zeigt sich als weiterer Vorteil der grünen Wiese, daß die Einrichtungen der Hochschule in räumliche Nähe zueinander gebracht werden können. Die wesentlichen zentralen Einrichtungen - Hörsaalzentrum, Bibliothek und Mensa - sollen auf kurzem Weg weitgehend "trockenen Fußes" untereinander und von den verschiedenen Fachbereichen erreicht werden können. Leider ist dieser Vorteil der Konzentration in Siegen nicht optimal gegeben. Mehrere Fachbereiche sind auf Grundstücken im Abstand von 600 m und 1200 m vom Zentrum untergebracht, das paradoxerweise nicht zentral, sondern auf dem nördlichen oder oberen Grundstück liegt; auf den anderen Grundstücken braucht man folglich wieder Hörsäle und Fachbibliotheken sowie eine Nebenmensa, die vorläufig nicht gebaut wird. Daraus ergibt sich mehr Sach- und Verwaltungsaufwand, vor allem für die Bibliothek, wenngleich man nur selten alle Fachbibliotheken "unter ein Dach" mit der Bibliothekszentrale bringen kann.

So stellte sich bei der städtebaulichen Planung des zentralen Bereichs der Gesamthochschule Siegen die vorrangige Aufgabe, die zentralen Einrichtungen in räumliche Nähe zueinander und zu den Fachbereichen zu bringen. Vier Probleme waren dabei zu bewältigen:

1. Die Planung wurde vom Land Nordrhein-Westfalen an drei Architekturbüros vergeben; eine Verflechtung der Hochschuleinrichtungen war aber nur durch eine Verzahnung der einzelnen Bauabschnitte in- und übereinander möglich.
2. Das Grundstück besteht aus einem steilen Berg, auf dessen Kuppe die Pädagogische Hochschule gebaut war.
3. Die bestehende Pädagogische Hochschule hatte eine Hörsaalgruppe, die

das Hörsaalzentrum werden sollte.
4. Grundlage für die Planung war ein vom Bauherrn entwickeltes System, das nicht nur Bauteile vorschrieb, sondern auch Erschließungs- und Nutzungsstrukturen.

Das erste Problem hat der Bauherr durch Einsetzen eines Koordinators zu lösen versucht. Die Architekten haben ein zentrales Planungsbüro, die "SI-Planer", gegründet, um die Komplexität der Aufgabe bewältigen zu können.

Der steile Hang wurde so ausgenutzt, daß die verschiedenen Funktionen um einen zentralen Platz vor der bestehenden Pädagogischen Hochschule angeordnet und erschlossen wurden, und zwar so, daß sie sich nicht nur in Obergeschosse, sondern auch nach unten stapeln. So ergeben die Gebäude sozusagen die Stützmauer für den zentralen Platz. Nach unten terassiert sich vor allem die Mensa; die bergseitigen Dunkelzonen der Untergeschosse werden von Technikräumen besetzt.

Zwischen dieser "Stützmauer" und dem Hörsaalzentrum der ehemaligen Pädagogischen Hochschule liegt die Bibliothek als bauliches Zentrum der gesamten Anlage. Alle drei Einrichtungen - Hörsaalzentrum, Bibliothek und Mensa - sollten an einem Eingangsplatz, dem sogenannten "Sommerforum", liegen und außerdem von einer zentralen Halle erschlossen werden, die im rauhen Siegener Winter eine Stätte der Begegnung werden könnte. Die Eingangshallen der Mensa und der Bibliothek wurden im Obergeschoß großzügig miteinander verbunden. In der "Brücke" und an den Hallen liegen weitere zentrale Einrichtungen wie Studentenhaus, AStA und Bierstube.

Dieses Winterforum sollte sich ursprünglich in zwei Geschossen an die ebenfalls zweigeschossige Eingangshalle des Hörsaalzentrums anschließen. Aus Kostengründen wurde diese den Architekten wichtig erscheinende zentrale Verbindungsfläche gestrichen, und übrig blieb eine nicht überdachte Brücke. Die Integration des bestehenden Hörsaalzentrums und die direkte Verbindung der Fachbereiche der ehemaligen Pädagogischen Hochschule mit der Bibliothek ist nach Meinung der Architekten in der ausgeführten Form nicht erreicht worden, jedoch wurden alle Details so ausgeführt, daß die überdachte Verbindung jederzeit hinzugefügt werden kann.

Die Andienung der zentralen Einrichtungen durch Busse sollte nach Meinung der Architekten von der zentralen Platzgruppe aus erfolgen. Wenn Busse die Hochschule langsam durchfahren, so bedeutet das eher eine Belebung als eine Gefahr.

Die Abstellplätze für Pkw waren in Parkhäusern auf dem Osthand mit unmittelbarem Zugang zu den zentralen Einrichtungen vorgesehen. Ebenfalls aus Kostengründen ließ sich dieses Projekt, für das es keine brauchbaren Alternativen gibt, bisher nicht verwirklichen.

Die Anwendung eines vorgegebenen Bausystems führte zwar zu gewissen Zwängen, die sich vorrangig in der Erschließungsstruktur der stapelbaren Gebäude zeigten, hatte aber den Vorteil, daß die Architekten bei der sehr knappen Planungszeit keine Systementwicklung mehr zu betreiben hatten. Eine Analyse von Hochschulbauten wird zeigen, wie nahe der Bauherr mit seinem vorgegebenen System an eine optimale Lösung herangekommen ist.

Die Eingangshalle der Bibliothek ist, wie schon beschrieben, Bestandteil des "Winterforums" und bildet das Foyer für einen Mehrzweckraum und Aus-

stellungsflächen, die außerhalb der Kontrollzone liegen. Die Fachbibliotheken schließen in einem 2. Obergeschoß über der "Brücke" sowohl an die naturwissenschaftlichen Fachbereiche als auch an die Bibliothekszentrale an.

Die Bibliothek wurde als Großraum konzipiert. Die Unterteilung in mehrere Ebenen und die Gliederung im Lese- und Arbeitsbereich um die Treppenhalle mit Lichtpyramide soll dazu beitragen, daß sich kleine Gruppen von Leseplätzen ergeben, die möglichst weitgehend am Tageslicht partizipieren. So sollte die Monotonie von Lesesälen vermieden werden. Dieselbe gliedernde Funktion hat ein Lichthof für die verschiedenen Dienststellen des bibliothekarischen Buchbearbeitungsbetriebs.

Die offen geführten Lüftungsrohre sollen die künstliche Beschaffenheit des Raumklimas verstehen helfen. Außerdem sind sie wie andere technische Elemente zur Bereicherung der Großraumlandschaft herangezogen und nicht durch abgehängte Decken versteckt worden, was bei den vier großen Vertikalrohren mit Verteilerfunktion im Treppenahsu auch gar nicht möglich gewesen wäre.

Außer den natürlichen Farben von Beton und Zinkblech soll eine Farbskala von gedecktem Rot (Teppich) bis Dunkelbraun eine warme und freundliche Atmosphäre erzeugen, die zum ruhigen Arbeiten einlädt. In diese Tönung passen sich auch die Freihandregale ein, deren Farbgebung - Korpus schwarz, Bleche schwarzbraun - bei den bibliothekarischen Nutzern zunächst nicht auf Anerkennung stieß. Auch bei dem Ausleihtresen, bei Benutzertischen und -stühlen herrschen braune bis schwarze Töne vor. Ein ästhetisches Problem besonderer Art sind die Bibliotheksmöbel, die als vorhandener Bestand in den Neubau mitgebracht werden müssen; sie passen farblich ganz und gar nicht zum Grundton im neu eingerichteten Bibliotheksbereich. Hier sollte innerhalb der Hochschule ein Umtausch erfolgen.

Die Anordnung von selbst zu bedienenden Leuchten an jedem Tisch hätte sicher zur Vielfalt der Großraumlandschaft und zur Konzentration am Leseplatz beigetragen, aus Gründen der Unterhaltsamkeit und der flexiblen Belegbarkeit der Flächen mußten jedoch durchgehend Leuchtstofflampen in Deckenabhängungen verwendet werden.

Ob es gelungen ist, trotz der beträchtlichen Dimensionen der Bauaufgabe im zentralen Bereich Räume mit einem menschlichen Maßstab zu schaffen, von denen aus man die Beziehung zu den sie umgebenden städtischen Bezirken aufnehmen kann, sollen die Benutzer beurteilen.

Otto Kröger

# Der Bibliotheksneubau der Universität - Gesamthochschule Siegen - ein Erfahrungsbericht

---

Die junge Siegener Hochschulbibliothek kann als eine relativ kleine, dafür aber äußerst dynamisch organisierte Bibliothek angesehen werden. Der Buchbestand ist mit 525 ooo Bänden klein, der Vermehrungsetat liegt bei 2,8 - 2,9 Millionen DM im Jahr (Tab. 3.4/1.1). Die Bibliothek verfügt über 497 Leseplätze und 32 Carrels; ihre Hauptnutzfläche beträgt 8 ooo $m^2$, wovon 1 5oo $m^2$ auf drei dezentrale Fachbibliotheken entfallen. Drei weitere Fachbibliotheken sind im Hauptgebäude unmittelbar der Bibliothekszentrale zugeordnet. Ein kleines Magazin verfügt auf einer Grundfläche von 586 $m^2$ über ein Fassungsvermögen von 16o ooo Bänden. Zur Zeit studieren in Siegen 6 7oo Studenten.

Die organisatorische Dynamik liegt in der Effizienz durch ausgeprägte Verbundaktivitäten. Alle bibliothekarischen Bereiche sind durch mehr oder weniger starke Bindungen an EDV-Systeme angeschlossen (Abb. 3.4/4).

Die Gründung der GHS geht auf das Jahr 1972 zurück, es wurden gleichzeitig weitere vier GH in Duisburg, Essen, Paderborn und Wuppertal errichtet. Die Planungsvorgaben für die zu erstellenden Bibliotheksgebäude erarbeitet die Planungsgruppe "Bibliothekswesen im Hochschulbereich NW" beim Minister für Wissenschaft und Forschung, z. T. in Zusammenarbeit mit dem Zentralarchiv für Hochschulbauten in Stuttgart, der Kommission für Baufragen beim VDB und dem Hochschulinformations-System (HIS) in Hannover. Grundlage aller Gebäudeplanungen war die identische Bibliotheksstruktur (Abb. 3.4/5). Die bibliothekarischen Einrichtungen der neuen Hochschulen bilden ein einheitliches Bilbiothekssystem, das durch eine organisatorische Dreiteilung gekennzeichnet ist. Im Kern die Bibliothekszentrale mit allen Erwerbungsdienststellen und der Bibliotheksverwaltung. Unmittelbar in räumlicher Verbindung stehen zentrale Benutzerdienste mit dem Informationszentrum, der Fernleihstelle, der Reprostelle und dem Hauptmagazin. Als Schalen erscheinen die Buchaufstellungseinheiten, von insgesamt 6 Fachbibliotheken stehen drei im Raumzusammenhang mit der Bibliothekszentrale und den zentralen Benutzerdiensten. Das Schema des Bibliothekssystem zeigt außerdem die Baustruktur der Bibliothek. Über das Baukonzept wird Herr Schneider-Wessling anschließend berichten. - Der Neubau des Hauptgebäudes der Bibliothek deckt den Raumbedarf von drei Fachbibliotheken, den zentralen Benutzerdiensten sowie der Bibliothekszentrale mit Bibliotheksverwaltung. Es entstand ein dreigeschossiger Flachbau mit einem kleinen Magazin im Untergeschoß. Das Hauptgebäude wurde am Hauptverkehrweg zwischen den Natur- und Geisteswissenschaften errichtet. Im zweiten Obergeschoß grenzt die Bibliothekfläche an den sogenannten stapelbaren Bereich. Die gesamte Hauptnutzfläche beträgt 6 529 $m^2$, der Rest von 3 2oo $m^2$ verteilt sich auf die drei Fachbibliotheken und das Informationszentrum. Die dezentralen Fachbibliotheken besitzen zusammen eine Hauptnutzfläche von 1 467 $m^2$. Der Bibliothek stehen damit rund 8 ooo $m^2$

Nutzfläche zur Verfügung. Der weitere Ausbau soll über eine sogenannte Baustufe 198o erfolgen, die aber wahrscheinlich erst 1982 bzw. 1983 verwirklicht wird. Die Planungsgruppe "Bibliothekswesen im Hochschulbereich NW" hält weitere 1 7oo $m^2$ Hauptnutzfläche für erforderlich.

Der Haupteingang zur Bibliothek liegt am Verbindungsweg zwischen den natur- und geisteswissenschaftlichen Fachbereichen und, was die günstige Lage noch betont, gegenüber dem Eingang zur Mensa. Weitere Zugangsmöglichkeiten sind bauseitig auf der 1. und 2. Geschoßebene eingerichtet. Diese können aber aufgrund der angespannten Personalsituation nicht geöffnet werden. Der einzige Benutzerzugang ist damit der Haupteingang. Der Benutzer trifft nach dem Betreten des Gebäudes zunächst auf die zentralen Dienstleistungsbereiche Benutzergarderoben, Orts- und Fernleihe, Photostelle, Lehrbuchsammlung und Informationszentrum. Im Eingangsbereich kann man bereits vor dem Passieren der Eingangs- und Ausgangskontrolle Bücher der Orts- und Fernleihe zurückgeben. Nach dem Durchgang durch den Kontrollbereich gelangt man in das Informationszentrum. Gleich hinter der Eingangskontrolle liegt der Zugang zur Lehrbuchsammlung, die, ich will es hier nur erwähnen, im Durchschnitt mit 2o - 25% an der Tagesausleihquote beteiligt ist. Der vorgesehene Sondereingang ist nicht geöffnet, er liegt viel zu nahe am Haupteingang, um an dieser Stelle zusätzlichen Personaleinsatz zu rechtfertigen. Gleichermaßen verhält es sich mit dem in der Lehrbuchsammlung vorgesehenen Auskunftsplatz. Eine gute Beschilderung ist ausreichend, zumal die enge räumliche Bindung an die zentrale Auskunftsstelle gegeben ist. In diesem Bereich erhebt sich letztendlich aber auch die Frage, weshalb die Auskunftsgondel des Informationszentrums nicht zur Lehrbuchsammlung hin geöffnet wurde? Die von der Bauplanung hier vorgesehene Personalkonzentration ist nicht gerechtfertigt.

An das Informationszentrum grenzt ein ca. 15o $m^2$ großer Mehrzweckraum an, er kann durch eine faltbare Wand in zwei fast gleichgroße Räume aufgeteilt werden.

Auf der Ebene 0 liegen außerdem abgeschirmt vom Benutzungsbereich die Erwerbungsdienststellen mit einem Personal- bzw. Lieferanteneingang. Unmittelbar am Eingang liegen die Post- und Packstelle, die Buchbinderei und die Einbandstelle. Außer einem Großraumbüro, den angrenzenden Dienst- und Sozialräumen ist ein besonderer schallgeschützter Raum für die Datenverarbeitungsmaschinen vorhanden. Ein internes und für Benutzer nicht zugängliches Treppenhaus führt nach unten in das Magazin bzw. nach oben in die allgemeine Verwaltung mit Direktion. Bemerkenswert ist die konsequente Trennung der Benutzerwege von denen der Verwaltung.

Vom Informationszentrum aus führen eine offene Treppe in das 1. und 2. Obergeschoß zu den Fachbibliotheken. Das Treppenhaus war ursprünglich als Lichthof konzipiert, erst als die gute, aber teure Lösung des Architekten, die vor dem Gebäude befindliche Hauptverkehrsachse zwischen den Geistes- und Naturwissenschaften unter Einbindung der Zugangswege zur Bibliothek zum überdachten Winterforum auszugestalten, vom Finanzminister trotz heftigsten Einspruchs gestrichen wurde, kam Herrn Schneider-Wessling der Gedanke, den großen offenen Lichthof lichtdurchlässig zu überdachen und die Benutzerwege hierhier zu verlegen. Mit dieser Änderung ging innenarchitektonisch die Sichtbarmachung der Technik einher, auf den Ebenen entfielen daraufhin zum Teil die abgehängten Decken und die Rohre der Klimaanlage gelanten aufgrund dieses Gedankenganges in den Bereich des offenen Treppenhauses.

Der Belegungsplan einer Fachbibliotheksebene ist durch strukturierte Buchaufstellungseinheiten gekennzeichnet:

1. Die systematische Aufstellung führt zu einer Raumaufteilung nach Fächern.
2. Die den Fachbibliotheken zugeordneten Zeitschriften sind fachlich gesondert nach abgeschlossenen Jahrgängen und nach den Heften des laufenden Jahrgangs getrennt aufgestellt bzw. abgelegt. Die Hefte des laufenden Jahrgangs kommen bei den fachzugehörigen Monographien in den Lesezonen zur Auslage.

Die förmliche Entscheidung, den Zeitschriftenbestand gesondert aufzustellen, hat die Arbeitsgemeinschaft der Verbundbibliotheken NW getroffen. Sicherlich in der Erkenntnis, daß die Zahl der laufend gehaltenen Zeitschriften eines Faches überschaubar ist und nur im begrenzten Rahmen wächst. Dies trifft jedoch nicht für die Monographien zu, hier gehen Imponderabilien ein, die sowohl von der Buchproduktion wie von der finanziellen Situation des Faches bestimmt sind.

Die ständigen Rückarbeiten durch einen an beliebigen Systemstellen nicht erwarteten starken Buchzugang hätten auch zwangsläufig den Zeitschriftenbestand eingeschlossen. Im getrennt aufgestellten Zeitschriftenbestand sind Rückarbeiten eine Ausnahme. Relativ kleine Raumreserven genügen, um neue Titel aufzunehmen. Bei der Entscheidung, die Hefte eines laufenden Jahrgangs in den Lesezonen auszulegen, hat die Forderung nach unmittelbarer Benutzernähe eine Rolle gespielt. Hier soll der Benutzer durch eine ihm unterstellte Neugierde auf neue Zeitschriftentitel aufmerksam werden. Die Lesezonen sind im Tageslichtbereich angeordnet, eingeschobene Regale lockern den Bereich auf. Jeweils am Eingang einer Fachbibliothek befindet sich die Auskunfts- und Aufsichtsstelle. In unmittelbarer Nähe des Buchaufzugs, der Telephon- und Wechselsprechanlage. In jeder Fachbibliothek stehen mehrere Kopierautomaten.

Hinzuweisen ist auf dieser Ebene auf die Räumlichkeiten für den AV-Medienbereich. Die Räume werden zwar bibliotheksseitig genutzt, sind aber nicht der Planung entsprechend ausgerüstet. Vorgesehen waren mehrere Arbeitsplätze, die an ein gemeinsames Steuerpult angeschlossen werden sollten. Hier wird sich eine Nutzungsänderung dadurch ergeben, daß die Hochschule ein selbständiges Audiovisuelles Medienzentrum (AVMZ) errichtet hat. Das AVMZ soll einen eigenen Baukörper erhalten. Bibliotheksseitig wird eine enge Kooperation angestrebt, die eventuell zu Nebenstellen des AVMZ in bibliotheksgenutzten Räumen führen dürfte. Im Rahmen dieser Entwicklung soll das technische Personal und die gerätemäßige Ausstattung beim AVMZ etatisiert sein.

Transporteinrichtungen sind durch zwei Personen- und zwei Bücheraufzüge, die vom Magazin bis zum obersten Stockwerk alle Gebäudeebenen bedienen, gegeben (Tab. 3.4/1.3). Eine einfache Fallrohrverbindung sollte eine schnelle Verbindung von den Benutzerebenen ins Magazin gewährleisten. Sie wird in der Tat nicht genutzt, da eine in unmittelbarer Nähe befindliche Wechselsprechanlage eine bessere gegenseitige Ansprache gewährleistet.

Das Gebäude ist teilklimatisiert, ausgenommen sind die Räumlichkeiten der Bibliothekszentrale und der Verwaltung. Können die technischen Einrichtungen - bis auf das überlfüssige Fallrohr - als funktionstüchtig und den bibliothekarischen Interssen dienend angesehen werden, so gilt diese po-

sitive Aussage nicht für die Klimaanlage. Sie hat häufig unzureichende raumklimatische Arbeitsbedingungen geschaffen. Die Ursache dürfte in der fehlenden Ausrüstung zur Kondensation überschüssiger Luftfeuchtigkeit zu suchen sein. Dadurch entsteht bei hoher relativer Außenluftfeuchtigkeit in den Innenräumen die berüchtigte "Waschküchenatmosphäre", die in Extremfällen sogar dazu führt, daß sich an kälteren Gegenständen Kondensationswasser absetzt und dann z. B. an den Innenseiten der Fenster abläuft. Dieser Erfahrungsbericht kann daher nur die Empfehlung enthalten, beim Bau neuer Bibliotheken auf eine vollausgebaute Klimaanlage zu bestehen, bzw. den Bibliotheksbau so zu gestalten, daß auf eine solche Anlage überhaupt verzichtet werden kann. Wenn aufgrund dieser Tatsache auch häufig keine optimalen Arbeitsbedingungen gegeben sind, so ist der Baukörper von der Funktionalität und Übersichtlichkeit her eine geglückte Lösung. Die Theorie des Bibliotheksbaues wird durch diese Bibliothek bestätigt. Ob dies auch für die theoretischen Grundlagen der Raumbedarfsmessung gelten kann, soll an einigen Werten der vergangenen Jahre festgestellt werden. Die Planungsgruppe "Bibliothekswesen im Hochschulbereich NW" ging davon aus, daß die Planungsvorgaben den Raumbedarf bis zum Jahre 199o befriedigen sollte.

Die Planwerte weisen einen Buchzugang von 4o ooo Bänden jährlich aus. Der Durchschnittspreis sollte bei DM 7o.-- einschließlich Einbandkosten und Teuerungsrate liegen (Tab. 3.4/1.2). Die Vermehrungsstatistik zeigt in der Praxis hierzu beträchtliche Differenzen. Die Buchzugangszahlen liegen um 5o% höher als angenommen. Der Durchschnittspreis beträgt einschließlich Einbandkostenanteil DM 56.--. Überraschend ist der relativ hohe Anteil an Tausch- und Geschenkexemplaren, er liegt im Durchschnitt der Jahre 1976 - 1979 bei 5 ooo Bänden.

Bei plangemäßen Zuwachsraten wäre die Stellfläche der Bibliothek im Jahre 199o voll belegt gewesen. Bei den jetzt erreichten Zugangszahlen dürfte die Raumauslastung bereits 1985 erreicht sein (Abb. 3.4/3).

Ausweichmöglichkeiten werden sowohl durch die Errichtung weiterer Bibliotheksflächen wie auch durch Nutzungsänderung vorhandener Hochschulbauten diskutiert (Tab. 3.4/1.4). Zunächst dürfte aber das Magazin mit einer bauseitig bereits vorgesehenen Erweiterung der vorhandenen Kompaktusanlage auf ein Fassungsvermögen von 26o ooo Bände gebracht werden - ein Mehr von 9o ooo Bänden.

Von seiten der Hochschule wird außerdem der Ausbau des 37o m$^2$ großen Büchermagazins der ehemaligen Pädagogischen Hochschule geplant. Der Raumzusammenhang mit dem jetzigen Bibliotheksgebäude ist gegeben.

Die Errichtung der nach den Empfehlungen der Planungsgruppe vorgesehenen 1 7oo m$^2$ Bibliotheksfläche, der sogenannten Baustufe 198o, wird unabweisbar.

Tabelle 3.4/1
Universität - Gesamthochschule - Siegen
Daten zur Bibliothek:

1. Strukturdaten:

| | |
|---|---|
| Buchbestand | 525 ooo Bände |
| davon Freihandaufstellung ca. | 42o ooo Bände |
| Zeitschriften | 9 oo3 Titel |
| davon laufend | 6 242 Titel |
| Vermehrungsetat | 2,8 - 2,9 Mio. DM |
| Stellenplan | 77 |
| Hauptnutzfläche | rd. 8 ooo m$^2$ |
| zugelassene Benutzer | 1o o89 |
| Studierende | 6 7oo |

2. Statistische Werte:

| | Planzahl | I S T |
|---|---|---|
| Buchzugang/Jahr | 4o ooo Bände | 6o ooo Bände+ |
| Durchschnittspreis einschließlich Einband | 7o.-- DM | 56.-- DM++ |
| Vermehrungsetat | 2,8 Mio. DM | 2,8 - 2,9 Mio. DM |

+) Durchschnittswert der Jahre 1976 - 1979 einschließlich 5 ooo Tausch- und Geschenkexemplare
++) Einbandanteil 15%

3. Betriebstechnische Anlagen:

2 Personenaufzüge
2 Bücheraufzüge
1 Fallrohrverbindung in das Magazin
1 Aufzugsanlage
1 Wechselsprechanlage
Klimaanlage: Teilklimatisierung der Fachbibliotheken, des Informationszentrums und des Magazins.

4. Möglichkeiten der Kapazitätserweiterung:

1. Magazin: Einbau weiterer Kompaktusanlagen. Fassungsvermögen steigt von 16o ooo auf 25o ooo Bände.
2. Magazin der ehemaligen Pädagogischen Hochschule. Fassungsvermögen ca. 8o ooo Bände
3. Neubauten Baustufe 198o mit 1 7oo m$^2$ in den Jahren 1982 - 1984
4. Auslagerung von Fachbibliotheken in Räumlichkeiten anderer Hochschulgebäude bzw. Ausdehnung der Fachbibliotheken in den stapelbaren Bereich.

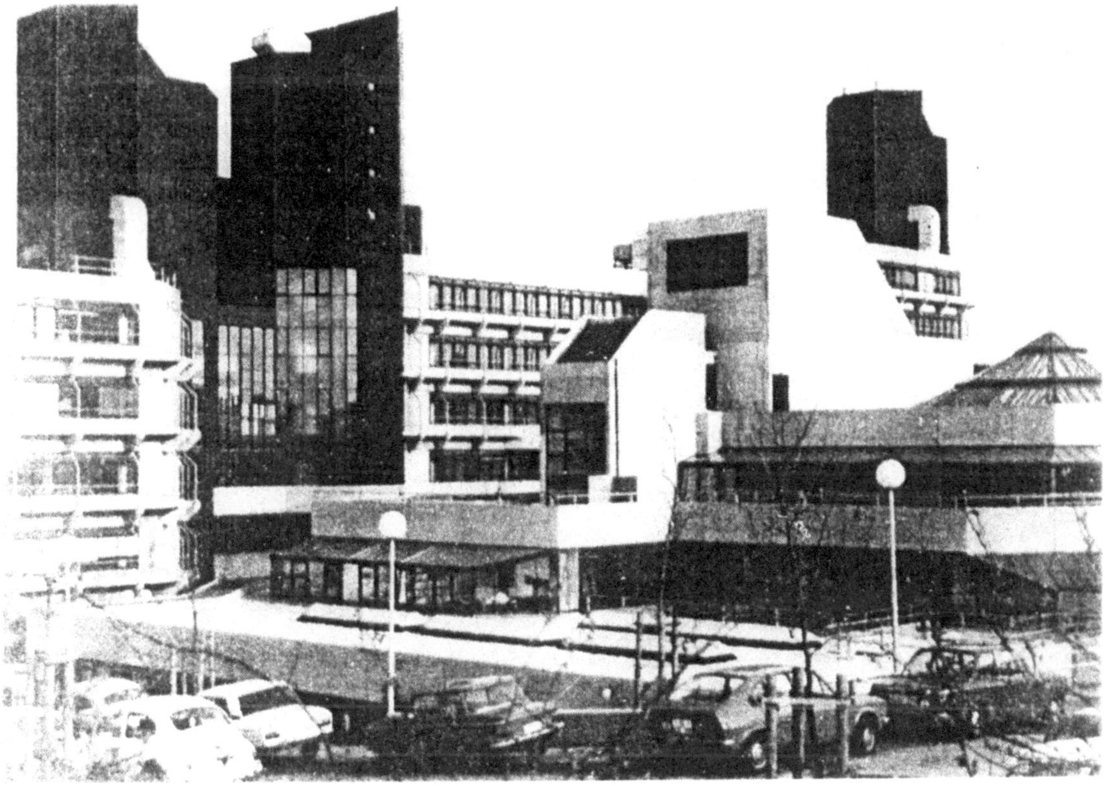

**Abb. 3.4/1** Ansicht von NW

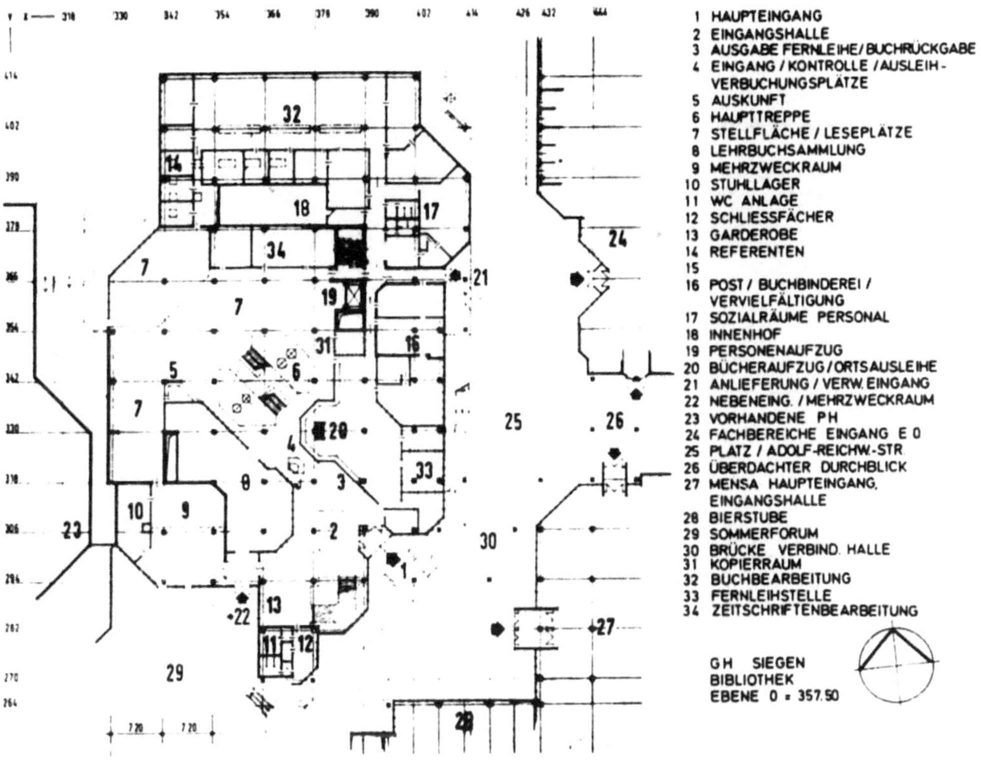


Abb. 3.4/2 Ebene 0

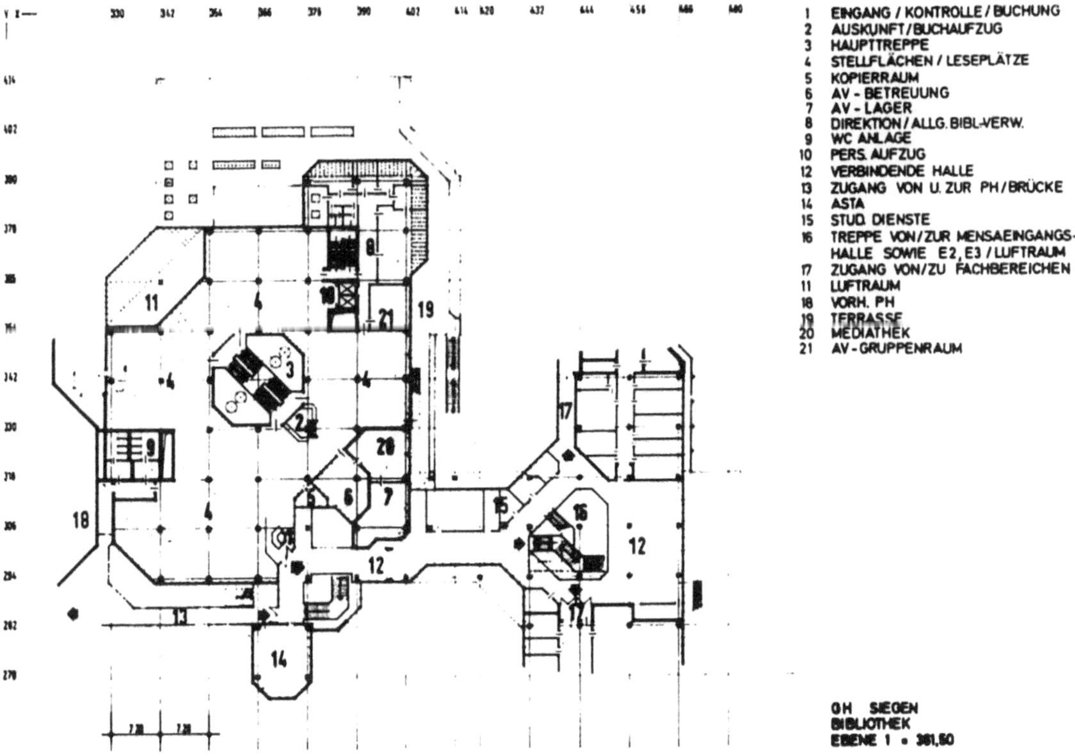


Abb. 3.4/3 Ebene 1

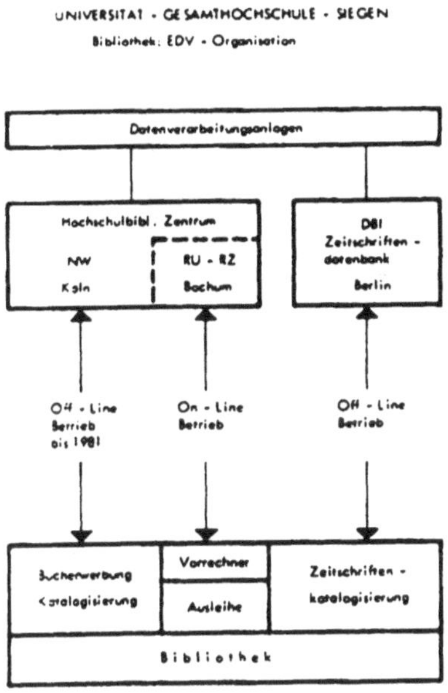


Abb. 3.4/4 EDV
EDV-Organisation der
GHS-Bibliothek Siegen

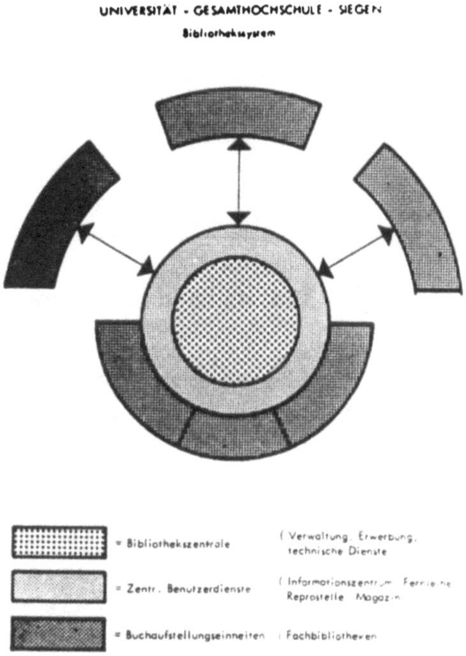


Abb. 3.4/5 Bibliothekssystem

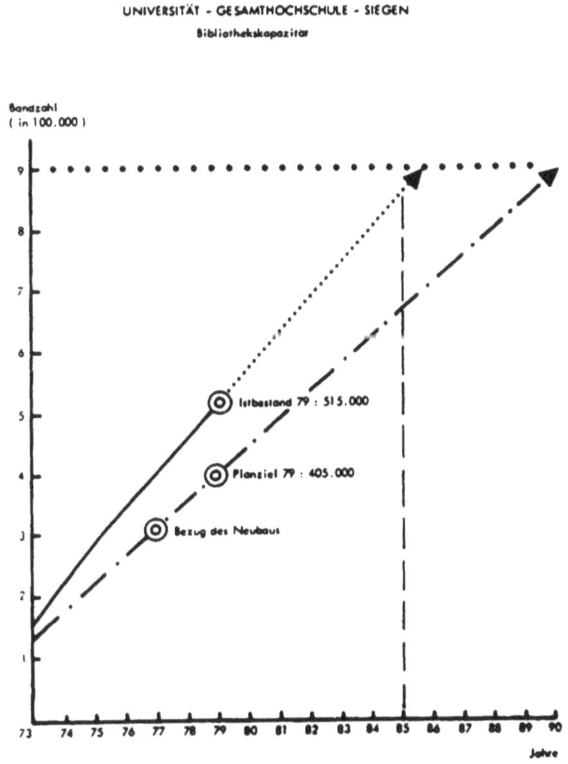


Abb. 3.4/6 Bibliothekskapazität

Peter Hahnel

# Planung und Bau der Zentralbibliothek der Universität Regensburg

---

Als Vertreter des Universitätsbauamtes werde ich mich auf folgende Punkte beschränken:

- die städtebauliche Zuordnung der Universität zum Stadtbereich
- die strukturelle Einbindung der Zentralbibliothek in die Gesamtuniversität
- die Planung ihres unmittelbaren Umfeldes
- einige Kostenangaben und Planungskennwerte.

In das Gebäude selbst wird Sie Herr Architekt Ostermayer führen, der verantwortliche Projektleiter des Architekturbüros Alexander Freiherr von Branca. Herr Direktor Pauer, der leitende Direktor des Hauses wird neben der Darstellung der Besonderheiten des Regensburger Bibliothekskonzeptes nicht nur über das Positive an Erfahrungen mit einer seit ca. 6 Jahren in Betrieb stehenden Bibliothek berichten, sondern auch über nicht so Positives, oder für Ihre eigene Planungen eventuell Vermeidbares - worauf Sie bei einem Symposion sicher besonders warten.

Die ehemals freie Reichsstadt am Donaubogen zeigte auch 1962 noch seinen nahezu vollständig intakten mittelalterlichen Stadtkern, als in München die Gründung der 4. Bayerischen Landesuniversität beschlossen wurde. Die Zuordnung der Universität zur alten Stadt mit dem Dom als Dominante und den kleinmaßstäblichen Dachstrukturen warf Probleme auf. Es wäre ein nicht lösbares Unterfangen gewesen, die Großmaßstäblichkeit heute üblicher Universitätsbauten in diesem Gassengewirr unterbringen zu wollen. Dies würde besonders augenfällig, wenn man den Stadtplan der Altstadt dem Lageplan der Universitätsgebäude im gleichen Maßstab gegenüberstellte: Der Länge nach könnten sich die Lesesäle im Philosophicum mit der Steinernen Brücke messen. Die Längenausdehnung der naturwissenschaftlichen Fachbereiche entspräche der Gesamtbreite der Altstadt von der Donau bis zum Südrand!

Die Entscheidung war also richtig, mit nur 3o Minuten Fußwegentfernung die Vorteile einer Neuplanung auf der grünen Wiese zu nutzen - natürlich auch mit Problemzonen verknüpft: Bundeswehr im Osten und Nervenklinik im Westen sind nicht die häufigsten Bibliotheksbenutzer.

Die strukturelle Rahmenplanung legte in Regensburg Flächen als beabsichtigte Gebäudestandorte fest, keine fertigen Bauplanungen. "Zentral" ist bei der Regensburger Zentralbibliothek auch lagemäßig zu verstehen. Erweiterungen nach Osten und Westen bereiten uns bei 9o ha Fläche kein Kopfzerbrechen. In der Zentralbibliothek konnten, großzügig genehmigt, 1o% der Hauptnutzfläche als Reserve gleich mitgebaut werden; für 3o% Fläche mußte die spätere Erweiterungsmöglichkeit nachgewiesen werden (s. hierzu Abb. 3.5/6).

Der Architekt schafft es aber ohne Mithilfe einer flexiblen Bibliotheksdirektion nicht, mit ständig wachsenden Studentenprognosen fertig zu werden: Erst sollte die Zentralbibliothek für 5ooo, dann für 12 ooo, für 15 ooo, unter Umständen gar für 18 ooo Studenten ausreichen. Daß diese Zahl vom Wissenschaftsrat nach ihrer Fertigstellung wieder reduziert bei 1o 6oo festgeschrieben wurde, hat aber anscheinend im bisherigen Colloquiumsverlauf noch niemanden skeptisch gemacht. Man überlegt zwar: Erweiterung für 2o Jahre oder für 4o Jahre? Wer aber stellt die Frage nach den Schrumpfungsmöglichkeiten? Stahlbeton muß deswegen nicht gleich mit dem Kompressor wieder beseitigt werden, aber bei Überkapazitäten in einzelnen Fachbereichen kann man sich dem Ruf nach Eingliederung anderer Zweige wie Pädagogische Hochschule, Polytechnikum etc. nicht mehr verschließen. Auf Umstrukturierungen einer baulich fertiggestellten Bibliothek hat das sicherlich Einfluß.

Als Anhalt einige Zahlen zu Kosten, Bauzeit und Flächen: 1o Jahre Zeit für Planung und Bau der ganzen Universität hatte man sich vorgenommen; 2 Jahre für die Planung und 2 - 3 Jahre für die Bauausführung. Etwa in der Mitte der "Gesamtbauzeit Universität" wurde 1973/74 die Zentralbibliothek zusammen mit den übrigen Zentralen Einrichtungen (Verwaltung, Auditorium Maximum, Studentenhaus) fertiggestellt.

Bei 5oo Mio. DM Universitätsbaukosten war die Zentralbibliothek mit rund 38 Mio. DM veranschlagt. 23 Mio. DM betrugen die Baukosten, wenn man darin den Anteil der Tiefgarage (ca. 6oo PKW) nicht mitrechnet. Hier lägen nach Freiburger Vorbild noch goldene Magazinreserven.

1o 8oo qm HNF wurden gebaut. Die dafür benötigten rund 1oo ooo cbm umbauter Raum ergeben ein Verhältnis von ca. 1o,o für BRI/HNF, in anderen Bibliotheken oft wirtschaftlicher gelöst. Aber nach den gestrigen Vorträgen ist es die Frage, ob kreuzbrave Beamte dem Steuerzahler zuliebe an der untersten Grenze der Wirtschaftlichkeit taktieren sollten, oder ob besser an günstiger Stelle reichlichere "Verkehrsflächen" zur Verfügung stehen, die auf Nutzung für den Bibliothekar warten?

Alle Planungen im Maßstab 1 : 1ooo, 1 : 5oo und noch feiner wurden mit erheblichem Zeit- und Kostenaufwand in Modellstudien erarbeitet. Das klingt selbstverständlich. Aber uns kam es nicht allein auf Schnitt und Grundriß an, sondern auch auf die Platzgestaltung (s. hierzu Abb. 3.5/5).

Lassen Sie mich eine wichtige Absicht der Planer an das Ende stellen: Selbstverständlich ist die richtige Führung der Studentenwege im Gebäudeinneren auch unser Anliegen, nach dem Motto: "Auf dem Weg zur Mensa von Chemie/Pharmazie oder Philosophie/Theologie mitten durch die Zentralbibliothek". Auch sollten natürlich das Raumprogramm und die Bibliothekarswünsche erfüllt werden. Aber ureigenste Domäne des Architekten bleibt die Gestaltung des unmittelbaren Umfeldes. Sie wird mit darüber entscheiden, ob die Studenten auch vor einer altstadtferneren Zentralbibliothek genügend Erholungsraum finden und so eher wieder den Wunsch verspüren, drinnen nochmals ein Buch zur Hand zu nehmen.

Martin Ostermayer

# Die Zentralbibliothek der Universität Regensburg

Bevor wir auf die Bibliothek im einzelnen eingehen, ein paar grundsätzliche Anmerkungen: Man darf wohl davon ausgehen, daß der Architekt die ihm anvertraute Aufgabe in puncto Raumprogramm, Funktionszusammenhänge, Konstruktion, Wirtschaftlichkeit usw. stets optimal zu lösen bestrebt ist. Darüber hinaus bleibt ihm aber immer noch etwas mehr oder weniger Spielraum, um in die Lösung seine eigene Vorstellung zum Thema mit einzubringen. Beim Thema "Bibliothek" reichen die Vorstellungen von der Klosterbibliothek in Melk bis zur durchrationalisierten Großanlage für optimale Bücherverwertung.

Dabei vertritt nun Herr von Branca ganz entschieden die Ansicht, daß das Gebäude dem doch immerhin geistigen Gehalt der Bibliothek gerecht werden muß, was nicht ausschließen sollte, daß man sich darin auch wohlfühlt oder gar Spaß bei der Arbeit hat. Weiterhin bedeutet das: nicht nur Schaffung von Nutzflächen und Behältern für variable Nutzungen, ohne Gestalt und Individualität, sondern wechselnde Raumabfolgen, überschaubare Bereiche und Unverwechselbarkeit derselben. Wir haben die Erfahrung gemacht, daß man auch mit derartigen, differenzierten Bauten organisatorische Neuerungen und nicht vorauszusehende Entwicklungen bewältigen kann.

Was man nun auch noch gern in Erfahrung bringen möchte, ist die - sicher nicht einheitliche - Antwort auf die Frage, wie diese unsere Bauten und Räume von denen empfunden werden, die darin arbeiten, die sie nutzen. Wirken sie stimulierend? Oder stellt sich vielleicht - ich übertreibe einmal - so ein Anklang von Schwellenangst ein? Umgekehrt: Könnte eine allzu legere Haltung nicht dazu verleiten, daß man sich in sehr gewöhnlichem Milieu entsprechend unachtsam verhält, Papier und Kippen auf den Boden wirft und Wände verschmiert?

Sicher ist, daß der Student nicht nur an schneller Belieferung mit Material und guten Arbeitsplatzbedingungen interessiert ist, sondern es auch zu schätzen weiß, wenn er - zum Beispiel - den Blick zwischendurch schweifen lassen kann auf eine ansprechende Umgebung, oder gar, wie hier in Regensburg, auf den Dom im Norden, auf den See und die Grünanlagen im Gegenlicht.

Über das Nutzerverhalten und die Annahme der recht unterschiedlich angeordneten Leseplätze und Arbeitsräume wird vielleicht Herr Dr. Pauer noch etwas zu berichten haben.

Hier nun also eine kurze Übersicht über die räumliche Anordnung:
Der (bereits erwähnte) Studentenweg im Freien wird begleitet von einem parallel durch die Gebäude verlaufenden (Geisteswissenschaften - Zentralbibliothek - Naturwissenschaften, s. Lageplan Abb. 3.5/1. Er folgt dem

ansteigenden Geländeverlauf, über die Fahrstraße und Tiefgarage hinweg, durch die öffentlichen Bereiche der Bibliothek, die Eingangshalle, weiter zu Rechenzentrum und Chemie.

Im Grundriß Abb. 3.5/2 sieht das etwa so aus:
Vom öffentlichen Bereich der Phil./Theol. Fachbereiche führt der Weg durch das Untergeschoß mit knapper Raumhöhe, vorbei an der Schließfächeranlage ins Erdgeschoß in die zweigeschossige Halle, nach der Ausweitung wieder Verengung: Über eine Brücke zum Nachbargebäude im Süden Rechenzentrum/Chemie.
Ein zweiter Weg, jeweils ein Geschoß höher, verbindet die kontrollierten Bereiche der geisteswissenschaftlichen Lesesäle mit denen der Zentralbibliothek im 1. Obergeschoß sowie den Lesesaalgalerien, s. Grundriß Abb. 3.5/3.

Im Schnitt Abb. 3.5/4 sind auch zu erkennen 3 Garagengeschosse, die es leider nicht erlaubten, mit dem Magazin weiter in Tiefe zu gehen; statt dessen gibt es ein Flachmagazin im 1. UG und eine dreigeschossige Regalanlage anstelle von 2 Normalgeschossen, die direkt unter den Lesesälen angeordnet ist. Diese Lesesäle haben einen hohen Luftraum und Oberlichter sowie eine nicht zu üppige Befensterung auf den besonnten Seiten. Nur auf der Nordseite besteht eine große Öffnung mit Blick zum Dom hinab (Abb. 3.5/5). Die umlaufenden Galerien lehnen sich an geschlossene Wandflächen an, an denen die Freihandbestände aufgestellt sind. Zu erwähnen ist noch, daß die Fläche der Geschoßdecken nach oben hin abnimmt, der Luftraum zunimmt, so daß eine durchgehende Sichtverbindung über alle 4 Geschosse entsteht. Dadurch wird eine leichte Auffindbarkeit aller Nutzerräume erreicht.

Diese weitläufig zusammenhängenden Lufträume und transparenten Raumabtrennungen wurden ermöglicht durch das Verständnis der Genehmigungsstellen für die funktionellen Zusammenhänge des Bibliotheksbetriebes; erleichtert weiterhin auch durch die geringe Brandlast sowie eine Rauchmeldeanlage, und vor allem durch die Fluchtmöglichkeit aus allen Räumen auf Fluchtbalkone und zu den Treppentürmen.

Weitere Anmerkungen zu den Geschoßebenen:
Das Untergeschoß enthält u. a. den Verbindungsweg zum Philosophikum/Theologie nach Norden, einen Eingang vom Forum, die Schließfächer sowie die technischen Arbeitsräume wie Einbandstelle, Druckerei, Fotolabor. Außerdem ein großes Flächenmagazin und das dreigeschossige Magazin unter dem Lesesaal. Die Erweiterungsmöglichkeit für Magazin und Lesesäle ist an der SO-Ecke des Gebäudes vorgesehen, s. Ansicht Abb. 3.5/6.

Das Erdgeschoß, die Eingangsebene (Abb. 3.5/2) enthält den Ausstellungsraum, daneben war eine Cafeteria geplant, die Garderobe und die zweigeschossige Eingangshalle mit dem Haupteingang vom Forum her. Diese Halle hat sich erfreulicherweise auch für allgemeine Hochschulveranstaltungen als brauchbar und beliebt erwiesen. Aus der Halle hat man freien Einblick in den Dienstkatalograum und in den allgemeinen Katalogsaal, der zweigeschossig ist. Der Katalogsaal ist ein Beispiel dafür, daß in diesem Bereich die Planungsvorgaben am stärksten durch die Entwicklung - vom Bandkatalog weg zum Mikrofiche-Lesegerät - überrumpelt wurden. Der Mikrofiche-Katalog benötigt erheblich weniger Fläche. Vielleicht würde man diesen Raum heute etwas anders ausbilden.

Weiter findet man in der Halle die Information und Buchausleihe sowie die Lehrbuchsammlung. Um die Katalogräume und die Ausleihe legen sich die damit zusammenhängenden Arbeits- und Verwaltungsräume. Aus der Halle führt eine breite Treppe aufwärts zu den Lesesälen, vorbei an einer Einengung auf dem Zwischenpodest mit einem Aufsichtsplatz, der hier erfreulicherweise die einzige, unaufdringliche Kontrolle darstellt, wofür wir Architekten der Bibliotheksleitung schon sehr dankbar sind. Im SW-Teil liegt das dreigeschossige Magazin mit außenliegenden Carrels.

Das 1. Obergeschoß, die Lesesaalebene (s. Abb. 3.5/3) ist im Norden auch an den Verbindungsweg vom kontrollierten Lesesaalbereich der Phil./Theol.-Fachbereiche angeschlossen mit Blick hinab in die Halle. Daneben liegen Verwaltungsräume um einen Innenhof; die Direktion an der Galerie des Katalogsaales. An der Ostseite liegen Arbeitskabinen für Schreibmaschinen, Tonband oder audiovisuelle Geräte. Vor den Lesesälen liegt ein geräumiger Vorplatz, unter Zuziehung von Reserveflächen, für flexible Nutzungen wie Freihandaufstellung, Arbeitsplätze für beispielsweise Gruppenarbeit, die im Lesesaal stören würde.

Der große Lesesaal mit den Beständen in Freihandaufstellung unter und auf der Galerie hat Lesetische mit Tischbeleuchtung. Gegen diese bestanden zunächst starke Bedenken wegen einstiger Mißgeschicke mit Kurzschluß an beweglichen Tischleuchten. Diese sind nun aber starr befestigt, und erlauben es, daß man zu schwachbesetzten Abendstunden die nicht benötigten Tischleuchten ausschaltet und nur noch die Allgemeinbeleuchtung brennen läßt. Diese Allgemeinbeleuchtung besteht übrigens aus freistehenden Leuchtstoffröhren vom Typ "Meterröhre", der leider auch nicht so sehr beliebt ist, für den 1,2o-Hochschulraster jedoch gerade die richtige Länge hat und in unsere Decken-Kasetten paßt. Nur bei Raumhöhen von mehr als 2 Geschossen wurden Hochdrucklampen eingebaut. In den Decken-Kasetten sind außerdem noch, je nach akustischen Erfordernissen, Schallschluckdeckel eingehängt.

Weiter vom großen Lesesaal zum kleinen, ebenfalls mit Galerie und Freihandbeständen, sowie loser Bestuhlung mit bequemen Sitzen und niederen Tischen: mehr zum Zeitungslesen und Schmökern, mit Blick auf See und Grünzug. Daneben gibt es noch Lesesäle für Sonderbenützer, für Gruppen, Diskussion, für Handschriften und Rara.

Das 2. Obergeschoß enthält die Galerien zu den Lesesälen, die jeweils mit Wendeltreppen zu erreichen sind, oder vom Vorplatz über eine freistehende Treppe. Die restliche Fläche ist Dach, das als Kaltdach aufgeständert ausgebildet ist und von Installationen, vor allem Lüftungskanälen voll ausgenützt wird.

Abschließend noch einige Stichworte zu Konstruktion und Material:
Ausbauraster 1.2o m;
Stützenraster 8.4o m, das sich mit Rücksicht auf die darunterliegende Garage als das wirtschaftlichste erwies. Hauptträger kreuzweise und Kasettenrost in gleicher Höhe aus Ortbeton in Sichtschalung, richtungsfrei für alle Trennwandanschlüsse.

Trennwände: für die nicht allzu häufig erwarteten Veränderungen hielt man Gipskarton als flexibel genug und am wirtschaftlichsten. In offenen Be-

reichen Glastrennwände mit Holzsprossen und -pfosten. Fassadenelemente in Sipo, zwischen Leimbinderpfosten zur Windaussteifung und für Trennwandanschlüsse.

Fußböden: auf dem Studentenweg und in der Halle Klinkerplatten, in Verwaltung und Lesesälen der unumgängliche Nadelvlies, Linoleum in Magazinen. Sichtbetonwände lasiert: einige rupfenbespannte Paneelwände im Lesesaalbereich.

Zahlen möchte ich Ihnen ersparen (s. hierzu den Bericht von Herrn Hahnel). Die Kostenrichtwerte der Rahmenplanung wurden erst nach Fertigstellung erlassen. Wenn unsere Kubatur im Verhältnis zur Nutzfläche auch etwas darüber liegt, so ist der Bau dennoch wirtschaftlich: einerseits kostet umbauter Luftraum nicht viel, andererseits erspart gerade dieser Luftraum in den nachfolgenden Jahren enorme Betriebskosten, weil der Luftwechsel einfach viel niedriger gehalten werden kann. Hinzu kommt die Speicherwirkung von schwerem Material (Sichtbeton-Decken und -Wände), dem meines Wissens in den Bewertungsgrundlagen und Energiespar-Richtlinien viel zu wenig Bedeutung zugemessen wird.

Max Pauer

# Erfahrungsberichte über die Zentralbibliothek der Universität Regensburg

## 1. Aufgaben der Bibliothek

Die Universitätsbibliothek Regensburg und die gleichartig organisierten späteren Neugründungen in Bayern verbinden die Aufgaben und Funktionen von zwei Bibliothekstypen in einem einheitlichen Bibliothekssystem: die der Universitätsbibliothek alten Stils als zentrale Sammel-, Speicher-, Archiv- und Ausleihbibliothek der Universität und der nach Größenordnung und Struktur sehr verschiedenen Instituts- und Abteilungsbibliotheken. Dies beinhaltet zwei wichtige Vorgaben für die Bibliothekssysteme:

1. Sie müssen große Teile ihres Bestandes offen aufstellen, und zwar in einer einheitlichen systematischen Ordnung;
2. Sie müssen einen Katalog schaffen, der alle Buchbestände der Universität umfaßt und Veränderungen der Aufstellungsorte schnell nachweisen kann. In den letzten 15 Jahren dienten dazu mit EDV erstellte Bandkataloge, seit etwa 1974 Mikrofichekataloge.

Dies kann nicht ohne Einfluß auf die Baustruktur der gesamten Universitätsbibliothek bleiben. Es ergeben sich viele Fragen zur Gliederung von Bibliothekssystemen in Zentralbibliothek und Teilbibliotheken. Ist in einem System, das in allen Teilen sich den Benützern öffnet, noch eine Zentralbibliothek erforderlich, oder wird sie durch die Gesamtheit der Teilbibliotheken ersetzt? Soll eine Zusammenfassung zentraler Funktionen in einem Bibliothekskomplex erfolgen? Welche Bestände sind der Zentralbibliothek zuzuteilen oder soll sie lediglich ein Verwaltungszentrum innerhalb der Universitätsbibliothek darstellen ohne eigene Bestände?

## 2. Zentralbibliothek und Teilbibliotheken

In manchen Denkmodellen und Lösungen wird eine strenge Unterscheidung zwischen Zentralbibliothek und Teilbibliotheken nicht mehr vollzogen, die Bibliotheksteile wachsen ineinander. Die Frage, benötigt ein Bibliothekssystem eine selbständig konzipierte Zentralbibliothek wurde durchaus unterschiedlich beantwortet. Auszugehen ist jedenfalls von den Kapazitätsvorgaben, der Studentenzahl und auch von der Flächenausdehnung einer Universität. Für die Universität Regensburg hat der Strukturbeirat der Universität die Frage der Schaffung einer Zentralbibliothek bejaht. Er hat dieser bestimmte Aufgaben zugewicsen. Ich fasse sie kurz zusammen: [1])

---

1. vgl. dazu die Empfehlung Nr. 25 des Strukturbeirates zur Bibliotheksorganisation in: die Universität Regensburg, Struktur u. Aufbau,1966 S.42

- Ausleihbibliothek für die aktuelle wissenschaftliche Literatur, die mehrfach benötigt wird;
- Erwerbung der fachübergreifenden Literatur und der allgemeinen Nachschlagewerke; Parlamentaria, Gesamtausgaben und Bibliographien;
- Magazinierung der weniger häufig benützten Literatur in einem zentralen Magazin, sowohl der relevanten Forschungsliteratur, als auch der älteren, in der offenen Aufstellung nicht mehr benötigten Literatur.

Die zentrale Verwaltung des Bibliothekssystems, Lehrbuchsammlung, Studentenbücherei werden ebenfalls der Zentralbibliothek zugeordnet.

## 3. Entwicklung der Zentralbibliothek

Der zeitliche Ablauf dieser Entwicklung stellt sich folgendermaßen dar:
1964 wurde mit dem Bestandsaufbau begonnen. Die Tätigkeit des Strukturbeirats für die Universität Regensburg setzte erst im Laufe des zweiten Halbjahrs 1965 ein und kam für die Bibliothek erst 1966 zu endgültigen Ergebnissen. Bereits 1965 jedoch fand ein Architektenwettbewerb für die Gesamtgestaltung der Universität statt. Da die Strukturen der einzelnen Bereiche, insbesondere der Bibliothek noch unklar waren, prägte dieser Wettbewerb die Baustruktur aus dem Geist der Universitätsdidaktik der Zeit. Die Idee, zentrale Gebäude um ein "Forum" anzulegen und dort auch eine Zentralbibliothek zu errichten, war darin enthalten, so daß es in späteren Bauphasen schwierig wurde, deren Koordinierung mit Teilbibliotheken in Fakultätsgebäuden vorzunehmen.
Als Folge dieses Architektenwettbewerbs ergab sich unter anderem, daß das aus bibliothekarischer Sicht wünschenswerte vertikale Büchermagazin nicht mehr durchzusetzen war, weil die Forumplanung auch eine dreistöckige Tiefgarage beinhaltete, deren Überbau teilweise durch das Magazin der Zentralbibliothek erfolgen mußte.

Die konkrete Planung des Bibliothekssystems setzte erst Ende des Jahres 1966 ein, nachdem die Empfehlung 25 des Strukturbeirats zum Bibliothekswesen eine Trennung zwischen den Aufgaben der Zentralbibliothek und der Teilbibliotheken vorgenommen hatte.

Angesichts der Größe der Universitätsplanung - ca. 12 000 - 16 000 Studenten in einer Volluniversität - und wegen der Ausdehnung des Geländes am Stadtrand über etwa 600 m in nordsüdlicher und etwa 300 m in westöstlicher Richtung, ergab sich die Notwendigkeit zur Zentralisation und Dezentralisation bibliothekarischer Einrichtungen. Die wichtigste Übersichtsliteratur aller Fächer sollte nicht nur bei den einzelnen Fachgebieten, sondern auch geschlossen in einem Allgemeinen Lesesaal bereitgestellt werden, um bei fachübergreifenden Arbeiten oder zur allgemeinen Orientierung nicht die weit entfernten einzelnen Teilbibliotheken benützen zu müssen. Andererseits sollten die Teilbibliotheken nahe an die Lehrstühle heranrücken. Es bestand deshalb von seiten der Bibliothek die Tendenz, wenigstens die besonders buchintensiven, geisteswissenschaftlichen Bereiche möglichst eng an die Zentralbibliothek und deren Magazin anzubinden, um die Nutzung des aktuellen und des älteren Bestandes in einer Gebäudeeinheit zu ermöglichen. Bei einem 1969 geplanten Bestand von ca. 2,4 Mio für 1980 - der 1973 auf 2,1 Mio für 1980 reduziert wurde - und 1980 tatsächlich etwa 1,8 Mio Bände beträgt, konnte durch Aneinanderrücken bzw. Verbindung zwischen

Zentralbibliothek und deren Magazin mit den großen Aufstellungsbereichen der Philosophisch- Philologisch-Historischen Fächer die Zusammenfassung von fast drei Viertel des geplanten Gesamtbestandes des Bibliothekssystems erreicht werden. Dies ist auch nach längeren Verhandlungen durch die Schaffung einer Brücke zwischen zwei Gebäuden (Zentralbibliothek und Philosophicum) gelungen, so daß eine Einheit entstanden ist, innerhalb deren eine Kontrolle nicht nötig ist und freier Wechsel von Arbeitsplätzen unter Mitnahme von Literatur zwischen drei großen Lesesälen möglich ist. (s. hierzu Abb. 3.5 -1)

Von besonderer Bedeutung für die Baustruktur war die Entscheidung, ein einheitliches Aufstellungssystem für den gesamten Buchbestand zu schaffen. Aus heutiger Sicht erscheint uns das selbstverständlich. Zu Beginn der 60er Jahre, in der im deutschen Sprachgebiet Vorbilder weder für die systematische Aufstellung noch die Gestaltung der damit verbundenen formalen Signaturenprobleme vorhanden waren, war dies durchaus nicht der Fall. Diese systematische Aufstellung sollte auch Grundlage werden für den geforderten Austausch der Bestände zwischen der Zentralbibliothek und den Teilbibliotheken mit offener Aufstellung, denn man versprach sich nicht zu Unrecht von einem Bibliothekssystem das Ende der Um- und Erweiterungsbauten von Institutsgebäuden wegen Anwachsens der Bibliotheken in den Seminaren. Das Magazin der Zentralbibliothek wurde geschaffen, um wie ein Druckausgleichsgefäß den in Teilbibliotheken nicht mehr unterkommenden Bücherbestand aufzunehmen. In letzteren soll ein gleichmäßig großer, übersichtlicher Bestand gehalten werden, die ältere Literatur aber in das Magazin der Zentralbibliothek abwandern. Für das Magazin wurde auch ein unmittelbar anschließendes Erweiterungsgelände vorgesehen, in dem in späteren Jahren nach Erschöpfung der für 20 Jahre berechneten Magazinkapazität ein vertikaler Anbau die neuzugehende Literatur aufnehmen kann.

In den letzten 15 Jahren entstanden aufgrund dieser sich erst mit der Zeit entwickelnden Vorstellungen insgesamt 12 Lesesäle für Teilbibliotheken und ein zentrales Bibliotheksgebäude mit Magazin. Außerhalb dieses Komplexes befinden sich nur etwa 20 000 - 25 000 Bände, je ca. 200 in den Räumen der einzelnen Lehrstühle. Das System als solches wurde von allen neuen bayerischen Universitätsbibliotheken, auch für die älteren, in das Bayerische Hochschulgesetz übernommen. Die Zweckmäßigkeit einer stärkeren baulichen Zusammenfassung bibliothekarischer Einrichtungen wurde für die Universität Augsburg rechtzeitig in die Planung eingebracht, so daß dort ein großes Bibliothekskontinuum für die Geisteswissenschaften in unmittelbarer Verbindung mit der Zentralbibliothek entsteht und darüber nur naturwissenschaftliche Bestände in etwas größerer Entfernung von der Zentralbibliothek Aufstellung finden sollen.

Die Zentralbibliothek der Universitätsbibliothek Regensburg wurde als eine der letzten großen Bauten der Universität erst im Jahr 1974 bezugsfertig. Sie umfaßt über 50% des Stellraums des Systems, aber nur ca. 8% der Leserplätze. Sie wurde laut Raumprogramm, das bereits im Jahr 1966 fixiert wurde, mit rund 8 500 qm Nutzfläche und einer Magazinkapazität von rund 1 Mio Bänden geplant. Die von bibliothekarischer Seite ursprünglich ins Auge gefaßte Planung von 2 Mio Bänden Magazinkapazität für ca. 40 Jahre wurde vom Finanzministerium mit dem Hinweis auf die Möglichkeit, bei Bedarf einen Anbau unmittelbar in Verbindung mit dem jetzigen Magazin zu schaffen, abgelehnt.

4. Auswirkungen der systematischen Aufstellung

Sie werden sicher fragen, ob die systematische Aufstellung am Magazin nicht auch mehr Freiraum erfordert und deshalb die auf 4o Jahre vorgesehene Magazinkapazität eigentlich schon heute notwendig wäre, um Umstellungen zu vermeiden? Dazu ist zu sagen, daß weder in den Lesesälen, noch im Magazin bisher unüberwindliche Schwierigkeiten aufgetaucht sind. Es bedarf jedoch einer ständigen Planung, die sich an dem Wachstum der einzelnen Bestände orientiert. Theoretische Überlegungen über Prozentsätze von Stellraum, der freibleiben müßte, haben sich bisher nicht als relevant erwiesen, dies bei einem Bestand von heute 9oo ooo Bänden in offener Aufstellung in Teilbibliotheken sehr verschiedener Größenordnung und in einem Magazin für 1 Mio Bände, das mit rund 85o ooo Bänden belegt ist. Die Kapazitäten genügen noch bis zum Ende der 8oer Jahre bei gleichbleibendem Zugang, zumal auch Ausweichmöglichkeiten bestehen, die wohl bei Komplexen wie einer Universität in der einen oder anderen Form anfallen, deren Nutzung freilich wegen der meist nicht ausreichenden Lüftung und Klimatisierung nicht unbegrenzt ausgedehnt werden kann.

5. Problem Speicherbibliothek

Lassen Sie mich hier eine Bemerkung zur Frage "Speicherbibliothek" machen, die in den Vorgaben für das heutige Referat mit angeschnitten wurde.

Meines Erachtens ist es Voraussetzung für das Funktionieren von Bibliothekssystemen, daß Bücher, die aus der offenen Aufstellung herausgenommen werden, in kürzester Zeit wieder verfügbar sind. Es entsteht sonst bei den abgegebenen Teilbibliotheken, insbesondere bei den zugehörigen Lehrstühlen, der Eindruck, daß abgegebene Bücher "verschrottet" werden und niemals mehr auftauchen. Ein System des Abflusses in weniger aufwendige Räume funktioniert nur dann, wenn Gewißheit besteht, jederzeit wieder auf das Buch zurückgreifen zu können, ja es in dem gleichen systematischen Zusammenhang zwar in anderen Räumen, aber unter derselben Signatur wiederzufinden. Dies kann bei einer Speicherbibliothek nicht mehr gewährleistet werden. Das Magazin der Zentralbibliothek erschiene nur als eine Zwischenstufe zur gänzlichen Entfernung des Buches aus der Universität. Insofern würden Speicherbibliotheken kaum den ökonomischen Zweck, der ihnen zugedacht ist, erfüllen: im Gegenteil. Ähnliches vermute ich für die "Kompaktus-Speicherung". Die Zugänglichkeit von Büchern, insbesondere bei systematischer Aufstellung ist durch technische Barrieren erheblich erschwert.

6. Sind Carrels erforderlich?

Ein Wort noch zu den sogenannten Carrels der Zentralbibliothek. Deren Benutzung ist bisher nicht sehr stark. Ich höre ähnliches von anderen Bibliotheken, vermute aber, daß, sobald der Magazinbestand durch weiteren Zugang angereichert wird und aus Jahrgängen, die gezielt gekauft wurden, ergänzt wird, die Benützung der Carrels ansteigen wird. Heute sind im Magazinbestand noch verhältnismäßig viele Werke vorhanden, die aus Sammelankäufen wissenschaftlicher Bibliotheken und aus Abgaben anderer Bibliotheken wie auch aus der Übernahme von Vorläufer-Bibliotheken stammen, so daß die Zusammensetzung des Magazinbestandes nicht in dem Maß auf gezielter bibliothekarischer Aktion beruht, wie das bei den

Beständen der Teilbibliotheken der Fall ist.

7. Sofortausleihe und Transportanlage

Von entscheidender Bedeutung ist ein Zentralmagazin für die Durchführung der Sofortausleihe. Dies war stets als Forderung in die Planung einbezogen und wurde seit dem Bezug des Magazins und der Ausleihstelle durchgehalten. Für die Geschwindigkeit der Sofortausleihe bilden jedoch die Anlage als Flachmagazin und die Förderanlage eine Konstante.

Eine rationelle Transportanlage konnte nur in Form eines Kreisverkehrs auf Laufbändern errichtet werden. Deren Umlaufzeit beträgt minimal 8 Minuten. Sie bringt sowohl den Bestellschein zur Ausgabestelle, als auch das Buch zur Ausleihstelle. Mit einer dazwischengeschalteten Rohrpostanlage könnten nur in einzelnen Fällen wenige Minuten oder Sekunden gespart werden, so daß sich eine solche Anlage kaum lohnt. Eine Teleliftanlage wäre auf so weite Entfernungen wohl auch nicht sehr viel schneller, im Betrieb und in der Herstellung aber wesentlich teurer gewesen. Sollte ein Anbau errichtet werden, wird man versuchen müssen, die häufig benützte Literatur in diesen vertikalen Anbau zu bringen, der unmittelbaren Zugang zur Ausleihstelle haben sollte, um auf diese Weise die Mehrzahl der Sofortausleihfälle schnell in die Ausleihstelle zu bringen.

Die eingebaute SEL-Transportanlage (Tragfähigkeit ca. 8 kg/Kasten) hätte ohne weiteres kleiner dimensioniert werden können. Es wäre aber teurer gekommen, eine neuartige kleinere Transportanlage zu konstruieren, als die bereits verfügbare Größe einzubauen. Seit dem Einsatz dieser Transportanlage hat es sich gezeigt, daß das Fehlen einer größeren Transportkapazität pro Kasten betrieblich bedeutungslos ist. In der Regel wird ein Buch transportiert, weil bei der Sofortausleihe gezielt ein Buch benötigt wird. Für den nicht eiligen Rücktransport können Transportkästen nacheinander in Anspruch genommen werden oder er erfolgt durch Bücherwagen. Großformatige Werke werden nur selten transportiert, Zeitungen in der Regel in mehreren Bänden zusammen durch Wagentransport bereitgestellt. Eine Ladekapazität von drei bis vier Kilo hätte deshalb pro Kasten ohne weiteres ausgereicht. Die Spur der Transportbänder hätte dadurch verringert werden können.

Als nachteilig hat sich das Flachmagazin auch deshalb erwiesen, weil es praktisch unmöglich war, Versorgungsleitungen fernzuhalten. Auch wenn diese gebündelt in einer Vorsorgungszelle durch das Magazin laufen, so bleiben doch noch Abflüsse von Regenrohren und ähnliche Einrichtungen, die nur unter größten Schwierigkeiten anderweitig verlegt werden können.

Abschließend noch einige besondere Erfahrungen nach dem Fragenkatalog:

8. Verbindungswege durch die Zentralbibliothek

Die Überbauung des Areals der Tiefgarage hat es ermöglicht, die für den Zusammenhang des ganzen Universitätsareals erforderlichen Studentenwege auch durch die Zentralbibliothek zu führen, so daß nicht nur die Verbindung zu den besonders buchintensiven Bereichen des sogenannten Philosophicums, sondern auch eine unmittelbare Anbindung an eine andere zentrale Einrichtung der Universität, das Rechenzentrum,

erreicht wurde. Dieses befindet sich unmittelbar südlich vom Bibliotheksgebäude und wird durch einen verglasten Laufgang erreicht, über den auch der allgemeine Verbindungsweg von Norden nach Süden, vom Philosophicum bis zum Chemischen und Vorklinischen Bereich führt. Daß die enge Verbindung mit dem Rechenzentrum von besonderer Bedeutung ist, brauche ich nicht zu betonen.

## 9. Veränderung der Kataloge

Eine interessante Entwicklung ergab sich durch die Veränderung der Katalogdarbietung. Die Möglichkeit einer dezentralen Aufstellung des Gesamtkatalogs der Bibliothek in Mikroficheform an zahlreichen, man kann fast sagen beliebig vielen Stellen der Universität, hat eine geringere Beanspruchung der Zentralbibliothek im Bereich der Katalogsäle und der Publikumskataloge zur Folge. Es war dadurch möglich, die Bibliographienaufstellung in dem früher auch für 9oo Katalogbände und eine größere Benutzerzahl gedachten Katalogsaal erheblich zu verstärken. Künftige Katalogplanungen können von reduzierten Werten ausgehen.

## 1o. Klimatisierung

Ein Wort noch zur Klimatisierung. Der Gesamtbereich der Universitätsbibliothek Regensburg hat keine Vollklimatisierung, sondern lediglich sogenannte Zu- und Abluft. Die Klagen über zu trockene Luft, zu große Hitze oder auch das Gegenteil reißen nicht ab. Von seiten der Bibliothek wird ihnen in erster Linie mit dem Hinweis auf die Freizügigkeit innerhalb großer Einheiten begegnet, die in größeren Aufstellungsbereichen, insbesondere im Komplex Zentralbibliothek - Philosophicum bestehen. Auf Galerien oder in mehreren Großräumen ist durchaus nicht ein einheitliches Kleinklima zu erwarten und oft genügt ein Wechsel vom Parterre zur Galerie, um subjektiv angenehmere Arbeitsbedingungen zu erreichen. Solche Empfindungen werden auch durch die Raumgestaltung beeinflußt. So besteht der Eindruck, daß bei einer Massierung von Arbeitstischen Randplätze lieber eingenommen werden, als die in der Mitte gelegenen.

Generell wird man in den Lesebereichen eine stärkere Luftbefeuchtung auf lange Sicht fordern müssen, ein Problem, dem sich sowohl die Bibliothekare als auch die Baubehörden stärker zuwenden müßten. Die Befeuchtung durch undichte Flachdächer - um auch diese leidige Erscheinung moderner Betonbauten anzusprechen - wird nicht genügen. Unter langfristigen Wirkungen einer unterdurchschnittlichen Luftfeuchtigkeit, die weniger in der Zentralbibliothek, als in den meisten Teilbibliotheken anzutreffen ist, könnten die Bestände Schaden leiden. Im Magazin der Zentralbibliothek konnten in den letzten Jahren durch kleine Verbesserungen erheblich günstigere Werte für das Buchklima erreicht werden, so daß man davon ausgehen kann, daß die auf lange Sicht dort erfolgende Speicherung des Buchgutes sich auch auf dessen Konservierung positiv auswirken wird. Demgegenüber sind die Aufenthaltszeiten des Buchgutes in den Teilbibliotheken, die klimatisch schwieriger sind, relativ kurz, so daß sich auch in dieser Hinsicht die zentrale Magazinierung empfiehlt.

## 11. Bestandssicherung

Der Zentralbibliothek und ihrem Magazin kommt auch noch eine weitere

Sicherungsfunktion zu. Während die Bestände der Teilbibliotheken naturgemäß einem unmittelbaren Zugriff stärker ausgesetzt sind, da sie in der Tradition der Seminarbibliothek stehen, und für den Lehrer und Forscher auch zu außergewöhnlichen Zeiten erreichbar sein müssen, ist die Ordnung dort nicht so aufrechtzuerhalten wie in den Bereichen der Zentralbibliothek. Dadurch ergibt sich deren Funktion für die sichere Bereithaltung wichtiger Informationen; ich erinnere hier nur an häufig benützte Kommentare oder Loseblattsammlungen, bei denen es immer zweckmäßig ist, ein oder mehrere Exemplare auch im Bereich des Allgemeinen Lesesaals und des Magazins zu halten, um gegebenenfalls den Text wenigstens in einem Exemplar zur Verfügung zu haben.

12. Energieverbrauch

In dem uns vom Zentralarchiv für Hochschulbau vorgegebenen Schema finde ich auch die Frage nach den Betriebskosten. Sie ist möglicherweise in den vergangenen Jahren etwas zu sehr in den Hintergrund getreten. Wir wissen zu wenig über den Energieverbrauch in den einzelnen Gebäuden. Eine Untergliederung der Einheiten durch Einbau von Kontrolleinrichtungen kann notwendig werden, um den Energieverbrauch gezielt in Grenzen halten zu können. Trotzdem nehme ich an, daß ein Energieverbund innerhalb der Universität bei den neuen Universitätssystemen und Bibliothekssystemen Einsparungen ermöglicht und so ist wohl auch aus dieser Sicht einem baulichen Verbund bibliothekarischer Einrichtungen einer Campus-Universität den Vorzug zu geben.

13. Grundsatz für Neuplanungen

Bei jeder Neuplanung oder Neuorientierung von Bibliothekssystemen müßte dieser Gesichtspunkt im Vordergrund stehen: Die Zusammenfassung der bibliothekarischen Einrichtungen überall dort, wo dies von der Größe und Ausdehnung der Universität her möglich ist.

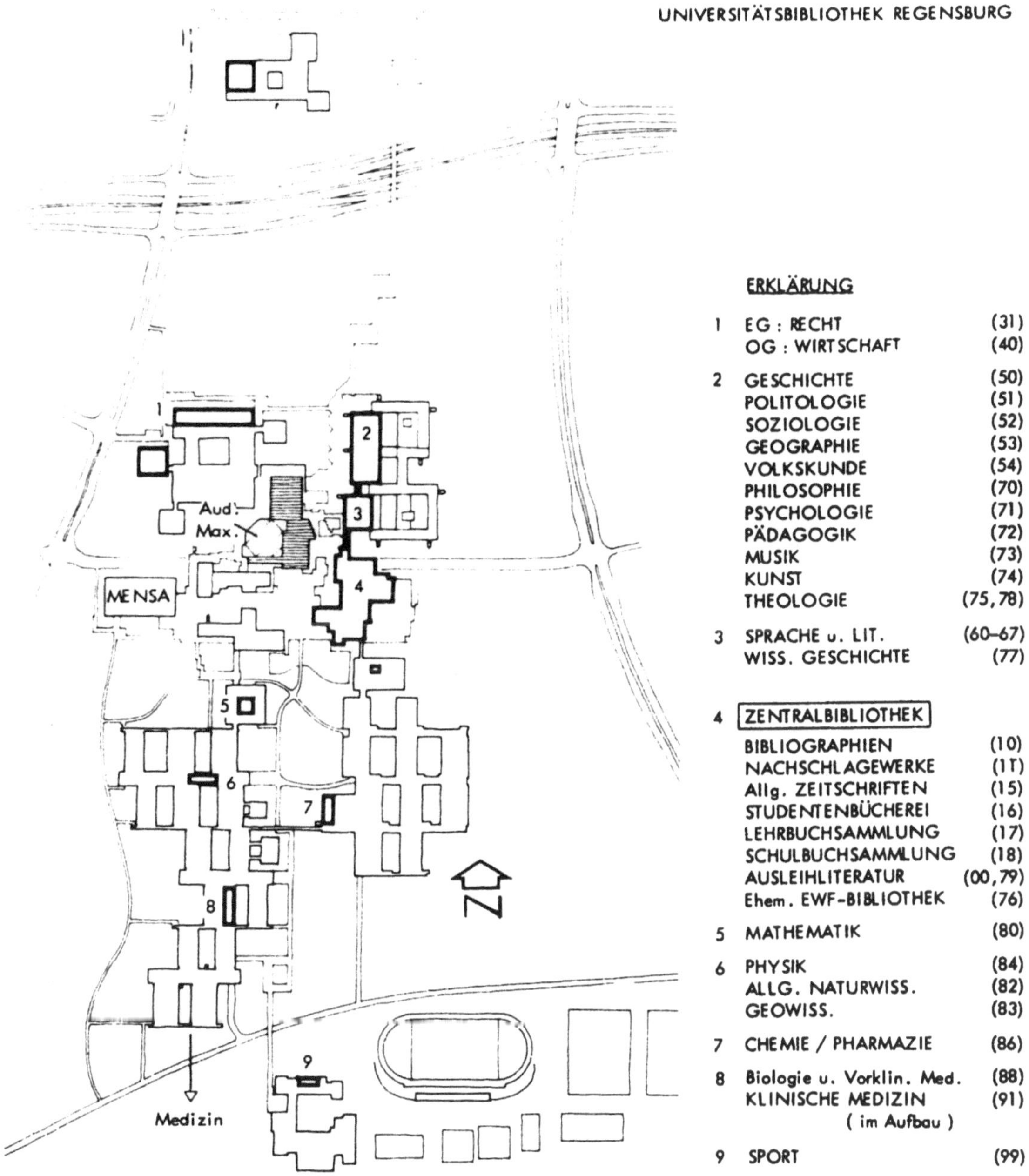


Abb. 3.5/1 Lageplan der Universität Regensburg
Zentrale Universitätsbibliothek und Fachbereichsbibliotheken

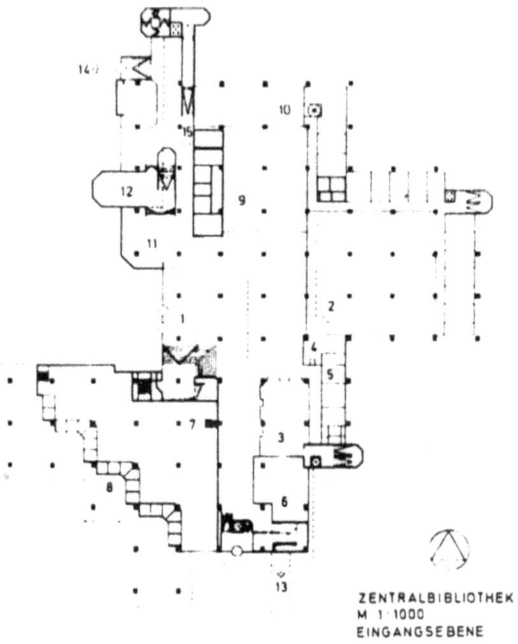


1 Eingangshalle
2 Katalogsaal
3 Ausleihe
4 Fernleihe
5 Kopierstelle
6 Lehrbuchsammlung
7 (Hoch-)Magazin
8 Carrels
9 Dienstkatalog
10 Titelaufnahme
11 Garderobe
12 Ausstellungsraum
13 Übergang Rechenzentrum/Chemie
14 Übergang Hörsaalgebäude Aud. Max.
15 Übergang Philosophicum/Theologie

Abb. 3.5/2
Zentralbibliothek, Eingangsebene

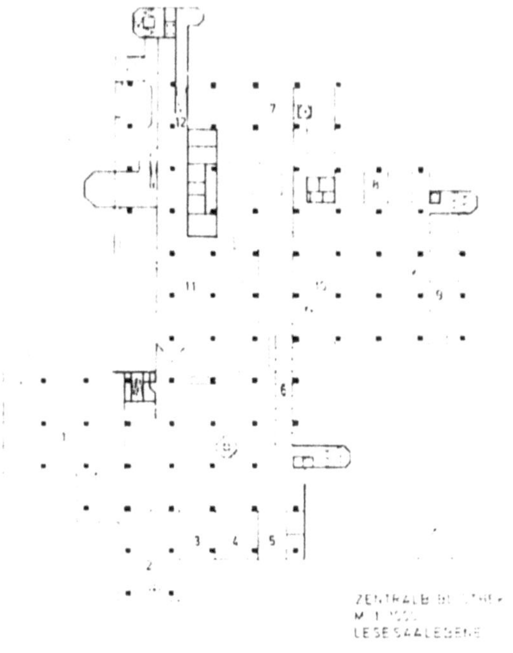


1 Lesesaal mit Zeitschriftenauslage
2 Studentenbücherei
3 Unterrichtsraum
4 Sonderlesesaal
5 Rara-Lesezimmer
6 Arbeitskabinen (AV-Medien)
7 Akzession
8 Direktion
9 Sitzungszimmer
10 Luftraum Katalogsaal
11 Luftraum Eingangshalle
12 Übergang Philosophicum

Abb. 3.5/3
Zentralbibliothek, Lesesaalebene

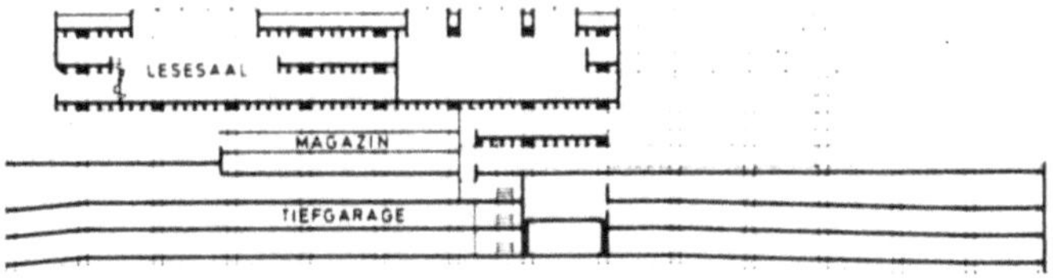


Abb. 3.5/4 Schnitt

Abb. 3.5/5 Forum

Abb. 3.5/6 Ansicht

Georg Berthold

# Planung und Bau der Universitätsbibliothek Würzburg

---

Die Bibliothek der Universität ist bis heute in der Innenstadt im Gründungsbau (1582) der Universität, der sogenannten Alten Universität, untergebracht. Der Raumbestand war aber schon vor 11o Jahren voll ausgenutzt. Der Senat beschloß erstmals einen Neubau, der nun ein Jahrhundert später, realisiert wird.

1963 begann die Verlegung der Naturwissenschaften und Geisteswissenschaften an den östlichen Stadtrand. Die Strukturplanung zeigt den Standort für die zentralen Einrichtungen im Mittelpunkt des Erweiterungsgeländes. Das ist das Ergebnis einer Analyse verschiedener Situierungsmöglichkeiten auf dem Gelände (überplantes Gebiet rd. 7o ha). Ende der 6oer Jahre gab es eine Diskussion darüber, einen Standort näher zur Stadt zu wählen (Göbelslehenstraße). Der Plan wurde aber aufgegeben. Die Entfernung des neuen Bibliotheksstandortes im Erweiterungsgelände zur Alten Universität beträgt knapp 3 km.

Ende 1969 wurde der Raumbedarfsplan für die neue Universitätsbibliothek vom Bayerischen Staatsministerium für Unterricht und Kultus genehmigt. 197o folgte ein beschränkter Architektenwettbewerk. 7 Architekten bzw. Planungsgemeinschaften und das Universitätsbauamt (außer Konkurrenz) legten Entwürfe vor. Für die Entscheidung der Jury lag unterstützend ein bibliothekarisches Gutachten zu den einzelnen Wettbewerbsarbeiten vor, das von der Kommission für Baufragen des Vereins Deutscher Bibliothekare, vertreten durch Prof. Dr. Liebers, Münster und Dr. Kluth, Bremen, erstattet wurde. Die Jury entschied sich eindeutig für die Arbeit des Architekten Alexander Frhr. von Branca aus München. Die Kommission hatte zu diesem Entwurf festgestellt, er sei nach Lage, Baukonzept und moderner Funktionalität der beste und interessanteste. Der Grundrißplan des Architekten zeigte ein Konzept, das im Grundsätzlichen unverändert realisierbar war.

## Aufgabenstellung

Die Bibliothek wurde als Teil des neuen Zentralbereichs mit einer Mensa, allgemeinen studentischen Einrichtungen und einer Tiefgarage mit 6oo Stellplätzen geplant.

Es sollte in erster Linie eine Ausleihbibliothek entstehen; für die Bereiche der Magazine, der Benutzerräume und der Verwaltung war ausdrücklich Flexibilität gefordert. Die Magazinkapazität sollte 1,3 Mio. Bände betragen; damals bei einem Bestand von 54o ooo Bänden und einem geschätzten Zuwachs von 25 ooo Bänden/Jahr für die nächsten 25 Jahre (bis 1995) wurde diese Kapazität als ausreichend angesehen. Eine Magaziner-

weiterung für weitere 5oo ooo Bände war im Baukonzept zu berücksichtigen, für einen Endausbau von 1,8 Mio Bänden.

In weiteren Vorgaben wurde als Grundraster für die Regalaufstellung ein Maß von 1,3 m als optimal angegeben. Die lichte Höhe des Magazins sollte 2,3o m, die der Lesesäle 2 x 2,3o = 4,6o m betragen. Der preisgekrönte Vorentwurf weist auf:

| | |
|---|---|
| - Konstruktionsraster | 8,4o/8,4o m |
| - Ausbauraster | 1,2o/1,2o m |
| - Regalraster | 1,4o m = 8,4o : 6 |

1974 wurde mit dem Bau des Zentralbereichs, zunächst mit der Mensa, begonnen; die Bibliothek folgte danach. Das Gebäude ist heute weitgehend ferstiggestellt und wird demnächst bezogen.

Der ursprüngliche Raumbedarf mit

| | |
|---|---|
| - Hauptmagazin | 6.5oo qm HNF |
| - Allgem. Benutzerräume | 2,79o qm HNF |
| - Verwaltung | 1.641 qm HNF |
| - Sonderabteilungen | 834 qm HNF |
| - Techn. Abteilung | 3o3 qm HNF |
| - Sozial- und Nebenräume | 172 qm HNF |
| zusammen | 12.24o qm HNF |

wurde nur unerheblich ausgeweitet und beträgt nach den Ausführungsunterlagen nun rund 13.ooo qm HNF.

Auf die Einzelheiten der Entwurfsanordnung und der Gestaltung der einzelnen Raumgruppen wird Herr Ostermayer in seinem Referat eingehen. Hier folgen noch Erläuterungen zu einigen Stichworten und Angaben über die Baukosten:

Förderanlagen

Als Förderanlagen sind neben den Aufzügen eine Buchförder- und eine Rohrpostanlage installiert.
Ursprünglich war eine Kastenförderanlage vorgesehen; jetzt sind selbstfahrende Behälter mit eigenem Antrieb auf einen Führungsschienensystem installiert. Entscheidend dafür war der Wunsch nach Schnelligkeit in der Sofortausleihe (5 Minuten). Ein Projektbüro hat zu zwei Alternativen eine Untersuchung vorgenommen:
a) Verwendung von Bücherwagen und Lastenaufzügen
b) Verwendung einer Buchförderanlage
Das Ergebnis war, daß die Buchförderanlage eine 2,5fache Büchermenge bei gleichem Personaleinsatz transportieren kann, gegebenüber Alternative a). Bei dringenden Fällen, wenn nur 1 Buch gesucht wird, beträgt die Wartezeit in der Ausleihe 3,63 bis 5,29 Minuten. Eine Voraussetzung hierfür ist allerdings der Transport der Anforderungszettel über eine Rohrpost. Die Buchförderanlage hat 11 Stationen und die Rohrpostanlage 12 Stationen.

## Brandabschnitte

Als maximale Größe war nach Vorschrift der Brandversicherung eine Fläche von 5.000 $m^2$ zulässig. Der größte Brandabschnitt hat 4.7o7 $m^2$ (Abschnitt 1). Das Haupttreppenhaus ist keine "notwendige Treppe" nach der Bauordnung.

Die Durchführung der Förderanlagen durch Brandwände (Schiebeverschlüsse) ist technisch schwierig. Die zugelassenen Fabrikate gibt es nur für Anlagen, die im Schiebetorbereich vollständig unterbrochen sind. Daher mußte die Zustimmung im Einzelfall eingeholt werden (Innenministerium und Institut für Bautechnik).

## Sicherungsmaßnahmen

Die Notausgänge an Fluchttreppenhäusern haben Schlüsselkästen mit Folienabdeckung und elektrischer Kontaktsicherung. Eine Entnahme des Schlüssels löst internen Alarm aus. Am Hauptzugang besteht eine Sperre, die durch das Personal in der Ausleihe überwacht werden kann.

## Diebstahlschutz

Eine Einbruchsicherungsanlage mit Anschluß an das Polizeinetz wurde für das Handschriftenmagazin und den Handschriftenausstellungsraum eingebaut. Weitere Sicherungsmaßnahmen sind: zusätzliche Tresore, Infrarot- und Erschütterungskontaktsicherung, massive Umfassungswände. Die Entrauchungsschächte sind mit zusätzlichen Stahlgittern gesichert.

## Technische Versorgung

Lüftung und Klimatisierung sind vorgesehen. Dabei stellt die offene Verbindung zwischen Lesesälen und Magazinen eine Problem dar, da in diesen Bereichen unterschiedliche Konditionen herrschen sollen. Im Übergangsbereich werden Abweichungen von Idealwerten in Kauf genommen. Weitere Stichworte: Hoher Umluftanteil - Abgebrochene Kühlung (an max. 5 - 6 Tagen des Jahres von Bedeutung). Es gab keine nachträglichen Maßnahmen zur Energieeinsparung.

## Kosten

- Die Gesamtbaukosten einschließlich Tiefgarage betragen:
  34.o5o.ooo.-- DM
  Bezogen auf die Hauptnutzfläche (HNF) von insgesamt 13.o69 $m^2$:
  $$\frac{34.o5o.ooo.\text{-- DM}}{13.o69\ m^2} = \text{ca. } 2.6oo.\text{-- DM}/m^2 \text{ HNF}$$
- Die Gebäudekosten (nach DIN 276 3.1 bis 3.5) betragen
  22.45o.ooo.-- DM

Bezogen auf die HNF von 13.069 $m^2$:

$$\frac{22.450.000.\text{-- DM}}{13.069\ m^2} = 1.718.\text{-- DM/m}^2\ \text{HNF}$$

mit einem Nachtrag von 1.600.000.-- DM:

$$\frac{24.000.000.\text{-- DM}}{13.069\ m^2} = 1.836.\text{-- DM/m}^2\ \text{HNF}$$

- Zum Vergleich werden hier die Kostenrichtwerte (Orientierungswerte) für Bibliotheken in der Rahmenplanung nach dem Hochschulbauförderungsgesetz angegeben. Diese betrugen im

| | gültig ab | Gebäudekosten | Gesamtbaukosten |
|---|---|---|---|
| - 6. Rahmenplan | - | 1.650.-- DM/$m^2$ | 1.900.-- DM/$m^2$ |
| - 7. Rahmenplan | 1977 | 1.650.-- DM/$m^2$ | 1.900.-- DM/$m^2$ |
| - 8. Rahmenplan | 1978 | 1.820.-- DM/$m^2$ | 2.090.-- DM/$m^2$ |
| - 9. Rahmenplan | 1979 | 1.940.-- DM/$m^2$ | 2.300.-- DM/$m^2$ |

Diese Orientierungswerte gelten nur für nichtintegrierte Bibliotheken mit hohem Magazinanteil über 50% der HNF. Für integrierte Bibliotheken gilt der Kostenrichtwert für geisteswissenschaftliche Institute:

| | | | |
|---|---|---|---|
| - 9. Rahmenplan | 1979 | 2.460.-- DM/$m^2$ | 3.040.-- DM/$m^2$ |
| -10. Rahmenplan | 1980 | 2.680.-- DM/$m^2$ | 3.350.-- DM/$m^2$ |

(ab 1. 1. 1980 wird der Orientierungswert für Magazinbibliotheken gestrichen, Bibliotheken werden der hier aufgeführten Kostenrichtwertgruppe 1 zugeordnet.)

Martin Ostermayer

# Der Neubau der Universitätsbibliothek Würzburg

---

Die Universitätsbibliothek Würzburg hat mit Regensburg die hervorragende Lage gemein: auf der Höhe, mit Blick über die Altstadt mit den vielen Türmen, auf die Feste Marienberg. Die Bibliothek liegt im Zentrum des Universitätsgeländes Hubland (am Stadtrand) an einem Forum, das eine Tiefgarage überdeckt und in unmittelbarer Nachbarschaft zu einer Mensa. Sie hat in diesem Fall nicht die Nebenfunktion einer internen Verkehrsverbindung zu den Fachbereichen, die hier nicht so dicht angrenzen, wie z. B. in Regensburg. Sie bildet also mehr eine in sich geschlossene Einheit. Weiter war von vornherein eine weitgehende Zugänglichkeit der Buchbestände vorgesehen, die stufenweise verwirklicht werden sollte. Schließlich hat diese Bibliothek relativ große Sonderbereiche: für Handschriften, Frankonica und Zeitungen.

Das E r d g e s c h o ß (s. Abb. 3.6/1) hat Haupteingänge vom Forum im Süden und Westen; zum Forum steigt man von der Straße und der Garage über Treppenaufgänge hinauf. Das Personal und Rollstuhlfahrer können mit Aufzug direkt in die Bibliothek gelangen. Die Anlieferung erfolgt in der NO-Ecke im 1. UG, das hier bereits über dem Gelände liegt, mit Aufzug und Personaltreppenhaus. Hier unten liegen auch die technischen Arbeitsräume wie Buchbinderei, Packraum, Fotolabor, sowie ein zweigeschossiges Tiefmagazin, das für besonders schutzbedürftige Buchbestände geplant wurde. Angrenzend ist die Tiefgarage mit zwei Geschossen angeordnet.

Aus der Eingangshalle erreicht man - von Süden kommend - nach rechts die Garderobe mit Schließfächern, das WC und rechts davon einen Ausstellungs- und den Vortragsraum. Geradeaus führt der Weg die Gebäudemitte zum Informationszentrum und an die Ausleihtheke (s. Abb. 3.6/4). Nach links liegt offen zugänglich der Katalog, angrenzend Schlagwort- und Bibliothekskataloge, Zeitungen und Bibliographien (früher für Studentenbücherei vorgesehen).

Entlang der Nord-Fassade und um den Innenhof herum sind Verwaltung und Arbeitsräume des Personals mit direktem Zugang zum jeweiligen Arbeitsgebiet (Katalog, Magazin) angeordnet. Betritt man die Halle, so ist diese zunächst eingeschossig; sie erhöht sich beim Katalog auf 2 Geschosse mit umlaufender Galerie, auf die man über eine Treppe zur Verwaltung mit der Direktion gelangt. Ein langgestrecktes Oberlicht erhellt den 2-geschossigen Saal mit der Galerie.

Das Magazin im Erdgeschoß ist geschlossen, es kann als Kompaktanlage mit fahrbaren Regalen ausgebaut werden. Entlang der Südfassade liegen neben dem Magazin Carrels zur Benutzung durch Hochschullehrer und Forscher. Hinter der Ausleihe: Ortsleihe und Fernleihe mit den entsprechenden Buchlagerflächen. Die Theke an der Haupttreppe bietet Information und übt die

Kontrolle der Haupttreppe und der Aufzüge aus. Diese Haupttreppe ist innenliegend mit Oberlicht ausgestattet und "nicht notwendig" im Sinne der Fluchtwege. Diese Funktion übernehmen außen liegende Fluchttreppenhäuser, die von den Fluchtbalkonen ringsum erreichbar sind. Diese Anordnung der Fluchtmöglichkeiten erlaubte im Innern größere zusammenhängende Lufträume über mehrere Geschosse.

Im 1. Obergeschoß (s. Abb. 3.6/2) liegen entlang der Nordfassade Verwaltungsräume mit Anbindung über die Personaltreppe und Haupttreppen. Über der Ausleihe, hineinragend in den Luftraum der 2-geschossigen Halle liegt ein Pausenraum, der auch für Seminare vorgesehen ist (s. Abb. 3.6/4). Die Nutzerbereiche können sowohl zusammenhängend aber auch voneinander getrennt betrieben werden: Studentenbücherei, Lehrbuchsammlung und Hauptlesesaal. Der Hauptlesesaal mit der Fensterfront nach Süden ist ebenfalls 2-geschossig. Am Eingang im 1. Obergeschoß ist ein Schalter mit Buchausgabe. Die Leseplätze sind als Arbeitsbereich entlang der Fassade aufgestellt, in unmittelbarer Verbindung beginnt dahinter der Freihandbereich. Gruppenarbeitsräume schließen sich, nach Westen orientiert, dem Lesesaal und Buchstellflächen an. Die Raumhöhe dieses Bereiches ist mit 2,25 m knapp gehalten. Allerdings ist über den Leseplätzen ein hoher Luftraum mit Oberlicht vorhanden.

Das 2. Obergeschoß bildet im Hauptlesesaal in der zweiten Ebene die Fortsetzung des Lesesaals: Hier sind die Leseplätze entlang der Brüstung angeordnet, von der man hinunter auf den Lesesaalbereich der unteren Ebene schauen kann. Ein Oberlicht beleuchtet die Arbeitsplätze. Dahinter stehen wieder Bücher im Freihandbereich und Carrels sind an der Westseite über den Gruppenräumen angeordnet. Für sämtliche Oberlichter und Fassaden wurde übrigens ein Tageslichtgutachten eingeholt, zur Ermittlung der Licht- aber auch Wärmeeinstrahlung. Dies führte dann zu unterschiedlicher Ausführung der Oberlichtflächen je nach Himmelsrichtung und Raumsituation: Von klarem Isolierglas, über Okalux, Thermolux, bis zu geschlossenen Südflächen. Im übrigen sorgen die Fassaden mit Fluchtbalkonen und Deckenvorsprüngen für die Beschattung; im Süden erübrigen sie teilweise einen Sonennschutz. Auch im 2. Obergeschoß hängen die Lesesaalbereiche wieder zusammen, sind jedoch räumlich ganz unterschiedlich ausgebildet. Der Landeskundliche Lesesaal hat Arbeitsplätze an der Brüstung mit Ausblick auf die Feste Marienberg und das "Käppele". Dahinter sind Freihandbestände aufgestellt. Sodann gibt es ein großes Zeitungsmagazin mit Carrels, die sich zum Innenhof hin öffnen.

Das 3. Obergeschoß enthält den Handschriften-Lesesaal mit dem Zimmer für den Leiter und das Magazin. Dieser Lesesaal hat wieder einen ganz eigenen Duktus; er ist ziemlich geschlossen, hat nur zwei Fenster, ringsum Wandregale, doppelte Raumhöhe mit Oberlichtern. Im hinteren, eingeschossigen Teil stehen Freihandregale. Dazu gehört noch ein rein innenliegender Raum mit Oberlichtern, vorgesehen für Arbeiten in der Gruppe, Vorträge, vor allem aber für Ausstellungen auch mit wertvolleren Exponaten. Schließlich sind noch Magazin und Arbeitsräume für das Institut für Hochschulkunde in diesem Geschoß untergebracht, sowie die Lüftungszentrale über zwei Geschosse.

Das 4. Obergeschoß ist nicht mehr für den Nutzer zugänglich, nur noch für das Personal; es enthält vorwiegend ein geschlossenes Magazin mit Carrels.

Zum Schluß noch einige technische Anmerkungen: In der Abb. 3.6/3 fallen vielleicht die geschlossenen Flächen mit der typischen Ausrundung an der Traufe auf. Anknüpfend an mainfränkische Bautradition wurde hier Schiefer auf Holzschalung und Wärmedämmung angebracht.

Zur Beleuchtung:
Bei größeren Raumhöhen sind HQJ-Strahler installiert, sonst das Übliche, vorwiegend Leuchtstoffröhren. Bei der Regalbeleuchtung werden in Bereichen mit veränderlicher Regalaufstellung Stromschienen quer und Leuchtstoffröhren längs der Regalgänge montiert; letztere können dann leicht mit den Regalen verschoben werden, man ist nicht mehr auf Bodenauslässe fixiert.

Zur Buchförderung ist eine Telelift-Anlage mit selbstfahrenden Behältern eingebaut. Die Belege werden mit einer Rohrpostanlage befördert. Als Regale werden einheitlich Mittelpfostenregale in Magazinen und großen Freihandbereichen verwendet, Rahmenregale lediglich in Sonder- und Schwerlast-Bereichen.

Gottfried Mälzer

# Die neue Zentralbibliothek der Universität Würzburg

## 1. Das Bibliothekssystem der Universität Würzburg

Der Neubau einer Zentralbibliothek steht für Würzburg als "alter" Universität in einem völlig anderen Zusammenhang, als für neue Universitäten, die von Grund auf planen, aufbauen und bauen. Insofern kann ich die Ausführungen über die - während unseres Colloquiums bereits vorgestellten - Bibliotheken nun noch um einige spezifische Aspekte anreichern, bzw. auch modifizieren.

Als Ende 1969 das Raumprogramm für den Neubau der Universitätsbibliothek Würzburg genehmigt wurde, ging es allen Beteiligten vorrangig darum, der schon über 35o Jahre alten Institution Zentralbibliothek endlich zu einem neuen, angemessenen Gebäude zu verhelfen. Ein solches neues, größeres, zweckmäßiger und modern ausgestattetes Gebäude war ohne Zweifel dringend erforderlich. Es ging - wenn ich das nachträglich richtig sehe - bei diesen Bemühungen aber nicht darum, damit zugleich innerhalb der Universität eine grundlegende organisatorische und strukturelle Neuordnung der Bibliotheksverhältnisse herbeizuführen. Das wäre damals auch schwerlich möglich gewesen. Nachdem fünf Jahre später durch das bayerische Hochschulgesetz von 1974 (inzwischen in der novellierten Form von 1978 gültig) die Bibliothek als zentrale Einrichtung der Hochschule definiert wurde, wäre die Vorgehensweise von 1969 heute nicht mehr ohne weiteres möglich.

Wenn ich Ihnen zunächst über die allgemeine Situation des Bibliothekswesens an unserer Hochschule berichte, bevor ich auf den Neubau der Zentralbibliothek näher eingehe, muß also eingangs festgestellt werden, daß die Planung für die neue, inzwischen fast fertiggestellte Zentralbibliothek aus einer Zeit stammt, in der für Würzburg von einem einheitlichen Bibliothekssystem der Hochschule noch nicht gesprochen werden kann - weder in der Planung, noch erst recht in der Realität. Ein solches einheitliches Bibliothekssystem gibt es auch heute noch nicht. Darin gleicht die 1582 gegründete Universität Würzburg wohl allen anderen "alten" Hochschulen der Bundesrepublik. Andererseits ist insbesondere durch die zielstrebige Arbeit meines Amtsvorgängers Dr. Josef Tiwisina, dem die Universität auch die grundlegende bibliothekarische Planung des Neubaus verdankt, das Bibliothekswesen unserer Hochschule in den letzten 1o - 12 Jahren auf dem Wege zu einem in sich gegliederten, einheitlichen System ganz wesentlich vorangekommen. Ich nenne als die drei wichtigsten Punkte hier:

1. das mittels Datenverarbeitung hergestellte Gesamtzeitschriftenverzeichnis der Universität, begonnen 1968, erstmals ausgedruckt 1971. Dieses weist den gesamten Zeitschriftenbesitz, also die Bestände

aller Institute und der Zentralbibliothek der Hochschule nach.
2. den Gesamtkatalog der Monographien, der seit 1969 besteht und einen Gesamtnachweis für den Buchbestand der Institute führt.
3. das weitverzweigte Netz ständiger Absprachen zwischen Instituten und Zentralbibliothek bei der Literaturbeschaffung.

Diese für ein einheitliches Bibliothekssystem grundlegend wichtigen Maßnahmen sind organisatorischer Natur. Sie finden derzeit nur begrenzt eine Entsprechung im baulichen Bereich. Das heißt, die organisatorische Entwicklung des Bibliothekssystems ist weiter fortgeschritten, als seine bauliche Ausformung. Der Neubau der Zentralbibliothek wird in einer Zeit des Umbruches und insbesondere der baulichen Neuorganisation der Hochschule bezugsfertig. Er ist zunächst nicht Teil eines ausgeformten Gesamtkonzepts, sondern vielmehr wichtigster Faktor, bei der für die Zukunft in wesentlichen Punkten erst noch gestellten Aufgabe, das Bibliothekswesen der Hochschule nicht nur organisatorisch, sondern auch baulich neu zu ordnen. Derzeit gibt es neben der Zentralbibliothek 14 sogenannte Teilbibliotheken, also dezentrale bibliothekarische Einrichtungen, in denen Personal der Universitätsbibliothek tätig ist. Daneben existiert aber noch eine größere Anzahl von kleinen Institutsbibliotheken "alten Stils", beispielsweise im Bereich der Medizinischen Fakultät sowie der Philosophischen Fakultät I (Altertums- und Kulturwissenschaften).

Für die Universität steht noch die Durchführung einer Anzahl größerer Baumaßnahmen aus, die sich natürlich auch auf das Bibliothekswesen der Hochschule auswirken. Am Hubland, dem Erweiterungsgelände bei Gerbrunn, wird der Neubau der Zentralbibliothek errichtet. Hier sind die Chemie, die Mathematik und ein großer Teil der Fächer der drei philosophischen Fakultäten (jeweils mit ebenfalls in den letzten Jahren neu erbauten Teilbibliotheken) angesiedelt. Hier befinden sich ferner ein Teil der Geowissenschaften, der Physik sowie eine neue Mensa und das Rechenzentrum. Auch sollen hier u. a. weitere Bauten für die Physik, das Biozentrum und ein dritter Bauabschnitt für die Geisteswissenschaften folgen, jeweils auch mit Teilbibliotheken.

Aus heutiger Sicht wird die jetzt noch weit über die Stadt verstreute Universität - das Bücherauto der Bibliothek fährt 64 Stellen an - in einigen Jahren überwiegend an vier relativ weit voneinander entfernten Stellen untergebracht sein:

1. die Medizin im Bereich des Luitpoldkrankenhauses, also im Nordosten der Stadt
2. die Rechtswissenschaft im Komplex der sogenannten Alten Universität,in dem die Zentralbibliothek von ihren Anfängen im 17. Jahrhundert bis zum heutigen Tag residiert
3. Zentralverwaltung und Wirtschaftswissenschaften im Gebäude der sogenannten Neuen Universität, ebenfalls in der Innenstadt
4. fast alle übrigen Fächer auf dem bereits genannten Hubland am Ostrand der Stadt.

Was bedeutet das für das noch ausstehende Gesamtkonzept eines auch baulich einheitlichen und in seinen Teilen aufeinander abgestimmten Bibliothekssystem? Ich kann eine Antwort hier nur anzudeuten versuchen.

Die Zentralbibliothek als organisatorischer und funktioneller Mittelpunkt des Bibliothekssystems wird für das Hubland ein anderes Konzept entwickeln

und andere Formen der Zusammenarbeit mit den Teilbibliotheken finden müssen, als für die übrigen drei räumlich weit entfernten Bereiche der Universität. Für die am Hubland vertretenen Fächer ist die direkte Nutzung des Neubaus der Zentralbibliothek mit seinen Arbeitsplätzen, seinen Lesesaalbeständen, den Dienstleistungen seines Fachpersonals und seinen technischen Einrichtungen leicht möglich und sollte dementsprechend realisiert werden. In den übrigen drei Universitätsbereichen wird man modifizierte Vorgehensweisen zu wählen haben. Hier erscheint mir vor allem die Schaffung einer leistungsfähigen, fächerübergreifenden medizinischen Teilbibliothek vorrangig wünschenswert. Denn für die anderen beiden Bereiche, die Alte Universität mit der Rechtswissenschaft und die Neue Universität mit der Wirtschaftswissenschaft haben wir bereits leistungsfähige Teilbibliotheken.

Die bisher genannten Probleme sind relativ unabhängig von Quantitäten, aber zu diesen - abschließend für den ersten Punkt meiner Darlegungen - noch einige Zahlen:
Die Universität verfügt derzeit über etwa:
13 ooo Studenten
177 Hochschullehrer nach C4
4oo Hochschullehrer (nach C2 - C4) insgesamt
12 Fachbereiche
82 Institute
5 zentrale Einrichtungen.
Der Literaturgesamtbestand betrug Ende 1979 2,13 Mio Bände. Hiervon entfallen 1,2 Mio auf die Teilbibliotheken. 2.89o.ooo.- DM wurden 1979 für Literaturerwerbung aufgewendet, ca. 61 000 bibliographische Einheiten erworben, hiervon ca. 35 ooo von den Teilbibliotheken.

## 2. Der Neubau der Zentralbibliothek

Dieser bedarf keiner besonders eingehenden Darstellung, denn er folgt dem Grundmuster modernen Bibliothekbaues, wie z. B. bei den Zentralbibliotheken Düsseldorf oder Freiburg - um zwei bei diesem Colloquium vorgestellte Bibliotheken zu nennen - ebenso zu finden ist. Hierzu kommt die unverwechselbare Handschrift eines der führenden Architekten unseres Landes, der zuvor mit Regensburg schon eine große Bibliothek - freilich ganz anderer Struktur - gebaut hat.

Was ist typisch für den Bau? Welches sind die wichtigsten Fakten? Die neue Zentralbibliothek verfügt im Publikumsbereich über 63o Arbeitsplätze und Stellraum für etwa 4oo ooo frei zugängliche Bände. Die Magazine fassen etwa 8oo ooo Bände. Das größte Magazin im Erdgeschoß soll für Mitglieder des Lehrkörpers frei zugänglich sein. Hier sind 13 Dozentenarbeitsräume (Einzelkabinen) direkt zugeordnet.

Der Verwaltungsbereich ist großzügig ind in günstiger Zuordnung zum Benutzungsbereich angelegt und bietet Arbeitsplätze für etwa 12o Mitarbeiter, also wesentlich mehr, als die Zentralbibliothek mit 85 Planstellen für diesen Bereich gegenwärtig hat. Die kompakte Zusammenfassung der Buchbearbeitungsräume erscheint mit als besonders günstig.

Zum Publikumsbereich: Im Erdgeschoß befindet sich das Informationszentrum, im Südbereich des ersten und zweiten Obergeschosses der zweigeschossige Hauptlesesaal mit Stellraum für rund 317 ooo Bände, separate Auslage für ca. 4 6oo Zeitschriftenhefte und ein Angebot von nicht we-

niger als 374 Arbeitsplätzen. Im Westbereich sind Speziallesesäle über vier Geschosse angeordnet:
- im Erdgeschoß der Lesesaal für Bibliographien und Nachschlagewerke
- im ersten Obergeschoß der Bereich für Lehrbuchsammlung, Studentenbücherei und Mediothek
- im zweiten Obergeschoß der Bereich für die Landeskundliche Literatur und für den Zeitungs- und Großformatbestand
- im dritten Obergeschoß die Handschriftenabteilung.

Hieraus werden spezifische Aufgaben der Bibliothek erkennbar:
- die Betreuung eines großen und sehr wertvollen Bestandes an Handschriften und alten Drucken
- die Funktion einer Landesbibliothek für Unterfranken mit Pflichtexemplarbeständen und Literaturerschließung durch die jährlich erscheinende unterfränkische Bibliographie sowie einem reichen Bestand an unterfränkischen Zeitungen.

Besondere Hervorhebung verdient das quantitativ große und qualitativ herausragende Angebot an Arbeitskabinen und Gruppenarbeitsräumen. Ich bin überzeugt, daß hierfür erheblicher Bedarf besteht. Hierzu zählen ein größerer Seminarraum, insbesondere für bibliotheksspezifische Seminarveranstaltungen, weitere 9 Gruppenarbeitsräume mit insgesamt 6o Arbeitsplätzen im Bereich des Hauptlesesaals sowie insgesamt 33 Einzelarbeitskabinen, hiervon 13 im Bereich des Erdgeschoß-Magazins, 8 des Hauptlesesaals, weitere 12 im zweiten und vierten Obergeschoß.

Mein Amtsvorgänger hat dafür gesorgt, daß die Zentralbibliothek lange Öffnungszeiten anzubieten hat. Die allgemeinen Lesesälesind derzeit 7o Stunden pro Woche geöffnet. Dieses Angebot soll im neuen und größeren Haus nicht verringert werden, wird freilich mehr Personaleinsatz als bisher erfordern. Ich habe mich deshalb bei der Einrichtungsplanung besonders bemüht, alle Voraussetzungen dafür zu schaffen, daß einem möglichst großen Angebot an Dienstleistung ein hierfür möglichst geringer Personalbedarf gegenübersteht. Denn ich glaube, daß unsere Personalsorgen in Zukunft eher noch wachsen als schwinden werden. Deswegen wurden z. B. dem Hauptlesesaal möglichst viele Funktionen zugeordnet, um mit dessen langer Öffnung von 7o Stunden pro Woche einen möglichst hohen Anteil des Gesamtbedarfs - auch in den späteren Abendstunden und am Wochenende - noch erfüllen zu können. Im Hauptlesesaal werden alle wichtigen Zeitschriften einschließlich der Zeitschriftenheftauslage angeboten werden, ferner die in den letzten 12 Jahren erworbenen Monographien, ein großer Teil der Nachschlagewerke (mit Ausnahme der genuin bibliographischen Nachschlageliteratur) und auf längere Sicht nahezu sämtliche Neuerscheinungen. Aus dem gleichen Grund - Personalersparnis - wurde die ursprünglich für das Erdgeschoß vorgesehene Lehrbuchsammlung dem ersten Obergeschoß zugeordnet. Das macht es möglich, sie ebenso lange wie den Hauptlesesaal offen zu halten, ohne hierfür zusätzlich Personal für Aufsicht und Ausleihverbuchung einsetzen zu müssen.

Im Ganzen gibt es eine Übereinstimmung zwischen baulicher Gliederung und organisatorischer Disposition der Benutzungsbereiche in folgendem Sinn: Soweit sich bestimmte Dienstleistungen als spezielle und nur für einen kleineren Benutzerkreis infrage kommend qualifizieren lassen, sind sie in den Speziallesesälen im Westbereich angesiedelt, für den kurze Öffnungszeiten von 4o Stunden pro Woche gelten. Demgegenüber ist der Hauptlesesaal auf breiten, allgemeinen Informationsbedarf ausgerichtet. Hier ist die Öffnungszeit mit 7o Stunden pro Woche nahezu doppelt so lang.

Der vom Veranstalter gesetzte zeitliche Rahmen erfordert es, hiermit den Vortrag zu beenden. Der Bau, von dem ich Ihnen berichtet habe, ist, im Gegensatz zu den anderen während des Colloquiums vorgestellten Bauten, noch nicht bezogen. Er hat seine praktische Bewährungsprobe, an deren Gelingen ich nicht zweifle, noch vor sich. Er hat nicht weniger den Reiz des Neuen und des Unbekannten noch für sich. Ich darf Sie daher abschließend alle einladen, zu gegebener Zeit zu Besuch und Besichtigung zu uns zu kommen. Sie werden dann auch Gelegenheit haben, unser schönes Würzburg näher kennenzulernen oder wiederzuentdecken - und das scheint mit bei allem Respekt vor unserer hohen Arbeits- und Berufsmoral auch kein geringes Vergnügen und für sich genommen auch schon ein guter Grund für eine entsprechende Besuchsreise zu sein.

Abb. 3.6/1 Ansicht von W (Haupteingangsseite)

Abb. 3.6/2 Haupthalle(Bauzustand); unten Ausleihe, oben Seminarraum

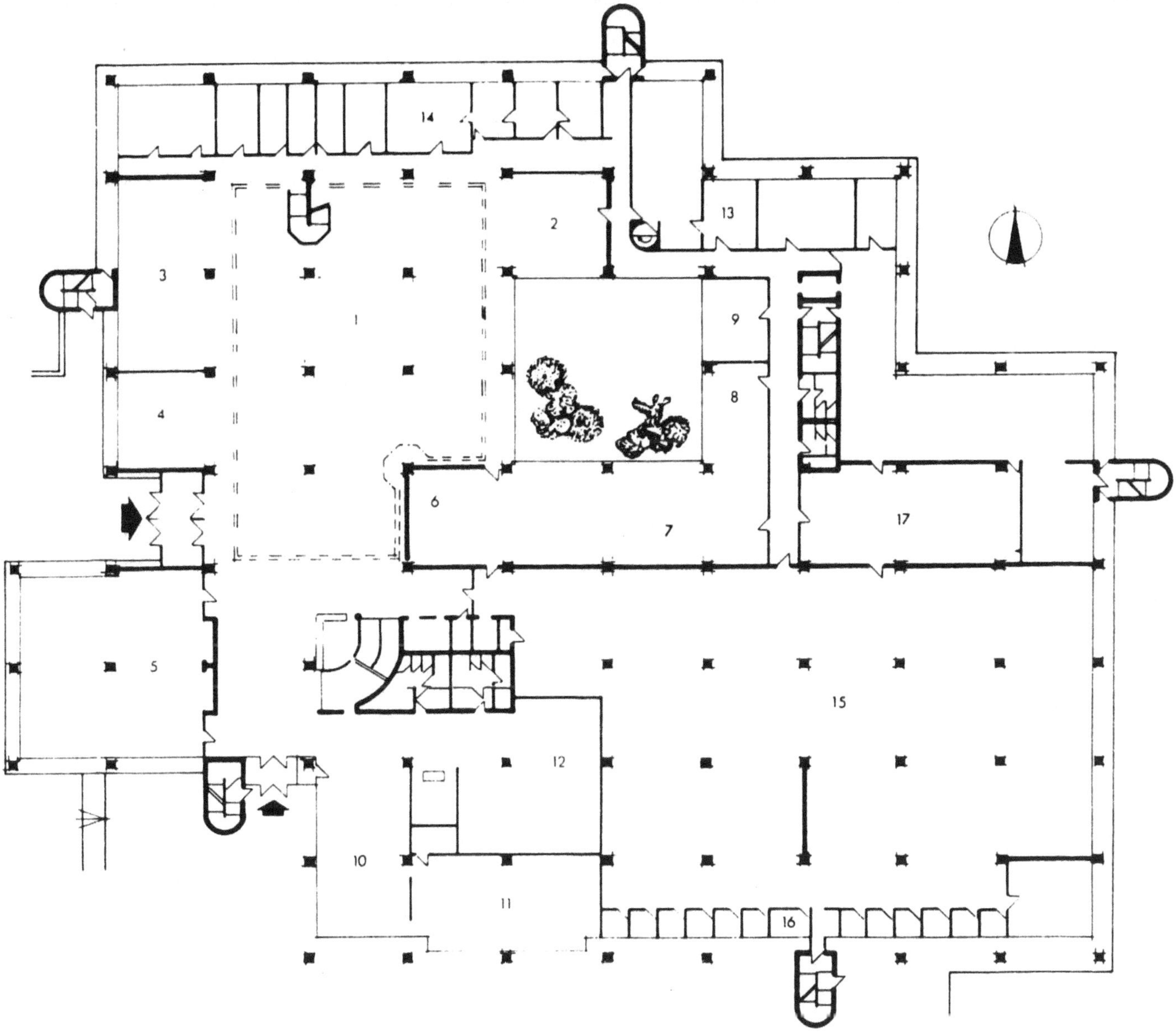


1 Alphabetische Kataloge
2 Schlagwortkatalog
3 Bibliothekskatalog
4 Zeitungen
5 Bibliographien und Nachschlagewerke
6 Ausleihe
7 Ortsleihe
8 Fernleihe
9 Red. Zeitschriften
Red. Gesamtkatalog

1o Ausstellung
11 Vortragsraum
12 Garderobe
13 Bücheraufnahme
14 Verwaltung
15 Magazin
16 Arbeitskabine
17 Dublettenmagazin

Abb. 3.6/3 Eingangsebene

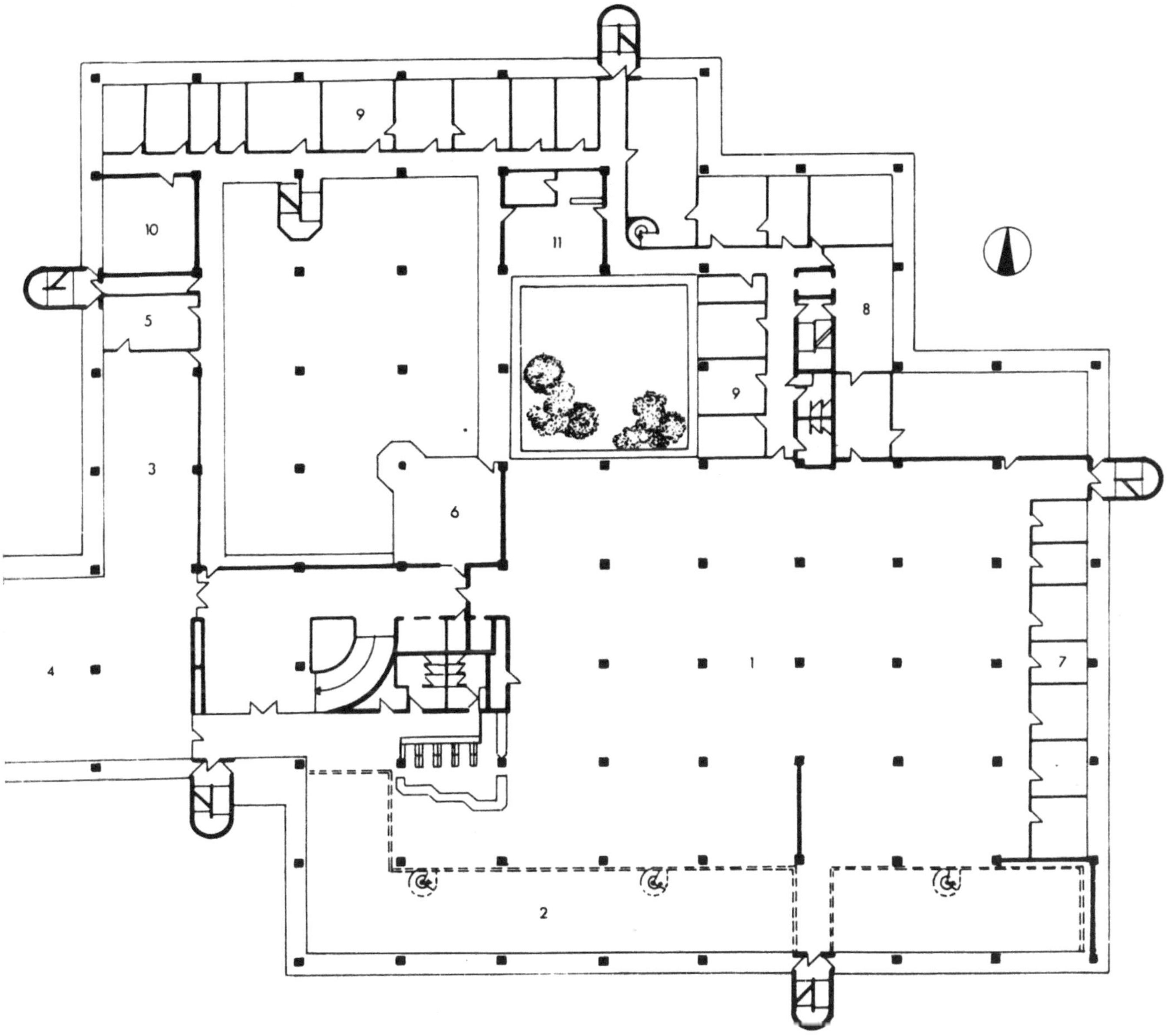


1 Freihandbücherei
2 Arbeitsbereich
3 Studentenbücherei
4 Lehrbuchsammlung
5 Mediothek
6 Pausenraum
7 Gruppenarbeitsräume
8 Bücheraufnahme
9 Verwaltung
10 Datenerfassung
11 Personalaufenthaltsraum

Abb. 3.6/4 1.Obergeschoss

4. Werner Ruddigkeit
   Das Bibliotheksbauarchiv (bba)
   des Deutschen Bibliotheksinstituts (DBI)

5. Robert K. Jopp
   Zusammenfassung der Ergebnisse
   und Auswertung der Schlußdiskussion

Werner Ruddigkeit

# Das Bibliotheksbauarchiv (bba) des Deutschen Bibliotheksinstituts (DBI)

---

Das Bibliotheksbauarchiv Berlin (bbab) steht mit seiner Arbeit nur mittelbar im Zusammenhang mit der Thematik des Colloquiums. Die Planungshilfen, die aus der arbeitsmäßigen Verbindung zwischen der Kommission für Baufragen und dem Bauarchiv gegeben werden können, wirken allerdings wieder unmittelbar in den Planungsprozeß ein. Um dieses Instrument, das gewissermaßen einen infrastrukturellen Bereich "Information und Dokumentation" in der Bibliotheksbauplanung bildet, richtig handhaben zu können, soll in Kurzform darüber berichtet werden.

## 1. Deutsches Bibliotheksinstitut

Das Deutsche Bibliotheksinstitut (DBI) wurde im Oktober 1978 in Berlin nach einer langen Entstehungsgeschichte durch den Zusammenschluß der ehemaligen Arbeitsstellen für Bibliothekstechnik und für das Bibliothekswesen gebildet. Die Aufgaben orientieren sich an acht bibliothekarischen Tätigkeitsbereichen:

1. Überörtliche Planung und Organisation
2. Betriebliche Planung und Organisation (hierher gehören Bibliotheksbau und -einrichtung)
3. Erwerbung, Erschließung, Vermittlung des Bestandes
4. Haushalt, Statistik, Rechnungswesen
5. Benutzerforschung, Werbung, Öffentlichkeitsarbeit
6. Besondere Benutzergruppen, Sonderformen des Bibliothekswesens
7. Internationale Zusammenarbeit
8. Fort- und Weiterbildung

Wichtige Elemente der Institutsarbeit sind 24 ständige Kommissionen und über 3o Projekte.
Das Bibliotheksbauarchiv Berlin (bbab) ist eine Institution des DBI. Seine Arbeit ist eingebettet in die der Kommission für Baufragen.

Vom DBI werden als Zielsetzung drei Aufgabenkomplexe unterschieden:

"1. Permanenter Aufbau eines Informationssystems durch sukzessive Erfassung bereitgestellter Bibliotheksunterlagen. Das bbab soll zugleich Glied und Knotenpunkt einer Kommunikationskette zwischen Architekten, Bibliothekaren, institutionellen Einrichtungen usw. sein.

2. Möglichst anwendungsnah ist die Arbeit mit dem archivierten Material im Hinblick auf die Ermittlung von Informationen grundsätzlichen und innovatorischen Charakters zu betreiben. Die in Karteikarten und dem Unterlagenpotential enthaltenen Daten und Merkmale

bilden die Arbeitsbasis. Zwischenergebnisse sollen in andere Arbeitsvorhaben einfließen.

3. Erschlossene Informationen sollen in 2 Ebenen an Interessenten herangetragen werden können. Dabei handelt es sich um die unmittelbare Beratung, d. h. Bereitstellung von Material und Beratung anhand von Unterlagen direkt beim Bauarchiv oder auf Anfrage schriftlich und um die mittelbare Beratung, d. h. Beratung von Bibliotheksberatern."[1]

## 2. Kommission für Baufragen

Bevor das Bauarchiv im einzelnen dargestellt wird, muß über die Kommission für Baufragen des Deutschen Bibliotheksinstituts, aus deren Sacharbeit das Archiv hervorgegengen ist, gesprochen werden.
Sie zählt zur Zeit 12 Mitglieder, davon fünf in der Sektion Öffentliche Bibliotheken und sieben in der Sektion Wissenschaftliche Bibliotheken. Beide Sektionen arbeiten getrennt in Einzelbereichen, kooperieren aber sehr stark in grundsätzlichen Fragen, Aufgaben und Arbeitsvorhaben beider Bibliothekssparten. Die Mitglieder sind überwiegend Bibliothekare, die diese Kommissionstätigkeit ehrenamtlich neben ihrer eigentlichen Berufsarbeit ausüben. Die langjährige praktische und theoretische Beschäftigung mit Bibliotheksbaufragen hat sie für diese Tätigkeit qualifiziert. Einige Mitglieder sind vor dem Eintritt in den Bibliotheksdienst als Architekten und Bauingenieure ausgebildet worden und entsprechend tätig gewesen. Die Beratungen finden ausschließlich auf freiwilliger Basis statt. Die Kommission hat keinerlei Weisungsbefugnis gegenüber den beratenen Bibliotheken. Diese Beratung und Information will zwischen den beiden Partnern an der Bibliotheksbauplanung, dem Architekten und dem Bibliothekar, vermitteln und zur besseren Zusammenarbeit beitragen. Architekt steht hier der Einfachheit halber sowohl für den Bauplaner wie auch für den mit der Baudurchführung Befaßten. In den USA ist der 'Library consultant' mit ähnlicher Funktion als fester Partner in die Planung von Bibliotheksbauten einbezogen.

Die Kommission für Baufragen wurde 1962 vom Verein Deutscher Bibliothekare für den Bereich der wissenschaftlichen Bibliotheken gegründet. Sie konnte sich aber erst 1965 mit neun Mitgliedern konstituieren. Das Arbeitsprogramm für diesen Beginn umfaßte vier Punkte:

"1. Materialsammlung für ein zu errichtendes Bauarchiv (dazu gehören Plansammlung, Fragebogen, Literatursammlung)
2. Auswertung dieses Materials und Erstellung von Richtwerten und Planungshilfen
3. Auf dieser Grundlage Information der Öffentlichkeit durch Beratungen, Publikationen usw.
4. Kontaktpflege zur Baukommission der IFLA (d. i. International Federation of Library Associations), der Baukommission des Deut-

---

1) Bibliotheksbauarchiv. In: dbi-info Nr. 1; Thema Bibliotheksbau. 1979 Bl. 1.

schen Büchereiverbandes sowie zu Bibliotheksausstattungsfirmen."[2]

1966 wurde über die Möglichkeiten einer engeren Zusammenarbeit zwischen der Kommission und dem damaligen Lehrstuhl für Entwerfen und Gebäudelehre Prof. Ungers von der Technischen Universtität Berlin gesprochen. Es gab erste gemeinsame Aktivitäten in bezug auf die Erstellung eines umfangreichen Baufragebogens, der die Grundlage für eine Dokumentation über Neubauten wissenschaftlicher Bibliotheken bilden sollte. Diese Zusammenarbeit wurde beendet, als Prof. Ungers 1968 den Ruf an eine amerikanische Universität annahm. Das Projekt Fragebogen und Dokumentation wurde von der Kommission daraufhin allein durchgeführt.

Die Aktivitäten der Kommission nahmen im Laufe der Jahre stetig zu. Sie können hier nur pauschal aufgezählt werden:

- Voran steht als wichtigste Aufgabe die Bauberatung und die damit zusammenhängende Organisationsplanung für die Vorbereitung einzelner Bibliotheksneubauten.
- Die Kommission veranstaltet selbst oder ihre Mitglieder beteiligen sich an Veranstaltungen, die sich mit dem Bau von Bibliotheken befassen.
- Umfragen werden veranstaltet, um aus den gewonnen Daten Tendenzen für die Bauplanung erkennen und aufzeigen zu können.
- Die Erstellung von Flächenrichtwerten mit den Möglichkeiten einer daraus abzuleitenden Normung ist eine Aufgabe, mit der sich die Kommission kontinuierlich beschäftigt.
- Mitglieder der Kommission publizieren zu Fragen des Baues und der Einrichtung von Bibliotheken.
- Eine Bibliotheksbaubibliographie wird jährlich erarbeitet.[3]
- Ein weiteres Arbeitsfeld der Kommissionsarbeit stellt das Bauarchiv dar.

## 3. Projekt Bibliotheksbauarchiv 1977 - 79

Um die Vergangenheit der Zukunft nutzbar zu machen - dieses Motto der Archivarbeit ließ in der Kommission für Baufragen des DBI schon frühzeitig den Plan entstehen, ein Bibliotheksbauarchiv einzurichten, das die Beratungstätigkeit der Kommission unterstützen und die bereits vorhandenen Sammelaktivitäten zusammenfassen sollte.

Die Errichtung des Archivs wurde konkretisiert durch die Bewilligung von Sach- und Personalmitteln für 1 Diplom-Bibliothekar- und eine halbe Dipl.-Ingenieursstelle aus dem Bundesförderungsprogramm zunächst für das Jahr 1977. Grundlage der Aufnahme in die Projektförderung war die Zusage der damaligen Arbeitsstelle für das Bibliothekswesen, das Bauarchiv nach Abschluß der Projektphase als Daueraufgabe zu übernehmen. Das Projekt wurde über die Jahre 1978 und 1979 verlängert.

---

2) Fuhlrott, Rolf und Gerhard Schlitt: Entwicklung und Arbeit der Kommission für Baufragen des Deut. Bibliotheksverbandes. In: Das Buch und sein Haus. Wiesbaden 1979. Bd. 2: Vom Bauen neuerer Bibliotheken S. 4.

3) Ein Ausschnitt für den Bereich der Hochschulbibliotheken aus den Jahren 1975 - 1979 ist in diesem Heft unter 6. abgedruckt.

Im April 1977 nahm das Projekt Bibliotheksbauarchiv als Förderungsvorhaben des Bundesministers für Bildung und Wissenschaft in den Räumen der Arbeitsstelle für das Bibliothekswesen in Berlin seine Arbeit auf. Eine aktuell gehaltene und fachlich erschlossene Materialsammlung im Bauarchiv sollte eine intensive Nutzung für Auskünfte ermöglichen und die Beratungstätigkeit für Baufragen auf eine sichere Grundlage stellen. Dies zu erreichen, war das Primärziel der Projektphase.

## 3.1 Das Projekterfassungssystem

An verschiedenen Orten, besonders in Berlin an der Universitätsbibliothek der Technischen Universität für den Bereich der wissenschaftlichen Bibliotheken und an der damaligen Arbeitsstelle für das Büchereiwesen (AfB) für den Bereich der öffentlichen Bibliotheken, wurde in der Vergangenheit umfangreiches und wertvolles Material über neuere Bibliotheksbauten in der Bundesrepublik zusammengetragen. Diese Unterlagen wurden 1977 in der AfB weitgehend zusammengeführt und dort zunächst sachgerecht und systematisch in Plan-, Hänge- und Diaschränken abgelegt. Anschließend wurde ein Objekterfassungs- und Erschließungsformular erarbeitet. Dieses Formular besteht aus 5 Blättern.

Blatt 1 - K e n n u n g  u n d  M a t e r i a l s a m m l u n g -

dient der Bibliotheksidentifikation und der Feststellung von Art und Umfang der Archivierten Unterlagen. In dem gedruckten Bestandsverzeichnis[4] wurde für jedes Objekt jeweils Blatt 1 wiedergegeben. Zum besseren Verständnis wurden die terminologischen Erläuterungen für dieses Blatt dem Bestandsverzeichnis vorangestellt.

Blatt 2 - M e r k m a l k a t a l o g -

beschreibt das Gebäude anhand verschiedener bauspezifischer Werte, Anordnungs- und Systemeigenheiten. Die Merkmale beziehen sich auf Grundstücke, Gebäude, Flächen, Rauminhalt, Kosten, Lagematrix, Bauhöhenkategorie, Bauform, Konstruktion, Magazin, Fördersystem, Heizung und Klima.

Blätter 3 und 4 - K u r z d a r s t e l l u n g -

bieten Platz für vier verkleinerte Grundrisse, Schnitte und Ansichten.

Blatt 5 - B i b l i o g r a p h i e -

ist für die Eintragung von Literaturangaben vorgesehen.

Blatt 1, Kennung und Materialsammlung, wurde für die 366 im Archiv

---

4. Bibliotheksbauarchiv, Materialverzeichnis. Projektabschlußdokumentation 1979. Berlin: Deutscher Bibliotheksinstitut 1979/8o.

mit Material vertretenen Bibliotheken vollständig entsprechend den vorhandenen Unterlagen ausgefüllt. Davon betreffen 37 Objekte zentrale Hochschulbibliotheken, wobei 12 - 15 Objekte aus den 5oer Jahren allerdings nur noch historisches Interesse beanspruchen dürften.

Blatt 2, Merkmalkatalog, konnte bisher nur für einen größeren Teil mit Angaben versehen werden, da hier teilweise umfangreiche Ermittlungen notwendig sind. Diese Datenaufbereitung sollte aber ohnehin etwas gezielter vorgenommen werden. Mit der Zielgruppe "Hochschulbibliotheken nach 197o" war begonnen worden, um eine Rückkopplung mit dem Entwurf der DIN 31622, Teil 1 - Raumbedarf und Lastannahmen für wissenschaftliche Bibliotheken - zu ermöglichen. An den Ist-Flächen sollten die mit Hilfe der Norm ermittelten Werte getestet werden.

Die Bestückung der Blätter 3 und 4 wurde zugunsten einer Mikroverfilmung des Planmaterials vorerst zurückgestellt. Diese Mikroverfilmung konnte kontinuierlich durchgeführt werden. Gleichzeitig wurden Rückvergrößerungen im Format DIN A4 hergestellt und als Kurzinformation bei den Objektunterlagen in den Hängemappen abgelegt.

Bei den bibliographischen Nachweisen auf dem Blatt 5 handelt es sich um Literaturstellen, die weitgehend aus der jährlich in der Zeitschrift DFW Dokumentation Information erscheinenden Bibliotheksbaubibliographie übernommen wurden.

## 3.2 Das Projekterschließungssystem

Die Erarbeitung eines Merkmalkatalogs zur sachlichen Erschließung der aufgenommenen Objekte begann 1978 und konnte in Zusammenarbeit mit der Kommission für Baufragen 1979 verabschiedet werden. Dieser Merkmalkatalog enthält allgemeine und spezifische Eigenschaften von Gebäuden, die aus den Archivunterlagen zu ermitteln sind. Art und Anzahl der Merkmale mußten in eine sinnvolle Beziehung gesetzt werden zu ihrer allgemeinen Brauchbarkeit, zu den vorhersehbaren Bedürfnissen potentieller Fragesteller und zu dem zu erwartenden Bearbeitungsaufwand an den Materialien. Die Begriffsliste gliedert sich in die Bereiche Bibliothekstyp, Standortmerkmale, Sonderflächen, Gebäude-, quantitative Einrichtungs- und Ausstattungs- und Sondermerkmale mit jeweils 1o - 2o Unterbegriffen. Aufgrund der begrenzten Arbeitsmöglichkeiten des Archivs durfte die Schlagwortliste nicht zu umfangreich werden und als einfach zu handhabendes Speichermedium wurde die Randlochkarte ausgewählt.

Die Sacherschließung über den Merkmalkatalog in Verbindung mit den Randlochkarten konnte bisher für ca. 5o Objekte erfolgen. Nach der Bearbeitung weiterer Bibliotheksbauten wird der Begriffskatalog zu überprüfen sein, um gegebenenfalls eine Überarbeitung vorzunehmen.

Insgesamt kann festgestellt werden, daß die bis Ende 1979 vorgegebenen Ziele des Projektes "Bibliotheksbauarchiv" erreicht wurden. Die vorliegenden Planmaterialien wurden aktualisiert und vervollständigt. Das Objekterfassungssystem (Karteikarten Blatt 1 - 5) mit

terminologischem Anhang und das Objekterschließungssystem (Merkmalkatalog und Randlochkarten) wurden erstellt. Die Karteikarten wurden weitgehend ausgefüllt. Die Arbeiten mit den Randlochkarten laufen noch.

### 3.3 Weitere Aktivitäten des Bauarchivs

In enger Verbindung mit dieser Basisarbeit standen einige weitere Aktivitäten des Bauarchivs, die nur aufgezählt werden können:

- Beratungs- und Auskunftstätigkeit sowie Bereitstellung von Material aus dem Archiv
- Mitarbeit an dem von der Kommission für Baufragen erstellten Norm-Entwurf (Gelbdruck) DIN 31622, Teil 1 "Raumbedarf und Lastannahmen für wissenschaftliche Bibliotheken"
- Teilnahme und Mitarbeit an den Sitzungen der Kommission für Baufragen
- Teilnahme an fachlich relevanten Tagungen, Konferenzen, Fachgesprächen, Seminaren und Besichtigungen
- Veröffentlichung von Berichten, um das Archiv der Fachöffentlichkeit vorzustellen[5)]
- Mitarbeit an der jährlich erscheinenden Bibliotheksbaubibliographie[6)]
- die Ausstellung "Deutscher Bibliotheksbau im letzten Jahrzehnt" wurde 1979 für den 69. Deutschen Bibliothekartag in Berlin veranstaltet und dort in der neu eröffneten Staatsbibliothek gezeigt.

  Die Dokumentation war auch anläßlich des Colloquiums in Freiburg zu sehen und wanderte anschließend weiter durch einige Hochschulen der Bundesrepublik. Fünf der 19 ausgestellten Neubauten wurden in Erfahrungsberichten während der Tagung noch ausführlicher vorgestellt. Der Ausstellungskatalog wurde anläßlich des Colloquiums vom Zentralarchiv in einer Sonderausgabe neu aufgelegt.[7)]

Ab 198o wurde das Bibliotheksbauarchiv Berlin in die unmittelbare Verantwortung des Deutschen Bibliotheksinstituts mit fachlicher Betreuung durch die Kommission für Baufragen übernommen. Die personelle Ausstattung der Projektphase mußte auf 1,5 Mitarbeiter reduziert werden. Mit der verbleibenden Personalkapazität wird sich die Tätigkeit des Bauarchivs zunächst auf seine Grundfunktion, die Materialsammlung und -erschließung, mit Auskunfts- und Beratungsmöglichkeiten aus dem Archivmaterial beschränken müssen. In der praktischen

---

5) Beyer, Ulrich: Bibliotheksbauarchiv Berlin (bbab). Bericht. In: Bibliotheksdienst (1978) 4, S. 2o1 - 2o4
Beyer, Ulrich: Das Bibliotheksbauarchiv in Berlin In: Archivar 31 (1978) 3, Sp. 444 - 445
Beyer, Ulrich: Das Bibliotheksbauarchiv in Berlin. In: Buch und Bibliothek 3o (1978) 7/8, S. 472

6) erschienen in DFW. Dokumentation, Information ab 1969/7o

7) Deutscher Bibliotheksbau im letzten Jahrzehnt: Katalog zur Ausstellung beim Colloquium des Zentralarchivs für Hochschulbau, Planung und Bau von zentralen Hochschulbibliotheken, 8. bis 1o. Mai 198o in Freiburg/Br. 3. Aufl. Berlin: Deutsches Bibliotheksinstitut/Bibliotheksbauarchiv 198o.

Betreuung wurde das Bauarchiv mit der Beratungsstelle für konventionelle Bibliothekstechnik gekoppelt, so daß sich beide Bereiche sinnvoll ergänzen können.

Neben den genannten Primärfunktionen hätte das Bauarchiv noch weitere wichtige Aufgaben zu übernehmen. Vorrangig wäre die Entwicklung von objektiven Planungsgrundlagen, von Bemessungswerten und von planungsmethodischen Ansätzen für den Bibliotheksbau unter Nutzung des vorhandenen Materialpotentials zu nennen.

Aus den Materialien des Archivs zeichnen sich schon jetzt viele Fragestellungen und Problemkomplexe ab, die als wissenschaftliche Aufgaben entsprechend bearbeitet werden müßten.

Einige willkürlich aufgegriffene Themen seien genannt:

- Flächenuntersuchungen, quantitativ und qualitativ
- Funktionelle Zuordnungen der Räume und Raumbereiche
- Architektonische Vergleiche und Wertungen
- Auswirkungen neuer Technologien auf das Gebäude
- Verhältnis von Bau-, Einrichtungs- und Betriebskosten
- Vergleiche zwischen Konzeption und Nutzung eines Bibliotheksgebäudes
- Zuwachsprobleme/Erweiterungsmöglichkeiten/Überlaufprinzip/Speicherbibliotheken
- Flexibilität/Umnutzungsplanung/Mehrfachnutzung
- Bibliothekar und Architekt/Zusammenarbeit, Ausbildung
- Probleme der Bibliotheken, die in andere Bauaufgaben integriert werden, z. B. Fachbereichsbibliotheken in Forschungsinstituten, Stadtbibliotheken in Schulzentren usw.

Das Bibliotheksbauarchiv hat es dankbar begrüßt, daß ihm die Möglichkeit gegeben wurde, sich einer breiteren Fachöffentlichkeit vorzustellen. Gemessen an der weitaus umfassenderen Zielsetzung des Zentralarchivs für Hochschulbau, deckt das Bauarchiv nur einen Teilaspekt des Hochschulbaus ab. Dennoch ist eine gewisse Ähnlichkeit in der Aufgabenstellung gegeben und mengenmäßig ist das Arbeitsfeld des gesamten Bibliotheksbaues nicht unerheblich. Deshalb sollte der Erfahrungsaustausch zwischen beiden Institutionen fortgesetzt werden.

## Zusammenfassung der Ergebnisse und Auswertung der Schlussdiskussion

Der letzte Halbtag des Colloquiums war einer abschließenden Diskussion vorbehalten, in der insbesondere Flächenbedarfsbemessungsfragen, Erweiterungsstrategien, das Verhältnis zwischen Freihandaufstellung und Magazinaufstellung sowie Fragen des sparsamen Energieeinsatzes behandelt wurden.

Bei der Frage der Bemessung des Flächenbedarfs für die einzelnen Bereiche der Bibliotheken standen sich - natürlich - die Meinungen der Vertreter der Bibliotheken und der Wissenschaftsverwaltungen gegenüber; die Gelegenheit wurde sehr begrüßt, im Rahmen des Colloquiums einen informellen Meinungsaustausch pflegen zu können. Die Vertreter der Bibliotheken müssen mit den vielfältigen variablen Randbedingungen der Organisation und des Betriebs der Bibliotheken fertig werden, zweifeln folgerichtig an der Berechenbarkeit von Flächenansprüchen, während die Ministerien vor der schier unlösbaren Aufgabe stehen, Maßstäbe für die Verteilung der immer knapper werdenden Mittel für die bildungspolitisch notwendigen Aufgaben der (Hochschul-)Bibliotheken zu gewinnen.

Als Ergebnis der Diskussion läßt sich festhalten:
- Jeder Bemessungsfall muß individuell und neu betrachtet werden, da sich jede Bibliothek von der anderen wesentlich durch Struktur, Organisation und Standort unterscheidet.
- Richtwerte für die Bemessung von Flächenbedarf für die verschiedenen Bereiche der Bibliothek zu schaffen, erscheint insbesondere für die Leseplätze problematisch, wenn nicht aussichtslos. An die Stelle von nachvollziehbaren Richtwerten treten in aller Regel Setzungen, also politische Entscheidungen der Bibliothekare und/oder der Wissenschaftsverwaltungen.

Bei dem Thema Erweiterungsstrategien standen die Fragen der Nutzung der Buchbestände sowie die technischen und organisatorischen Möglichkeiten der Erweiterung von Bibliotheken im Vordergrund.

Über die Nutzung der vorhandenen Bestände gibt es unterschiedlich verläßliche Erkenntnisse; dies hängt weitgehend vom Einsatz der EDV bei Ausleihverbuchung und Statistik ab. Die Beurteilung der Nutzungsfrequenz pro Buch und Zeit ist wichtigste Voraussetzung zur Entwicklung von Erweiterungsstrategien. Wenn auch derzeit um 3o% der Bücher in den letzten zehn Jahren nie ausgeliehen worden sind, so gibt es doch keine wirklich 'tote' Literatur; dies bedeutet aber, daß von den wenig benutzten Beständen nicht alles notwendigerweise in den einzelnen Bibliotheken aufbewahrt werden muß.

Bei den technischen und organisatorischen Möglichkeiten für Erweiterungen wurde vor allem die Speicherbibliothek erörtert. In verschiedenen Bundesländern gibt es Erwägungen, regional Speicherbibliotheken zu errichten, in denen selten oder 'nie' genutzte Buchbestände verwaltet und für die Ausleihe in den angeschlossenen Einzelbibliotheken zur Verfügung gehalten werden. In solchen Speicherbibliotheken könnten Buchbestände mit einem vergleichsweise geringen Aufwand an Investitions- und Betriebskosten untergebracht werden.

Das Problem für die Bibliotheken ist jedoch, mit dem Wachstum jetzt fertig zu werden. Auch Erfahrungen im Ausland (z. B. in Großbritannien) haben gezeigt, daß die Begrenzung der Größe der Zentralbibliothek keinen Ausweg darstellt. Die Fachbereichsbibliotheken wachsen in einem solchen Falle um so stärker; das Gleiche gilt für ausgegliederte Spezialbibliotheken. Das bauliche Erweitern der Magazine ist - abhängig vom Standort - nur begrenzt möglich. Die heute meist vorgesehene und genutzte - wenngleich auf längere Sicht begrenzte - Erweiterungsmöglichkeit ist die Einbeziehung von (unterirdischen) Parkgeschossen. Organisatorisch bringt die Einrichtung und der Betrieb von Speicherbibliotheken erhebliche Schwierigkeiten mit sich: Der Personalaufwand u. a. für die Auswahl der abzugebenden Bestände und die Löschung aus den Katalogen ist erheblich und darf nicht unterschätzt werden.

Breiten Raum nahm die Diskussion um den Umfang der F r e i h a n d a u f s t e l l u n g  i m  V e r h ä l t n i s  z u  d e n  m a g a z i n i e r t e n  B e s t ä n d e n ein. Auch hier kam deutlich zum Ausdruck, wie schwierig für die Wissenschaftsverwaltungen die Beurteilung von Bauvorhaben ohne verläßliche, nachvollziehbare Orientierungsdaten ist. Freihandbereiche werden heute oft mit etwa dem 1o - 15-fachen des Jahreszugangs an Büchern bemessen; Kritiker wenden - sicher zurecht - ein, daß Zahlen die Frage völlig unberücksichtigt lassen, welche Bücher und wie diese im Freihandbereich aufgestellt werden. Genannt wurden hier als Beispiele unter anderem die (wie auch immer abgegrenzte) 'neue' Literatur eines Faches oder alle im Laufe eines Jahres mehrfach (> 2-fach) benutzten Bücher; es wurde sichtbar, daß je nach den Auswahlkriterien der Umfang des freihand aufgestellten Buchbestandes sehr unterschiedlich sein kann. Für einen möglichst großen Freihandbereich spricht die Zahl der Ausleihen; es wurden hier Zahlen von bis zu 7o% der Ausleihen aus dem Freihand-(und Lehrbuch-)bereich genannt. Auch hierin zeigt sich, daß die Freihandaufstellung gewiß die benutzerfreundlichste Aufstellungsart ist.

Organisatorisch stellt die Freihandaufstellung nicht geringe Probleme, da das Umstellen der Bücher aus dem Magazin in den Freihandbereich und umgekehrt viel Arbeit bedeutet. In Bezug auf die Art der Aufstellung der Bücher im Freihandbereich wurde immer wieder betont, daß hierfür nur die systematische Aufstellung infrage komme; Numerus-currens Aufstellung vereinfacht zwar für die Bibliothek die Arbeit und erfordere auch weniger Stellfläche, sei aber für die Benutzer der Bibliothek eine sehr große Erschwernis. Als gute Zwischenlösung wurde wiederholt das dem Lesesaal und Freihandbereich benachbarte Freihandmagazin empfohlen, das bei geringerem Platzbedarf und geringeren Ansprüchen z. B. an Klimatisierung, Beleuchtung und Bodenbeläge größere Buchbestände dem Benutzer zugänglich macht. Auch hier ist die systematische Aufstellung Bedingung für gute Ausnutzung.

Im Zusammenhang mit den Freihandmagazinen und deren im Vergleich zu den Lesebereichen niedrigeren Temperaturen tauchte auch die Frage auf, wieweit das Aufbewahren von Buchbeständen in den Freihandbereichen, also bei Bürotemperatur, nicht auf die Dauer für die Bücher schädlich sein könnte.

Als weitere Einflußgröße bei der Bemessung des Freihandbereiches der Zentralen Bibliotheken wurde die Größen der Fachbereichsbibliotheken und deren Freihandbereiche genannt.

Eine wichtige Frage ist die des wirtschaftlichen Einsatzes von Energie in den Bibliotheken. Hierbei müssen einerseits die baulichen Maßnahmen (Lage, Form und Grundriß des Gebäudes, Konstruktion und verwendete Materialien), andererseits die organisatorischen und betrieblichen Maßnahmen (Öffnungszeiten, Lage der Arbeitsplätze und der Leseplätze, Organisation des Ausleihbetriebes) gesehen werden.

War bislang der wirtschaftliche Einsatz von Energie aufgrund der niedrigen Ölpreise von untergeordneter Bedeutung, so ist dieses Problem in den letzten Jahren mit dem starken Anstieg der Energiekosten sehr in den Vordergrund getreten und hat auch schon praktische Folgen gezeigt: So wurden z. B. in der neuen Universitätsbibliothek in Düsseldorf neun Klimaanlagen statt einer eingebaut, die sich unabhängig voneinander sehr differenziert steuern lassen. Wenngleich auch die Investitionskosten für die neun kleineren Anlagen wesentlich höher waren als für eine große, so hat bereits das erste Betriebsjahr sehr deutlich wesentliche Einsparungen an Energiekosten deutlich werden lassen. Heizung von Räumen über Klimaanlagen erfordert wegen der technischen Eigenarten des Betriebes der Anlagen mehr Energie und ist also teurer als über normale Heizkörper. Prognosen der Klimafachleute, daß bei nicht klimatisierten Räumen der Krankenstand steige, haben sich nicht bewahrheitet; im Gegenteil: Die Zahl der Krankmeldungen ist deutlich zurückgegangen. Etwas problematisch für das Bibliothekspersonal ist häufiger dienstbedingter Wechsel zwischen klimatisierten und nicht klimatisierten Räumen. Deutlich wurde in der Diskussion, daß der Zwang zur Einsparung von Energie in Zukunft weitreichende Konsequenzen bei Planung, Bau, Organisation und Betrieb von Bibliotheken haben wird. Ein Diskussionsteilnehmer stellte fest, daß man gelernt habe, Bibliotheken funktionell richtig zu bauen, man in Zukunft aber gezwungen werden, Bibliotheksgebäude zu errichten, die funktionell nicht mehr optimal sein könnten. Hier wurde deutlich, daß künftig womöglich mehr als bisher eine sorgfältige Abstimmung der funktionellen, technischen und wirtschaftlichen Belange zwischen Planern und Nutzern der Bibliotheksgebäude erforderlich ist.

R. K. Jopp

6. Literatur

6.1 Literaturverzeichnis
zusammengestellt von Werner Ruddigkeit

6.2 Sachbibliographie Hochschulbibliotheken

7. Liste der Referenten

# Literaturverzeichnis über den Hochschulbibliotheksbau 1975 - 1979

Zusammengestellt von Werner Ruddigkeit

## Allgemeines


Achilles, Rolf: Baroque monastic library architecture. In: Journal of library history 11 (1976) 3, S. 249 - 255

Bibliotheksverbund in Nordrhein-Westfalen. Planung und Aufbau der Gesamthochschulbibliotheken und des Hochschulbibliothekszentrums 1972 - 1975 Hrsg. von Klaus Barckow, Walter Barton (u. a.). München: Verl. Dokumentation 1976, 398 S. (Bibliothekspraxis 19.) (Mehrere Beiträge befassen sich u. a. auch mit Raum- und Baufragen)

Bleton, Jean: Réflexions sur quelques bibliothêques universitaires françaises construites entre 1967 et 1975. In: Das Buch und sein Haus. Wiesbaden 1979. Bd. 2: Vom Bauen neuerer Bibliotheken. S. 56 - 67. (3 Abb.)

Bock, Joleen: Two-year college learning resources center buildings. In: Library journal 1o1 (1976) 21, S. 2452 - 2455 (5 Abb.)

Bock, D. Joleen: Two-year college LRC buildings. In: Library journal 1o2 (1977) 21, S. 241o - 2411 (4 Abb.)

Bock, D. Joleen: Two-year college LRC buildings. In: Library journal 1o3 (1978) 21, S. 2391 - 2393. (2 Grundr., 7 Abb.)

Ceadel, E. B.: The planning and execution of the new academic library buildings. In: Essays on Information and Libraries: Festschrift for Donald Urquhart. London: Clibe Bingley, 1975 S. 43 - 59

Ellsworth, Ralph E.: Some observations on the architectural style, size and cost of libraries. In: Journal of academic librarianship 1 (1975) 5, S. 16 - 19

A gathering of British libraries. In: College & research libraries 38 (1977) 6. S. 487 - 497 (Zahlreiche Abb.)

Jammers, Antonius: Zum Bedarf an Leseplätzen in Hochschulbibliotheken In: Das Buch und sein Haus. Wiesbaden 1979. Bd. 2: Vom Bauen neuerer Bibliotheken. S. 163 - 178

Jammers, Antonius und Dieter Stäglich: Die Bauplanung für die Gesamthochschulbibliotheken. In: Bibliotheksverbund in Nordrhein-Westfalen. München 1976, S. 185 - 229. (Bibliotheksparxis 19.) (Zahlreiche Pläne)

Jones, Harold D.: Postwar university library buildings in West Germany. In: College & research libraries 36 (1975) 4, S. 283 - 294, (mit 6 Abb.)

Modulyarnaya-biblioteka: prinsipy i problemy. In: Bibliothekar (Moscow) (1978) 11 S. 67 - 71

Nwamefor, Ralph: Planning library buildings for Nigerian universities. In: International library review (1975) 1, S. 67 - 76, (ohne Abb)

Orne, Jerrold: Academic library building in 1975. In: Library journal (1975) Dez. 1, S. 22o7 - 221o. (Statistik)

Orne, Jerrold und Jean O. Gosling: Academic library building in 1976. In: Library journal 1o1 (1976) 21, S. 2435 - 2439. (6 Abb.)

Orne, Jerrold und Jean O. Gosling: Academic library building in 1977. In: Library journal 1o2 (1977) 21, S. 2393 - 2396. (6 Abb.)

Orne, Jerrold: Academic library buildings: a century in review. In: College & research libraries 37 (1976) 4, S. 316 - 331.(1o Abb)

Paperno, A. A.: Neue Lösungen in Architektur und Planung von zentralen Hochschulbibliotheken. In: Zentralblatt für Bibliothekswesen 92 (1978) 3, S. 127 - 133

Paščenko, Fedor Nikolaevič: Funktionale Organisation und Architektur wessenschaftlicher Fach- und Universitätsbibliotheken in der UdSSR. In: Das Buch und sein Haus. Wiesbaden 1979. Bd. 2: Vom Bauen neuerer Bibliotheken. S. 68 - 94. (6 Grundr., 3 Schnitte, 1 Ans., 3 Abb.)

Schmidmaier, Dieter: Bibliothekspädagogische Aspekte beim Bau von Hochschulbibliotheken: VI. Internationale Konferenz sozialistischer Länder zu Fragen des Baus, der Einrichtung und technischen Ausstattung von Bibliotheken vom 2o. bis 24. Oktober 1976 in Potsdam, 2, unveränderte Auflage. Freiberg: Bergakadamie 1976, 2o S.

Schmidmaier, Dieter: Bibliothekspädagogische Aspekte beim Bau von Hochschulbibliotheken: 3, wesentl. erweiterte Auflage, Freiberg: 1978, 25 S. (Veröffentlichungen des wissenschaftlichen Informationszentrums der Bergakademie Freiberg 76.)

Schmidmaier, Dieter: New university library buildings and library instruction. In: IATUL International Association of Technical University Libraries Proceedings (1976) 6, S. 29 - 36.

Schofield, J. L. und D. H. Waters: Evaluation of the academic library: space allocation. In: Journal of librarianship 8 (1976) 3, S. 175 - 184.

Singh, Rajwant: Planning the university library building in India. In: Timeless fellowship 11 (1977), S. 32 - 39.

Singh, Rajwant: Third library design awards. In: Riba journal 86 (1979) 4, S. 144 (3 Abb.)

Thompson, Godfrey: Hospital libraries In: Architect's journal 123 (1976) 12, S. 595 - 598. (4 Lagepl., 6 Abb. - Bibliographie: 6 Quellen)

Universitetsbibliotek. Handbok i planering av lokaler för universitetsbibliotek. Utg. av Byggnadsstyrelsen. Stockholm: Almänna 1974, 77 S. (KBS rapport 65.)

Van der Starre, J.: Bouw en inrichting van bibliotheeksschoolbibliotheken. In: Open 11 (1979) =, S. 148 - 153

Vaughan, Anthony: The ideology of flexibility. A study of recent British academic library buildings. In: Journal of librarianship 11 (1979) 4, S. 275 - 293

Wehefritz, Valentin: New buildings for the libraries of technical universities in the Federal Republic of Germany since 1945. In: IATUL proceedings 11 (1979), S. 55 - 61

## Aalborg (DK)

Winkel, Anette: Aalborg university's integration in a new urban development. In: IATUL proceedings 11 (1979), S. 31 - 41.

## Aberystwyth (GB)

The Hugh Owen Library. The University College of Wales. Aberystwyth 1977, 11 S.

## Amagerfilial (DK)

Thorsen, Leif: En klar nyskabelse, men også mange minusser. In: Bibliotek 7o (1979) 7, S. 179 - 181. (Architekt: Nils Koppel; 1 Grundr., 3 Abb.)

## Amsterdam (NL)

Nieuwbouw universiteitsbibliotheek Amsterdam. In: Open 11 (1979) 5, S. 286 - 287. (1 Grundr., 2 Abb.)

## Amiens (F)

Frisch, Pierre: Bibliothèque universitaire à Amiens. In: Techniques & architecture (1978) 321, S. 67 (Architekt: Pierre Frisch - 1 Grundr., 2 Schnitte, 3 Abb.)

## Aurora (USA)

Bibliothèque "Louis Jefferson" au Wells College, à Aurora (New York, Etats-Unis). In: La technique des travaux (1975) Nr. 356, S. 271 - 274. (Architekten: Skidmore Owings & Merril.- 3 Grundr., 2 Schnitte, 4 Abb. knapper Text)

## Bamberg (D)

Leskien, Hermann: Die Bibliothek der Gesamthochschule Bamberg. In: Bibliotheksforum Bayern 7 (1979) 1, S. 25 - 42 (4 Abb.)

## Bath (GB)

Lamble, John: Die Bibliothek der Universität von Bath, England In: DFW Dokumentation Information 23 (1975) 5/6, S. 137 - 155 (2 Grundr., 13 Abb. z. T. farbig Gründliche Darstellung)

## Bielefeld (D)

Universität Bielefeld: In: Baumeister 73 (1976) 5, S. 372 - 378. (Zahlreiche Pläne und Abb.)

Universität Bielefeld: In: Bauwelt 67 (1976) 1o, S. 284 - 298. (Architekt: Klaus Köpke, Peter Kulka, Katte Töpper, Wolf Siepmann, Helmut Herzog. - 1 Lagepl., 6 Grundr., 1 Schnitt, 2o Abb.)

## Bochum (D)

Das neue Gebäude der Universitätsbibliothek Bochum. In: Bibliotheksdienst (1976) 7/8, S. 325 - 326.

Die Zentralbibliothek in Bochum Hallauer, F.: Die Universitätsbibliothek als organisatorische, technologische, wirtschaftliche und städtebaulich-architektonische Aufgabe (S. 7 ff.)

Adams, B.: Die Universitätsbibliothek im neuen Haus (S. 19 ff)

Höflich, R.: Das Bibliotheksgebäude (S. 31 ff.) In: Ruhr-Universität Bochum, Jahrbuch 1975.

## Bonn (D)

Lohse, Hartwig: Universitätsbibliothek Bonn. Erfüllte Bauaufgaben? Ein Erfahrungsbericht. In: Das Buch und sein Haus. Wiesbaden 1979. Bd. 2: Vom Bauen neuerer Bibliotheken. S. 125 - 139. (3 Abb.)

## Braunschweig (D)

Die Universitätsbilbiothek der Technischen Universität. Bericht über fünf Jahre im neuen Haus (1971 - 1976). Hrsg. von J. Daum. In: Mitteilungen der Technischen Universität Carolo-Wilhelmina zu Braunschweig 11 (1976) 3, S. 4 - 37.

## Bremen (D)

Kaiser, Eberhard: Gedanken zum Bau der Universitätsbibliothek Bremen. In: DFW Dokumentation Information 25 (1977) Sonderheft zum 67. Deutschen Bibliothekartag 1977 in Bremen (Themaheft: Universitätsbilbiothek Bremen. - 9 Beiträge), S. 19 - 24 (4 Grundr., 1 Schnitt, 1 Abb.)

Kluth, Rolf: Bauplanung dezentraler Bibliotheken bei der Universität Bremen. In: Das Buch und sein Haus. Wiesbaden 1979. Bd. 2: Vom Bauen neuerer Bibliotheken. S. 152 - 162. (1 Lagepl., 5 Grundr.)

Kluth, Rolf: Zur baulichen Struktur der Zentralbibliothek der Universität Bremen. In: DFW Dokumentation Information 25 (1977) Sonderheft zum 67. Deutschen Bibliothekartag 1977 in Bremen (Themaheft: Universitätsbibliothek Bremen - 9 Beiträge), S. 25 - 32, (6 Abb.)

Universität Bremen. Neubau der Zentralbibliothek. Eine Einführung. Hrsg.: Universität Bremen, Informationsabteilung. Bremen 1976, 2o S. (2 Beitr. - 3 Grundr., 4 Abb.)

## Brisbane (AUS)

Fielding, F. D. O.: University of Queensland's Biological Sciences Library. In: Australian academic and research libraries 8 (1977) 4, S. 167 - 174. (Architekt: R. F. Gibson - 4 Grundr., 4 Abb.)

Griffith University, Brisbane. (Library) In: Architectural review 164 (1978) 979, S. 188 - 19o (Architekt: Robin Gibson - 4 Grundr., 5 Abb.)

## Bronxville (USA)

New slant on reading. Shed roofs merge with residential site of Sarah Lawrence College library by Warner Burns Toan Lunde. In: Interiors 135 (1975) 5, S. 82 - 83 (Architekt: George Yourke.- 1 Grundr., 4 Abb.)

## Cardiff (GB)

Arts and social sciences library. For university college, Cardiff In: Riba journal 83 (1976) 8, S. 342 (Architekt: Faulkner-Brown, Hendy, Watkinson, Stonor. - 2 Abb.)

Highly readable. New university library at Cardiff wins first class honours for flexibility. In: Interior design (1977) April, S. 198 - 199 (Architekt: Faulkner-Brown, Hendy, Watkinson, Stonor - 2 Abb.)

Chicago (USA)

Northeastern Illinois university - new library building. In: College & research libraries News (1978) 9, S. 274 - 276 (Architekt: Charles E. Stade - 2 Abb.)

Cottbus (DDR)

Informationszentrum im Cottbus. In: Architektur der DDR 24 (1975) 2 S lo4 - lo7. (Architekt: Wolfgang Pradel. - 1 Lagepl., 2 Grundr., 1 Schnitt, 6 Abb.)

Warnatz, Annette: Die Bibliothek der Ingenieurhochschule Cottbus. In: Zentralblatt für Bibliothekswesen 89 (1975) 9, S. 4o5 - 41o. (2 Abb.)

Dayton (USA)

Library-Resource Building at Wright State University outside Dayton, Ohio. In: Architectural record (1975) 8 S. 84 - 85. (Architekten: Don M. Hisaka & Ass. - 1 Lageplan, 3 Grund., 4 Abb., knappe Erläuterung)

DeKalb (USA)

Northern Illinois university opens new library building. In: College 5 research libraries. News (1977) lo, S. 291 - 294. (News issue (A) of College & reśearch libraries 38 (1977) 6) (Architekt: Hellmuth, Obata & Kassabaum - 4 Abb.)

Delft (NL)

Schweigler, Peter: Automatisiertes Bibliotheksmagazin für die TH-Bibliothek Delft. In: Zeitschrift für Bibliothekswesen und Bibliographie 24 (1977) 3, S. 311 - 312

Denver (USA)

Auraria Library. Warehouse of books. In: Domus (1977) 572, S. 26 - 29 (Architekt: C. F. Murphy Associates. - 2 Grundr., 1 Schnitt, 2 Ansichten, 6 Abb.)

Biblioteca 'Penrose' per la Denver university. In: Architettura 23 (1978) 11, S. 662 - 666 (7 Abb.)

Mitchell, Elizabeth Pryse: Energy saving on mile high campus. (Auraria Learning Resources Center) In: American libarries 7 (1976) 11 S. 676 - 677. (Architekt: C. F. Murphy Associates. - 1 Grundr., 4 Abb.)

Schertz, Morris: Two ways of planning. Penrose (library at the University of Denver). In: Library journal lol (1976) 21, S. 2456 - 2457. (Architekt: Gyo Obata. - 2 Abb.)

Dortmund (D)

Bibliotheksneubau der Universität Dortmund. In: Bibliotheksdienst (1976) 12, S. 6o3 - 6o4

Fricke, Friedrich-Wilhelm: Die neue Bereichsbibliothek Chemietechnik In: 1o Jahre Universitätsbibliothek Dortmund. Zum 1. Juni 1975 herausgegeben von Valentin Wehefritz. Dortmund 1975, S. 13 - 15

Guggenberger, G.: Der Neubau der Universitätsbibliothek Dortmund. In: 1o Jahre Universitätsbibliothek Dortmund Zum 1. Juni 1975 herausgegeben von Valentin Wehefritz. Dortmund 1975, S. 7 - 12

Wehefritz, Valentin: Der Bibliotheksneubau der Universität Dortmund. Erste Erfahrungen nach 1 1/2 Jahren. In: Das Buch uns sein Haus. Wiesbaden 1979. Bd. 2: Vom Bauen neuerer Bibliotheken. S. 14o - 151. (2 Grundr., 2 Abb.)

## Düsseldorf (D)

Universität Düsseldorf. In: Baumeister 73 (1976) 5, S. 357 - 363. (Zahlreiche Pläne u. Abb.)

Universitätsbibliothek Düsseldorf. In: Bibliotheksdienst (1979) 1o, S. 653 - 658. (1 Abb.)

## Edmonton CDN)

Universitätsbibliothek Edmonton, CDN. In: Baumeister 72 (1975) 9, S. 8o1 - 8o3. (Architekten: Minsos, Vaitkunas, Jamieson - 4 Grundr., 6 Abb. knapper Text)

## Erlangen (D)

Kutzer, Jörg: Der neue Ergänzungsbau. In: Bibliotheksforum Bayern. BFB 5 (1977) 3, S. 178 - 184. (1 Lagepl., 2 Schnitte, 1 Ansicht)
Schug, Dieter: Bibliotheksneubau 1913 : 1974. Erlangen als Exempel. In: Bibliotheksforum Bayern BFB 5 (1977) 3 S. 185 - 19o (2 Grundr.)

Sinogowitz, Bernhard: Die Universitätsbibliothek Erlangen - Nürnberg - Eine "alte" Universitätsbibliothek im Umbruch. In: Bibliotheksforum Bayern BFB 5 (1977) 3, S. 158 - 177. (1 Abb.)

Statistische Angaben: (Universitätsbibliothek Erlangen - Nürnberg) In: Bibliotheksforum Bayern. BFB 5 (1977) 3, S. 156 - 157

## Esquimalt (CDN)

Royal Roads library. Esquimalt, B.C. In: Canadien architect 21 (1976) 7, S. 4o - 43. (Architekt: Robert F. Harrison & Associates. 2 Grundr., 1 Schnitt, 7 Abb.)

## Exeter (USA)

Fjeld, Per Olaf: Drømmen om et sted. Louis Kahns Bibliotek i Exeter, Massachusetts. In: Byggekunst 59 (1977) 2, S. 58 - 59. (Architekt: Louis Kahn - 4 Abb.)

## Frankfurt/M (D)

Philipp, Franz-Heinrich: Hochschulstruktur, Bibliotheksstruktur und Bibliotheksbau. In: Hochschulbibliothek. Hrsg. von Klaus-Dieter Lehmann u. Hildegard Hüttermann, Frankfurt/M. 1978, S. 19 - 36. (Zeitschrift für Bibliothekswesen und Bibliographie. Sonderheft 27)

## Freiburg (D)

Arnold, Ekkehard: Eröffnung der UB Freiburg. In: Zeitschrift für Bibliothekswesen und Bibliographie 26 (1979) 2, S. 138 - 14o

Freiburg, UB Bibliotheksneubau. In: Bibliotheksdienst (1976) 3, S. 117 - 118

Menzinger, Klaus: Vier Jahre Erfahrung mit dem 3M Tattle Tape Book Detecting System. In: Arbeitsbereich Lesesaal in wissenschaftlichen Bibliotheken. - Stuttgart, Bibliotheksschule Baden-Württemberg (1979), S. 122 - 123

## Fribourg (CH)

Universitätsbibliothek Freiburg. Der Erweiterungsbau. In: Werk/Oeuvre 63 (1976) 2, S. 121 - 124 (Architekt: Otto H. Senn. - 1 Lagepl., 2 Grundr., 2 Schnitte, 8 Abb.)

## Gdańsk (PL)

Kunz, Eva u. Peter Prohl: Neubauten von Hochschulbibliotheken in der VR Polen. (Toruń; Gdansk.) In: Zentralblatt für Bibliothekswesen 92 (1978) 3, S. 138 - 146 (1 Lagepl., 6 Grundr., 1 Schnitt, 1 Abb.)

## Göteborg (S)

Universitet i Renströmsparken Göteborg. In: Arkitekttävlingar (1979) 4: Beil. zu AT (1979) 1o. (8 Lagepl., 4 Grundr., 5 Schnitte, 1 Isometr., 9 Schemata, 22 Abb.)

## Gothenburg (S)

Fjällbrant, Nancy: Operation open library. In: IATUL proceedings 11 (1979), S. 71 - 8o. (1 Grundr., 4 Abb.)

## Hannover (D)

Schlitt, Gerhard: Speichermagazin für die Bibliotheken der wissenschaftlichen Hochschulen in Hannover. In: Überregionale Literaturversorgung und Kostenrechnung in Bibliotheken. Vorträge, geh. auf dem 66. Deutschen Bibliothekartag 1976 vom 8. bis 12. Juni 1976 in Münster. Hrsg. von Helmut Sontag und Wilhelm Totok. Frankfurt/M.: Klostermann 1977, 227 S., S. 164 - 169. (Zeitschrift für Bibliothekswesen und Bibliographie. Sonderheft 24.)

Thoden, Rudolf: Bibliothek und allgemeine Lehrerbücherei der Pädagogischen Hochschule Niedersachsen, Abteilung Hannover. In: DFW Dokumentation Information 25 (1977) Sonderheft, S. 41 - 51 (3 Grundr., 3 Abb.)

## Heidelberg (D)

Ewald, Gustav u. Karl Heinz Frauenfeld: Ein Bücherumzung von 7oo ooo Bänden der Universitätsbibliothek Heidelberg. In: DFW Dokumentation Information 26 (1978) 1, S. 27 - 38 (5 Abb.)

## Helsinki (SF)

Schaumann, Henrik: Riksdagsbiblioteket i Helsingfors i nya utrymmen. In: Nordisk tidskrift för bok-och biblioteskväsen 66 (1979) 3, S. 65 - 72 Architekt: Pekka Pitkä, Ola Laiho, Ilpo Raumo; (1 Grundr., 2 Abb.)

## Ibadan (Nigeria)

Bjarløv, Søren Peter: Ibadans universitet, Nigeria. In: Arkitekten 81 (1979) 11, S. 213 - 219. (5 Grundr., 3 Abb.)

## Islamabad (Pakistan)

Science and Technology Information Centre (Pastic), Islamabad, Pakistan. In: Architectural review 163 (1978) 971, S. 6o Architekt: Michael Brawne. (1 Lagepl., 2 Grundr., 1 Schnitt, 2 Ansichten, 1 Isometr.)

## Johannesburg (ZA)

Universität in Johannesburg. In: Detail (1979) 3, S. 333 - 34o. (Architekt: Wilhelm Meyer, François Pienaar; 1 Lagepl., 5 Grundr., 8 Schnitte, 19 Abb.)

## Jyväskylä (SF)

Bibliothek der Universität Jyväskylä, SF. In: Baumeister 75 (1978) 2, S. 154 - 156. (Architekt: Arto Sipinen. - 3 Grundr., 1 Lagepla., 2 Schnitte, 7 Abb.)

Bibliothèque universitaire, Jyväskylä. In: Architecture d'aujourd'hui (1978) 199, S. VIII. (Architekt: Arto Sipinen. - 3 Grundr., 1 Schnitt, 2 Abb.)

Lauraéus, Ritva: Bibliothek in Jyväskylä. In: MD 23 (1977) 8, S. 62 - 65 (Architekt: Arto Sipinen. - 3 Grundr., 1 Schnitt, 5 Abb.)

Tammekann, Eeva-Maija: Jyväskylä universitetsbiblioteks nya byggnad. In: Nordisk tidskrift för bok- och biblioteksväsen 64 (1977) 1, S. 13 - 2o (1 Grundr., 2 Abb.)

## Karlsruhe (D)

Karlsruhe, UB, Fahrregalanlage. In: Bibliotheksdienst (1975) 9, S. 399 - 4oo

## Kasan (UdSSR)

Zemskov, V.: Po proektu Giprovuza. In: Bibliotekar' (Moskau) (1976) 7, S. 74 - 75 (Projekt eines 5geschossigen Bibliotheksgebäudes im Universitätsbereich. - Architekt: O. A. Kašincevoj. - 2 Grundr., 2 Abb. Russischer Text.- Übersetzung aus dem Russischen: TIB/Ü-584o)

## Klagenfurt (A)

Kroller, F.: Der Neubau der Universitätsbibliothek Klagenfurt, In: Mitteilungen der Vereinigung österreichischer Bibliothekare 3o (1977) 1, S. 16 - 21 (2 Grundr.)

## Kobe (Japan)

Abe Memorial Library of Konon Women's College. In: Kenchiku bunka 32 (1977) 1, S. 87 - 92. (Architekt: T.Murano & Mori Associated Architects. - Zahlreiche Abb. - Japanischer Text.)

Gedächtnisbibliothek der Universität Konan. In: Baumeister 75 (1978) 12, S. 1o66. (Architekt: Tohgo Murano & Mori. 1 Grundr., 2 Abb.)

Konan Women's College Abe memorial Library. In: Japan architect 52 (1977) 5, S. 53 - 6o (Architekt: Togo Murano. - 1 Grundr., 1 Schnitt, 1o Abb.)

## Köln (D)

Krieg, Werner u. Christian Klinger: Das Gebäude der Universitäts- und Stadtbibliothek Köln 1966 - 1977. In: DFW Dokumentation Information 26 (1978) 2, S. 63 - 1o7. (Zahlreiche Abb. u. Zeichnungen)

## Kwangsi (China)

Kwangsi science technology library. In: Architectural journal 169 (1979) 3, S. 62 (2 Grundr., 1 Ansicht, 1 Detail, 2 Abb.)

## Lae (Papua-Neuguinea)

Baker, L. R.: The Papua New Guinea University of Technology library building. In: Unesco bulletin for libraries 3o (1976) 5, S. 273 - 277 (1 Grundr., 8 Abb.)

## Leicester (GB)

Leicester polytechnic library. In: Architecture East Midlands (1978) 74, S. 25. (Architekt: Thomas Locke. - 2 Abb.)

## London (GB)

Rand, Duncan: Over a million volumes to do the job. In: Library association record 81 (1979) 1, S. 9 (11 Abb.)

## Loughborough (GB)

Evans, Anthony J., MacDougall, Alan F.: The planning of the new Loughborough university library and department of library and information studies. In: IATUL proceedings 11 (1979), S. 19 - 29. (4 Grundr. 2 Ansichten)

Library, Loughborough university. In: Architectural review 163 (1978) 971, S. 58. (Architekt: Faulkner-Brown, Hendy Watkinson Stonor. - 1 Lagepl., 3 Grundr., 1 Schnitt, 1 Ansicht, 1 Abb.)

## Lübeck (D)

Zentralbibliothek der Medizinischen Hochschule Lübeck. In: Bauverwaltung 5o (1977) 1o, S. 379 - 381. (Architekt: Zentrale Planungsstelle der Landesbauverwaltung Schleswig-Holstein. - 2 Grundr., 1 Schnitt, 9 Abb.)

## Lund (S)

Ahlstrand, Jan Torsten: 'Lubbis' Kommentar till UB 2 i Lund. In: Arkitektur (Schweden) 78 (1978) 4, S. 14 - 15 (5 Abb.)

Anshelm, Klas: Universitetsbibliotek i Lund. In: Arkitektur (Schweden) 78 (1978) 4, S. 12 - 13. (Architekt: Klas Anshelm. 3 Grundr., 4 Abb.)

Palmborg, Nils: Lunds universitetsbiblioteks filialbyggnad (UB 2) In: Nordisk tidskrift för bik-och biblioteksväsen 66 (1979) 1, S. 1 - 12. (3 Grundr., 3 Abb.)

Mailand (I)

Fogh, Fredrik: Mentedison-biblioteket, Milano. In:
Arkitektur DK 21 (1977) 4, S. 155 - 158.
(Architekt: Fredrik Fogh. - 3 Grundr., 7 Abb.)

Mannheim (D)

Kleiss, Manfred: Umbau und Neuorganisation in der Zentralbibliothek der Universitätsbibliothek Mannheim. In:
DFW Dokumentation Information 27 (1979) 3/4, S. 87 - 91
(6 Abb.)

Middlebury (USA)

Wolfson, Richard: Innovative heating system energy from ground. In:
American libraries 1o (1979) 2, S. 77

Moskau (UdSSR)

Bondarenko, V.: Novaja biblioteka Timirjazevskoj Akademii. In:
Stroitel'stvo i architektura Moskvy 25 (1976) 4, S. 26 - 27.
(Neue Bibliothek der Timirjazev-Akademie. - Architekt: N. Ustinovič, Ju. Decunkov. - 2 Grundr., 2 Abb. - Russischer Text.)

Kopeljanski, Daniel G.: Das neue Gebäude des Bibliothek-Informationszentrums in Moskau. Eine Synthese von Wissenschaft und Architektur. In:
Architektur der DDR 25 (1976) 11, S. 673 - 675.
(Architekt: Daniel G. Kopeljanski 1 Grundr., 1 Schnitt, 6 Abb.)

Myškovskij, Ja.: Novoe zdanie Instituta Naučnoj Informacii s bibliotekoj i knigochraniliščem. In:
Architektura (Moskau) (1976) 8, S. 33 - 37.
(Neues Gebäude des Instituts für wissenschaftl. Information mit Bibliothek und Magazin. - Architekt: Ja. Belopol'skij, E. Vulych, L. Misožnikov. - 1 Lagepl., 2 Grundr., 1 Schnitt, 8 Abb. - Russischer Text.)

Mount Angel (USA)

Library of Mount Angel Benedictine College. In:
Architecture and urbanism (1979) 1o9, S. 3 - 14
(Architekt: Alvar Aalto;, 1 Lagepl., 2 Grundr., 1 Schnitt, 31 Abb. - Japanischer Text)

Münster (D)

Erdmann, Johannes: Die Planung der Universitätsbibliothek in Münster. In:
DFW Dokumentation Information 24 (1976) Sonderheft, S. 11 - 19
(5 Grundr., 1 Schnitt, 3 Abb.)

Götze, Wolfram: Raumprobleme bei der computerunterstützten Ausleihe der Universitätsbibliothek Münster. In:
DFW Dokumentation Information 24 (1976) Sonderheft, S. 27 - 3o (2 Abb.)

Liebers, Herhard: Das neue Haus der Universitätsbibliothek Münster In:
DFW Dokumentation Information 24 (1976) Sonderheft, S. 2 - 1o
(1 Lagepl., 8 Abb.)

Samulski, Peter: Die "blauen Augen" der UB. Die Fensteranlage in der Universitätsbibliothek Münster. In:
Universitätsbibliothek Münster. Bibliotheksnachrichten (Mai 1977) 195, S. 3 - 8 (17 Abb.)

Samulski, Peter: Einrichtungsgegenstände und Geräte der neuen UB Münster. Stand 1. Juni 1976 In: Dokumentation Information 24 (1976) Sonderheft, S. 31 - 54 (17 Abb.)

Samulski, Peter: Noch einmal: Die Schließfach- und Garderobenanlage der UB Münster. In: Universitätsbibliothek Münster. Bibliotheksnachrichten (November 1978) 2o9, S. 3 - 9 (5 Abb.)

Samulski, Peter: Die Schließfachanlage in der Universitätsbibliothek. Die Garderobenanlage mit Klemmsicherung. In: Universitätsbibliothek Münster. Bibliotheksnachrichten. Nr. 179 November 1975, S. 3 - 6 und 7 - 9. (mit Abb.)

## Newcastle (GB)

Faulkner-Brown, Henry: The open plan and flexibility. In: IATUL proceedings 11 (1979), S. 3 - 18 (Architekt: Watkinson, Stonor-Architects; 1 Lagepl., 8 Grundr., 2 Schnitte, 5 Abb.)

Harris, K. G. E.: Newcastle-upon-Tyne polytechnic library: a case study. In: IATUL proceedings 11 (1979) S. 63 - 7o (4 Abb.)

## New Haven (USA)

New library building at Yale. In: College 5 research libraries 4o (1979) 5, S. 142 - 143 (1 Abb.)

Newman, Herbert: The Yale law school library and lecture hall. In: Architectural record 166 (1979) 7, S. 111 - 114. (Architekt: Herbert Newman. - 1 Grundr. 1o Abb.)

## New York (USA)

Beneath the halls of Ivy. Avery Library extension, Columbia University, New York. In: Progressive architecture 59 (1978) 3, S. 6o - 61 (Architekt: Alexander Kouzmanoff 2 Grundr., 1 Schnitt, 6 Abb.)

## Nottingham (GB)

Christmas carrels: Trent polytechnic's new library building, which opened in December 1978. In: Interior design (1979) März, S. 33 (Architekt: Robert Matthew, Johnson-Marshall and Partners. - 2 Abb.)

## Nürnberg (D)

Mensa-Hörsaal- und Bibliotheksgebäude der Universität Erlangen-Nürnberg. In: Deutsche Bauzeitschrift 26 (1978) 11, S. 1467 - 147o (Architekt: Lange, Mitzlaff, Böhm, Müller.- 1 Lagepl., 2 Grundr., 1o Abb.)

Universitätsgebäude in Nürnberg. (Bibliothek der wirtschafts- u. sozialwiss. Fakultät) In: Baumeister 75 (1978) 11, S. 94o - 946. (Zahlreiche Abb. und Zeichnungen)

## Oxford (GB)

Redcliffe Science Library. University of Oxford. In: Building 23o (1976) 35, S. 47 - 54. (2 Lagepl., 5 Grundr., 2 Schnitte, zahlreiche Abb.)

## Paris (F)

La Bibliothèque de L'Université de Paris Sud, Section Pharmacie. In: Bulletin des Bibliothèques de France 2o (1975) 4, S. 149 - 159 (1 Lagepl., 4 Grundr., 1 Schnitt)

## Portsmouth (GB)

Koralek, Paul: Building study: central library, Portsmouth polytechnic. In: Architect's journal 169 (1979) 14, S. 683 - 699

Matthew, Robert: Biblioteca del Politecnico a Portsmouth, Inghilterra. In: L'architettura 25 (1979) 7, S. 42o - 428 (Architekt: Ahrends, Burton & Koralek; 4 Lagepl., 5 Grundr., 2 Schnitte 28 Abb.)

Reading between the lines. (Portsmouth polytechnic library.) In: Architect's journal 168 (1978) 3o, S. 156 - 157. (Architekt: Ahrends, Burton and Koralek. 1 Schnitt, 4 Abb.)

Wright, Lance: Polytechnic library Portsmouth. In: Architectural review 165 (1979) 986, S. 198 - 2o3 (Architekt: Ahrends, Burton u. Koralek; 1 Lagepl., 3 Grundr., 1 Schnitt)

## Poughkeepsie (USA)

Bibliothek, Vassar College in Poughkeepsie. In: Baumeister 75 (1978) 11, S. 967 - 969. (Architekt: Hellmuth, Obata, Kassabaum. - 3 Grundr. 5 Abb.)

Erweiterung einer Bibliothek in Poughkeepsie (USA). In: Deutsche Bauzeitung (1978) 12, S. 39 - 41. (Architekt: Hellmuth, Obata & Kassabaum. 1 Grundr. 8 Abb.)

Ramazotti, Luigi: L'ampliamento della H. D. Lockwood library. In: Industria delle costruzioni 12 (1978) 9, S. 68 - 71 (Architekt: Hellmuth, Obata & Kassabaum - 1 Grund. 8 Abb.)

## Regensburg (D)

Hanusch, Gerhard: Das Zentralgebäude der UB Regensburg. In: Bibliotheksforum Bayern 3 (1975) 1, S. 13 - 24 (Architekt: Alexander Freiherr von Branca. - 2 Grundr., 4 Abb.)

## Reykjavik (IS)

Gudmundsson, Finnbogi: Islands nya National-och universitetsbibliotek. In: Nordisk tidskrift för bok-och biblioteksväsen 65 (1978) 3, S. 65 - 69 (2 Grundr., 1 Abb.)

## Roskilde (DK)

Thorsen, Leif: RUC's bibliotek - verlindrettet og effektivt- (Roskilde Universitetscenter.) In: Bogens verden 58 (1976) 2, S. 46 - 5o (Architekt: Preben Hansen.)

## Saint-Denis (Réunion)

Roda, Jean,Claude: Le nouveau bâtiment de la Bibliothèque du Centre universitaire de la Réunion. In: Bulletin des bibliothèques de France 21 (1976) 7, S. 329 - 335. (2 Grundr. 1 Schnitt, 1 Abb.)

## Salzburg (A)

Hahnl, Adolf: Conservando cresco. Die Bibliotheksräume von St. Peter in Salzburg. In: Barock in Salzburg, Festschrift. Hrsg. von Johannes Graf von Moy. Salzburg & München 1977, S. 9 - 58, 1 Bl. Abb.

## Sevenoaks (GB)

Library, Sevenoaks School, Kent. In: Architectural review 164 (1978) 978, S. 1o6 - 1o8 (Architekt: Keith Bennett.- 1 Isometr., 9 Abb.)

## Siegen (D)

Barton, Walter: Der Aufbau des Bibliothekssystems. In: Fünf Jahre Gesamthochschule Siegen. Hrsg. von Artur Wolf. Siegen 1977, S. 212 - 229. (III. Bau S. 218 - 221)

Barton, Walter: Gesamthochschule Siegen im Neubau. In: Mitteilungsblatt. Verband der Bibliotheken des Landes Nordrhein-Westfalen, N. F. 27 (1977) 3, S. 27o - 272

Egidy Berndt von: Die Zeitschriftenbox - eine Neuentwicklung für die Gesamthochschulbibliotheken. In: Vom neuen Standort der Gesamthochschulbibliothek. Festschrift....Hrsg. von Walter Barton. Siegen 1977, S. 32 - 37. (2 Zeichnungen)

Schliewe, Karl, Antje Mennicken u. Jutta Peters: Die Bibliothekseinrichtungsplanung. In: Vom neuen Standort der Gesamthochschulbibliothek. Festschrift..... Hrsg. von Walter Barton. Siegen 1977, S. 27 - 31.

Schneider-Wessling, Erich: Besondere Gesichtspunkte bei der Planung der Gesamthochschule Siegen. In: Vom neuen Standort der Gesamthochschulbibliothek. Festschrift ... Hrsg. von Walter Barton. Siegen 1977, S. 19 - 26 (5 Grundr.)

Stamm, Ernst: Raum- und Funktionsbeschreibung des Neubaus. In: Vom neuen Standort der Gesamthochschulbibliothek. Festschrift .... Hrsg. von Walter Barton. Siegen 1977. S. 11 - 18

Vom neuen Standort der Gesamthochschulbibliothek. Festschrift d. Gesamthochschulbibliothek Siegen anläßlich d. Bezugs ihres Neubaus. Hrsg. von Walter Barton. Siegen 1977. 176 S. (S. 166 - 173: Abbildungen. - Architekt: SI-Planer, Arlt + Philipp + Partner, Busmann u. Schneider-Wessling, Werkgemeinschaft 66 Gerber-Stelljes + Partner.)

## Sopron (H)

Erdészeti és Faipari Egyetem Könyvtára Sopron. In: Magyar épitömüvészet (1979) 1, S. 18 - 19. (Architekt: Imre Kiss; 1 Lagepl., 3 Grundr., 1 Schnitt, 2 Abb. - Ungarischer Text. - (dt.: Die Bibliothek der Universität der Forstwirtschaft und Holzindustrie)

## South Hadley (USA)

Extending the life of a turn-of-century library. Williston Library renovation, Mount Holyoke College, South Hadley, Mass. In: Architectural record. (1975) 8, S. 68 - 69. (1 Grundr., 3 Abb., eine farbig, Legende)

## Stuttgart (D)

Hering, Jürgen: (Die Bibliothek der Universität Stuttgart.) Das Gebäude der Universitätsbibliothek im Hochschulbereich Stuttgart-Mitte. In: DFW Dokumentation Information 26 (1978) Sonderheft. Bibliothekskongreß Stuttgart 1978, S. 45 - 49. (4 Grundr., 1 Schnitt, 2 Abb.)

Institut am Pfaffenwald. In: Deutsche Bauzeitung (1979) 6, S. 27 - 34. (Architekt: Brenner & Partner; 1 Lagepl., 4 Grundr., 1 Schnitt, 13 Abb.)

Martin, Jörg: Universitätsbibliothek Hohenheim. In: DFW Dokumentation Information 26 (1976) Sonderheft. Bibliothekskongreß Stuttgart 1978, S. 53 - 58 (Bau: S. 56 - 58 - 4 Grundr., 5 Abb.)

Mehr Stellflächen und besseres Licht als Service für Bibliotheksbenutzer. (Universitätsbibliothek) In: Buchreport 1o (1979) 36, S. 17 (2 Abb.)

## Tartus (UdSSR)

Peep, L.: Pyat' millionov novoselov. In: Bibliotekar' (Moskau) (1976) 9, S. 65 - 68 ("Fünf Millionen neue Einwohner". Entwurf der Universitätsbibliothek in Tartus. - Architekt: Ch. Ol'met K. Val'dre, M. Kalling, S. Jye. 2 Grundr., 2 Abb. - Russ. Text)

## Tohoku (Japan)

Library for Tohoku University. In: Kenchiku bunka 31 (1976) 7, S. 11o - 116. (Architekt: A. Kito. - 1 Lagepl., 3 Grundr., 5 Schnitte, 15 Abb., - Japanischer Text)

## Toledo (USA)

Library, administration and student-faculty building at Medical College of Toledo. In: Architectural record (1975) 8, S. 86 - 89 (Architekten: Don M. Hisaka. - 1 Lagepl., 3 Grundr., 1 Schnitt, 7 Abb., eine farbig, knapper Text)

## Toronto (CDN)

University of Toronto. John P. Robarts Research Library. Toronto 1974

## Toruń (PL)

Kunz, Eva u. Peter Prohl: Neubauten von Hochschulbibliotheken in der VR Polen (Toruń; Gdańsk.) In: Zentralblatt für Bibliothekswesen 92 (1978) 3, S. 138 - 146. (1 Lagepl., 6 Grundr., 1 Schnitt, 1 Abb.)

## Trier (D)

Bauten der Universität Trier auf der Tarforster Höhe, 1. Baustufe (Zentralbibliothek.) In: Detail (1978) 4, S. 469 - 488. (Zahlreiche Abb. u. Zeichnungen)

## Trondheim (N)

Vedi, Sten F.: Det kongelige norske videnskabers selskabs bibliotek i nye bygning: 1oo års bygningshistorie. In: Nordisk tidskrift för bok-och biblioteksväsen 66 (1979) 2, S. 43 - 54 (Architekt: Anne und Einar Myklebust; 6 Grundr., 4 Abb.)

## Uppsala (S)

Hornwall, Margareta: Det nya Ultunabiblioteket. In: Nordisk tidskrift för bok-och biblioteksväsen 64 (1977) 4, S. lo2 - 116

## Vancouver (CDN)

Sedgewick library (for the university of British Columbia at Vancouver) In: Architectural review 16o (1976) 954, S. 69 - 71 (Architekt:Rhone & Iredale. 3 Grundr. 1 Schnitt, 6 Abb.)

## Wellesley (USA)

More Gothic than revival. Science center, Wellesley College, Wellesely, Mass. In: Progressive architecture 59 (1978) 3, S. 7o - 75. (Architekt: Parry, Dean, Stahl & Rogers'. 4 Grundr., 1 Schnitt, 11 Abb.)

## Wien (A)

Bischof, Ferdinand: Der Erweiterungsbau der Bibliothek der Wirtschaftsuniversität Wien. In: Biblos 24 (1975) 4, S. 33o - 333

## Williamstown (USA)

Design for readers. An understated red brick library designed to fit into a lovely red brick New England campus, and to conserve energy by natural ventilation like the old buildings it adjoins. (Sawyer Library) In: Architectural record 164 (1978) 7, S. 89 - 93. (Architekt: Harry Weese and Associates. 3 Grundr., 1 Schnitt, 1o Abb.)

## Wuppertal (D)

Gesamthochschule Wuppertal. In: Deutsche Bauzeitschrift 26 (1978) 5, S. 613 - 619. (1 Lagepl., 4 Grundr., 13 Abb.)

## Zaria (Nigeria)

Akhidime, J. A. Fab.: The kashim ibrahim library building: its genesis, progress and prospects. In: International library review 11 (1979) 1, S. 179 - 19o

10 zx-11621-78
20 Kroller,Franz
30 Zur /Frage der Organisation wissenschaft= licher Bibliotheken/.
Referat, gehalten anlaesslich der Tagung der Arbeitskreise Bauplanung und Gesamtplanung vom 30.5. bis 1.6.1973 in Salzburg.
51 In:/Information,Zentralarchiv fuer Hoch= schulbau,Stuttgart/,7/1974/28,S.88-93.
56 pres.:deutsch.
72 Bibliothekswesen:Bibliothek Organisation +Investition /Bibliothekswesen/
80 ZA Bibl., Zeitschrift

10 mx-11669-78
30 Die /Zukunft automatisierter Bibliotheks= netze in der Bundesrepublik Deutschland/.
Moeglichkeiten und Grenzen aus technischer und bibliothekarischer Sicht. Bericht eines Symposiums, veranstaltet von der Arbeits= stelle fuer Bibliothekstechnik am 1.-2. Dezember 1976.
41 Arbeitsstelle fuer Bibliothekstechnik(Hrsg.)
50 Muenchen:Verlag Dokumentation/1977/.221 S.
54 ISBN 3-7940-7021-6
55 Bibl., Tab., Gph.
56 pres.:deutsch.
60 ZA-bx 78-8584
71 681.3 02
72 Bibliothek Automatisierung national*Verbund Planung regional:Verbund System Problem +Zukunft Moeglichkeit+Technik Aspekt /Bibliothekswesen/
73 Bundesrepublik
80 ZA Bibl., 681.3 Zuk

10 ms-11684-78
30 /National and international library planning/.
Key papers presented at the 40th Session of the IFLA General Council, Washington, DC, 1974.
40 Vosper,Robert(Hrsg.); Newkirk,Leone I.(Hrsg.)
50 Muenchen:Verlag Dokumentation/1976/.162 S.
53 /IFLA Publications.4/
54 ISBN 3-7940-4424-X
55 Tab.
56 pres.:deutsch.
60 ZA-bx 77-8414
71 02 022
72 Bibliothek Planung national*Bibliothek Planung international /Bibliothekswesen/
80 ZA Bibl., 02 Nat

10 zx-11689-78
20 Baron,Guenter
30 /Ergebnisse des Projekts Benutzerforschung I in Bezug auf Ortsleihe und Fernleihe/.
41 Deutscher Bibliotheksverband(Hrsg.); Arbeits= stelle fuer das Bibliothekswesen(Hrsg.)
51 In:/Bibliotheksdienst,Berlin/,/1978/129, Beiheft,S.9-14.
56 pres.:deutsch.
72 Bibliothekswesen*Wissenschaft Bibliothek: Nutzer Forschung /Bibliothekswesen/
80 ZA Bibl., Zeitschrift

10 zx-11690-78
20 Schneiders,Anton
30 /Bedingungen und Moeglichkeiten ueber die Lagerung und Benutzung von Zeitungsoriginalen und Zeitungsverfilmungen/.
(Speicherbibliothek)
41 Deutscher Bibliotheksverband(Hrsg.); Arbeits= stelle fuer das Bibliothekswesen(Hrsg.)
51 In:/Bibliotheksdienst,Berlin/,/1978/129, Beiheft,S.23-28.
56 pres.:deutsch.
72 Bibliothekswesen*Wissenschaft Bibliothek: Speicherung Bibliothek /Bibliothekswesen/
80 ZA Bibl., Zeitschrift

10 mx-11725-78
30 /Alma Mater Philippina/.
Sommersemester 1968.
41 Marburger Universitaetsbund(Hrsg.)
50 Gladenbach:Kempkes/1968/.48 S.
55 Abb., Pl., Gph.
56 pres.:deutsch.
60 ZA-bx 76-8077
71 378.4
72 Bibliothek Neubau:Gebaeude Beschreibung +Geschichte+Organisation+Planung /Bibliothek/
73 Marburg
80 ZA Bibl., 378.4 Marburg Alm

10 zx-11759-78
20 Weimann,Karl-Heinz
30 Der /Neubau der Niedersaechsischen Landes= bibliothek in Hannover/.
51 In:/DFW-Dokumentation,Information, Hannover-Waldhausen/,25/1977/Sonderheft, S.3-23.
55 Abb.23, Pl.2. (Grundriss 2)
56 pres.:deutsch.
72 Bibliothek:Geschichte+Aufgabe+Funktion +Bestand+Neubau+Verwaltung+Bauplanung+Daten +Innenarchitektur /Bibliothek/
73 Hannover
80 ZA Bibl., Zeitschrift

10 zx-11760-78
20 Eyssen,Juergen
30 /Stadtbibliothek Hannover. Erweitertes Haus - erweiterte Aufgaben/.
51 In:/DFW-Dokumentation,Information, Hannover-Waldhausen/,25/1977/Sonderheft, S.25-40.
55 Abb.10, Tab.1, Pl.9. (Lageplan 1, Grundriss 7, Schnitt 1),Gph.1.
56 pres.:deutsch.
72 Bibliothek:Geschichte+Konstruktion+Funktion +Baubeschreibung+Ausstattung+Graphik Infor= mation+Informationssystem /Bibliothek/
73 Hannover
80 ZA Bibl., Zeitschrift

10 zx-11761-78
30 /Bremer Beitrag zum neuen deutschen Biblio= thekswesen - die Bibliothek der Universitaet Bremen/.
51 In:/DFW-Dokumentation,Information, Hannover-Waldhausen/,25/1977/Sonderheft, S.17-42.
55 Abb.14, Tab.1, Pl.5. (Grundriss 4, Schnitt 1), Gph.2.
56 pres.:deutsch.
72 Bibliothek:Geschichte+Daten+Struktur+EDV +Organisation /Bibliothek/
73 Bremen
80 ZA Bibl., Zeitschrift

10 mx-11913-78
30 /Zur Theorie und Praxis des modernen Bibliothekswesens/.
Bd.1: Gesellschaftliche Aspekte.
40 Kehr,Wolfgang(Hrsg.); Neubauer,Karl Wilhelm (Hrsg.); Stoltzenburg,Joachim(Hrsg.)
50 Muenchen:Verlag Dokumentation Saur/1976/. 387 S.
54 ISBN 3-7940-4202-6
55 Bibl., Reg., Tab., Gph.
56 pres.:deutsch.
60 ZA-bx 78-8785 I
71 02 022
72 Bibliothekswesen*Gesellschaft Aspekt:Aus= bildung+Wissenschaft+Forschung+Planung +Struktur Problem+Oeffentlichkeit Arbeit +Berufsbild+Sozialforschung+Anwendung Ein= fuehrung+Nutzer Forschung /Bibliothekswesen/
80 ZA Bibl., 02 Zur

10 mx-11914-78
30 /Zur Theorie und Praxis des modernen Bibliothekswesens/.
Bd.2: Technologische Aspekte.

40 Kehr,Wolfgang(Hrsg.); Neubauer,Karl Wilhelm
(Hrsg.); Stoltzenburg,Joachim(Hrsg.)
50 Muenchen:Verlag Dokumentation Saur/1976/.
504 S.
54 ISBN 3-7940-4203-4
55 Bibl., Reg., Tab., Gph.
56 pres.:deutsch.
60 ZA-bx 78-8785 II
71 02 022
72 Bibliothekswesen*Technologie Aspekt:EDV+Vergleich international+Automatisierung+Technik Einrichtung+Dokumentation+Austausch Leistung +Information Retrieval+Medium audiovisuell +Bauplanung /Bibliothekswesen/
80 ZA Bibl., 02 Zur

10 mx-11915-78
30 /Zur Theorie und Praxis des modernen Bibliothekswesens/.
Bd.3: Betriebswirtschaftliche Aspekte.
40 Kehr,Wolfgang(Hrsg.); Neubauer,Karl Wilhelm (Hrsg.); Stoltzenburg,Joachim(Hrsg.)
50 Muenchen:Verlag Dokumentation Saur/1976/.
293 S.
54 ISBN 3-7940-4204-2
55 Bibl., Reg., Tab., Gph.
56 pres.:deutsch.
60 ZA-bx 78-8785 III
71 02 022
72 Bibliothekswesen*Betriebswirtschaft Aspekt:
Planung+Organisation+Kontrolle+Kostenrechnung+Kosten Leistung Rechnung+Arbeitsplatz Analyse+Management Organisation+Verwaltung oeffentlich+Personal Management+Statistik /Bibliothekswesen/
80 ZA Bibl., 02 Zur

10 zx-12144-78
30 /Wuerttembergische Landesbibliothek/.
40 Irtenkauf,Wolfgang(Verf.); Maier,Gunter (Verf.); Roemer,Gerhard(Verf.) Geh,Hans-Peter (Verf.)
51 In:/DFW Dokumentation,Information, Hannover-Waldhausen/,26/1978/Sonderheft, S.25-33.
55 Abb.7, Pl.5. (Grundriss 3, Schnitt 2), Gph.1.
56 pres.:deutsch.
72 Bibliothek:Baubeschreibung+Gebaeude Planung +Geschichte+Organisation /Bibliothek/
73 Stuttgart
80 ZA Bibl., Zeitschrift

10 zx-12255-79
22 Scharoun,Hans
30 /Staatsbibliothek Preussischer Kulturbesitz/.
51 In:/Bauwelt,Berlin/,70/1979/1,S.12-37.
55 Abb.62, Pl.9. (Lagepl.1, Grundriss 7, Schnitt 1)
56 pres.:deutsch.
72 Bibliothek:Baubeschreibung+Entwicklungsgeschichte+Standort+Funktion+Technik /Bibliothek/
73 Berlin
80 ZA Bibl., Zeitschrift

10 zx-12290-79
20 Mittler,Elmar
30 /Methoden der Personalbedarfsermittlung in wissenschaftlichen Bibliotheken/.
51 In:/Zeitschrift fuer Bibliothekswesen und Bibliographie,Frankfurt am Main/,/1978/ Sonderheft 27,S.37-57.
55 Bibl., Tab., Gph.
56 pres.:deutsch.
72 Bibliothek*Personal Bedarf Ermittlung:Modell Vergleich international+Methode+Anwendung /Personal Bedarfsplanung; Bibliothekswesen/
73 Baden-Wuerttemberg
80 ZA Bibl., Zeitschrift

10 zx-12292-79
20 Gattermann,Guenter
30 Die /Hochschulbibliothek als Informationszentrum/.
51 In:/Zeitschrift fuer Bibliothekswesen und Bibliographie,Frankfurt am Main/,/1978/ Sonderheft 27,S.73-94.
55 Bibl.
56 pres.:deutsch.
72 Bibliothek*Information Zentrum:Literatur Versorgung+Information Angebot+Datenbank /Bibliothekswesen; Dokumentationswesen/
73 Bundesrepublik
80 ZA Bibl., Zeitschrift

10 zx-12293-79
20 Liebers,Gerhard
30 Die /zentrale Forschungsbibliothek der Hochschule - auch ein Modell/.
51 In:/Zeitschrift fuer Bibliothekswesen und Bibliographie,Frankfurt am Main/,/1978/ Sonderheft 27,S.138-153.
55 Bibl.
56 pres.:deutsch.
72 Bibliothek*Forschung zentral:Modell Darstellung+Aufgabe Moeglichkeit /Bibliothekswesen; Hochschule Forschung/
73 Bundesrepublik
80 ZA Bibl., Zeitschrift

10 zx-12318-79
22 Scharoun,Hans
30 /Neubau Staatsbibliothek Berlin/.
51 In:Die /Bauverwaltung,Hannover/, 51/1978/12,S.476-483.
55 Abb.8, Pl.4. (Lagepl.1, Grundriss 2, Schnitt 1)
56 pres.:deutsch.
72 Bibliothek:Baubeschreibung+Wettbewerb+Kosten +Entwurf+Konstruktion+Technik /Bibliothek/
73 Berlin
80 ZA Bibl., Zeitschrift

10 ms-12341-79
30 /Audiovisuelle Medien in der Oeffentlichen Bibliothek/.
Erarbeitet von der Kommission fuer audiovisuelle Medien der Arbeitsstelle fuer das Bibliothekswesen des Deutschen Bibliotheksverbandes (jetzt:des Deutschen Bibliotheksinstituts)
41 Deutsches Bibliotheksinstitut, Kommission fuer audiovisuelle Medien(Bearb.)
50 Berlin:Deutscher Bibliotheksverband/1979/.
107 S.
53 /AfB-Materialien.16/
54 ISBN 3-87068-716-9
56 pres.:deutsch.
60 ZA-bx 79-9014
71 027 778 371.68
72 Mediendidaktik audiovisuell*Bibliothek oeffentlich:Information+Geraet+Entwurf /Didaktik; Bibliothekswesen/
80 ZA Bibl., 027 Aud
85 Anhand eines von der Kommission fuer audiovisuelle Medien entwickelten Konzeptes werden wichtige Aspekte des Einsatzes audiovisueller Medien in Oeffentlichen Bibliotheken behandel mit deren Hilfe neue Formen des Lehrens, individueller und sozialer Lernprozesse, neue Arten der Multiplikation und der Wiederholung objektivierter Lernverfahren moeglich werden.

10 zx-12487-79
20 Pflug,Guenther
30 Die /bibliothekarischen Konsequenzen der Neuordnung des Hochschulwesens in Nordrhein-Westfalen/.
51 In:/Mitteilungsblatt,Verband der Bibliotheken des Landes Nordrhein-Westfalen,Bonn/, 29/1979/2,S.113-124.
55 Bibl.
56 pres.:deutsch.
72 Hochschulwesen Umstrukturierung*Bibliothek Organisation:Hochschule Gesetz+Hochschulrefor /Bibliothekswesen; Gesamthochschule/
73 Nordrhein-Westfalen
80 ZA Bibl., Zeitschrift
85 Laut Gesetz vom 19.12.1978 ist in Nordrhein-Westfalen die Integration der Paedagogischen Hochschulen in die Universitaeten bis zum 1.4.1980 beschlossen worden. Das gleiche ist auf laengere Sicht fuer alle Fachhochschulen des Landes geplant. Der Artikel untersucht die daraus folgenden Konsequenzen fuer die Universitaetsbibliotheken, die zum Teil im Gesetz vorgegeben sind, wie z.B. die Stellung des Bibliotheksdirektors und die Unterordnung der Institutsbibliotheken unter die zentrale Bibliothek.

10 zx-12488-79
20 Lohse,Hartwig
30 Das /"Bielefelder Bibliotheksprojekt" heute/.
51 In:/Mitteilungsblatt,Verband der Bibliotheken des Landes Nordrhein-Westfalen,Bonn/, 29/1979/2,S.124-132.
56 pres.:deutsch.
72 Bibliothek Vergleich:Kosten+Personal

+Organisation /Bibliothekswesen/
73 Bielefeld (Uni); Bonn (Uni)
80 ZA Bibl., Zeitschrift
85 Anlaesslich eines Besuches der Universitaets= bibliothek von Bielefeld fuehrt der Verfasser einen detaillierten Vergleich der Bibliotheken auf Instituts bzw. Fachbereichsebene durch. Dabei vergleicht er die Anforderungen fuer Personal und Buecher- bzw. Zeitschriftenan= schaffungen vor dem Hintergrund der unter= schiedlichen Bibliotheksorganisation (eingleisig bzw. zweigleisig).

10 zx-12501-79
20 Ullmann,Gerhard
22 Scharoun,Hans
30 /Staatsbibliothek Preussischer Kulturbesitz/.
51 In:/Deutsche Bauzeitung,Stuttgart/, 113/1979/3,S.12-25.
55 Abb.29, Pl.4. (Lagepl.1, Grundriss 2, Schnitt 1)
56 pres.:deutsch.
72 Bibliothek Baubeschreibung:Innenarchitektur +Ausstattung+Architektur Theorie /Bibliothek/
73 Berlin
80 ZA Bibl., Zeitschrift
85 Baubeschreibung von Scharouns "Staatsbiblio= thek Preussischer Kulturbesitz" und Bewertung des Gebaeudes.

10 ms-12548-79
20 Koettelwesch,Clemens
30 Das /wissenschaftliche Bibliothekswesen in der Bundesrepublik Deutschland/. Bd.1: Die Bibliotheken, Aufgaben und Strukturen.
50 Frankfurt am Main:Klostermann/1978/.XI,221 S.
53 Das /Bibliothekswesen in Einzeldarstellungen./
54 ISBN 3-465-01322-0
55 Bibl., Reg., Gph.
56 pres.:deutsch.
60 ZA-bx 79-9073
71 02
72 Bibliothek:Aufgabe+Struktur /Bibliothekswesen/
73 Bundesrepublik
80 ZA Bibl., 02 Koe
85 Neben Aufgabe und Struktur der wissenschaft= lichen Bibliothek in der BRD im allgemeinen werden ausfuehrlich die Nationalbibliotheken, die regionale Literaturversorgung, die Hoch= schulbibliotheken und die Spezialbibliotheken beschrieben. Ergaenzend wird die Ausbildung im Bibliothekswesen abgehandelt und eine Uebersicht ueber die Ausbildungsstaetten gegeben.

10 zx-12549-79
20 Sinn,Karin Gundhild
30 Die /Hochschulbibliothek in den Hochschulge= setzen der Bundesrepublik Deutschland/. Dokumentation und Analyse - unter besonderer Beruecksichtigung der Hamburger Rechtslage.
51 In:/DFW Dokumentation-Information,Hannover/, 26/1978/3,S.115-126.
55 Bibl., Reg., Tab.
56 pres.:deutsch.
72 Bibliothek*Hochschule Gesetz:Dokumentation +Vergleich /Bibliothekswesen; Hochschulrahmengesetz/
73 Bundesrepublik
80 ZA Bibl., Zeitschrift
85 Die vergleichende Untersuchung hat ergeben, dass die Hochschulgesetzgebung auf dem Gebiet des Bibliothekswesens vor allem ein integrier= tes, einheitliches Bibliothekssystem, eine zentrale Bibliothekskommission und eine ein= heitliche Fachaufsicht anstrebt. Ohne diese Voraussetzungen ist heute ein trotz sparsamen und wirtschaftlichem Mitteleinsatz leistungs= faehiges und benutzerorientiertes Hochschul= bibliothekssystem nicht mehr denkbar.

10 mx-12615-79
30 /Bibliotheks- und Informationssystem der Universitaet Oldenburg/. Bericht 1977-78.
41 Universitaet Oldenburg, Universitaets= bibliothek(Hrsg.)
50 Oldenburg:Universitaetsbibliothek/1978/.31 S.
55 Tab.
56 pres.:deutsch.
60 ZA-bx 79-9135
71 022
72 Universitaet Bibliothek*Bibliothek System *Informationssystem:Bericht+Statistik /Bibliothekswesen/
73 Oldenburg
80 ZA Bibl., 022 Bib
85 Der Bericht umfasst den Zeitraum September 1976 bis September 1978. Er enthaelt statis= tische Daten sowie einen Auszug aus der Be= triebsstatistik. Die Universitaetsbibliothek in Oldenburg befindet sich im Aufbau unter schwierigen Bedingungen.

10 ms-12632-79
20 Tzschacksch,Peter
30 /Bibliotheksgebaeude/. Grundlagen fuer die Investitionsvorbereitung und Projektierung.
41 Technische Universitaet Dresden, Institut fuer Hoch- und Fachschulbau(Hrsg.)
50 Dresden:Technische Universitaet, Institut fuer Hoch- und Fachschulbau/1976/.81 S.
53 /Schriftenreihe Hoch- und Fachschulbau.13/
55 Bibl., Tab., Pl., Gph.
56 pres.:deutsch.
60 ZA-bx 79-9118
71 022 72.011
72 Bibliothek Gebaeude*Bedarfsplanung:Begriff Bestimmung+Planung Grundlage+Richtwert /Zentrale Einrichtung Bedarfsplanung; Bibliothek/
80 ZA Bibl., 022 Tzscha
85 Die Grundlagen sind hier die Investitionsvor= bereitung,Projektierung und Begutachtung neu zu errichtender sowie fuer die Modernisierung und Rekonstruktion bestehender Bibliotheks- und Informationseinrichtungen von Universi= taeten und anderen Hochschulen bestimmt. Sie enthalten Vorschlaege zur Praezisierung von Richtwerten fuer die langfristige Planung. Die Vorschlaege zur Bemessung, Gestaltung, Ausstattung und Ausruestung stuetzen sich auf die Auswertung moderner Bibliotheksge= baeude sowie der nationalen und internatio= nalen Literatur und beruecksichtigen insbe= sondere progressive Strukturkonzeptionen. bl

10 mx-12656-79
30 /Benutzerverhalten an deutschen Hochschul= bibliotheken/. Ergebnisse einer mit Unterstuetzung der Deutschen Forschungsgemeinschaft durchge= fuehrten vergleichenden Untersuchung.
40 Neubauer,Karl Wilhelm(Hrsg.); Meister,Heinrich(Mitarb.)
50 Muenchen,New York,London,Paris:Saur/1979/. 656 S.
54 ISBN 3-598-10077-9
55 Tab., Gph.
56 pres.:deutsch.
60 ZA-bx 79-9143
71 02 31
72 Bibliothek*Nutzer Verhalten Untersuchung: Methode+Verfahren+Ergebnis /Bibliothekswesen/
73 Bundesrepublik; Berlin (West)
80 ZA Bibl., 02 Ben
85 Ziel des vorliegenden Pilotprojektes war es, das Benutzerverhalten an wissenschaftlichen Bibliotheken in der BRD und Westberlin zu untersuchen, Erfahrungen zu sammeln, Methoden zu pruefen und ein moeglichst uebertragbares Erhebungsverfahren zu entwickeln sowie Daten einzelner Bibliotheken miteinander vergleich= bar zu machen. di

10 mx-12686-79
20 Rovelstad,Mathilde von
30 /Bibliotheken in den Vereinigten Staaten/.
50 Pullach bei Muenchen:Verlag Dokumentation /1974/.92 S.
54 ISBN 3-7940-3050-8
55 Bibl., Abb.
56 pres.:deutsch.
60 ZA-bx 76-7954
71 022
72 Bibliothek:Typ+Organisation+Ausbildung+Bau /Bibliothekswesen/
73 USA
80 ZA Bibl., 022 Rov
85 Die hier gebotene Darstellung zielt auf ein objektives Bild von der Gesamtheit des ameri= kanischen Bibliothekswesens mit seiner Fuelle und Vielschichtigkeit der Erscheinungen, wo= bei die historischen, sozialen und geistig-

kulturellen Hintergruende der Entwicklung
ebenso angedeutet werden wie die gegenwaer=
tigen Schwierigkeiten und Probleme, die sich
aus den gesellschaftlichen Veraenderungen,
aus der Expansion der Bildung und Wissen=
schaft ergeben. di

10 zx-12713-79
20 Bock,Gunter
30 Die /Benutzung des Lesesaals durch Studenten/.
Eine empirische Untersuchung an sechs
deutschen Universitaetsbibliotheken.
51 In:/Zeitschrift fuer Bibliothekswesen und
Bibliographie,Frankfurt am Main/,/1974/,
Sonderheft 18,S.140-163.
55 Tab., Gph.
56 pres.:deutsch.
72 Bibliothek*Nutzung Untersuchung:Student
Verhalten
/Bibliothek; Bibliothekswesen/
73 Berlin; Frankfurt; Hamburg; Hannover;
Karlsruhe; Tuebingen
80 A 28/8 Bibliotheken
85 Untersucht wurden die Bekanntheit der Haupt-,
Fach- und Zeitschriftenlesesaele sowie die
Haeufigkeit und die Motive ihrer Benutzung;
die Struktur der benutzten Literatur, wie die
Benutzer mit dem Lesesaalbestand zurechtkommen
und wie sie ihn bewerten; analysiert wurde
ausserdem die raeumliche Anordnung der Lese=
saele und die Oeffnungszeiten aus der Sicht
der Benutzer. di

10 mx-12866-79
21 Deutsches Bibliotheksinstitut(Hrsg.)
30 /Bibliotheksbauarchiv. Materialverzeichnis/.
Uebersicht ueber erfasste und eingeordnete
Bibliotheksbauunterlagen.Pro ektabschluss=
dokumentation 1979.
40 Beyer,Ulrich(Bearb.); Gantschev,Veronika
(Bearb.); Schmidt II,Petra(Bearb.)
50 Berlin:Deutsches Bibliothekinstitut/1980/.o.S.
55 Bibl., Tab.
60 ZA-bx 80-9284
71 022
72 Bibliothek Gebaeude Sammlung:Material Ver=
zeichnis+Plan Verzeichnis
/Bibliothek/
73 Bundesrepublik
80 ZA Bibl., 022 Deu
85 Verzeichnis der im Bibliotheksbauarchiv
Berlin vorhandenen Lageplaene, Grundrisse,
Schnitte, Ansichten, Isometrien, Details,
Fotos, Raumprogramme, Festschriften, Frage=
boegen, Flaechenprogramme, Baubeschreibungen
und Kostengliederungen von den einzelnen
deutschen Bibliotheken.bl

10 mx-12885-79
30 /Arbeitsbereich Lesesaal in wissenschaftlichen
Bibliotheken/.
Eine Fortbildungsveranstaltung des Landes
Baden-Wuerttemberg.Referate - Berichte - An=
regungen.
40 Roemer,Gerhard(Hrsg.)
50 Stuttgart:Bibliotheksschule Baden-Wuerttem=
berg/1979/.V,299 S.
54 ISBN 3-88282-002-0
55 Bibl., Tab., Pl., Gph.
60 ZA-bx 80-9291
71 022.5
72 Bibliothekswesen*Lesesaal Nutzer Forschung:
Statistik+Arbeitsplatz+Taetigkeit+Gebaeude+
Ausstattung+Literatur Bestand+Fragebogen Test
/Bibliothekswesen/
73 Baden-Wuerttemberg
80 ZA Bibl., 022.5 Arb
85 Eine Besonderheit dieser Fortbildungskurse
des Landes Baden-Wuerttemberg ist es, dass sie
von allen Teilnehmern mit Hilfe einer Frage=
bogenaktion vorbereitet werden. Erfahrungsaus=
tausch und Information ist Ziel der Seminare.
Behandelte Chancen der vorliegenden Veranstal=
tung waren: Statistik im Lesesaalbereich, Ar=
beitsplatzbeschreibung, Auskunftspraxis, Be=
nutzerschulung, Lesesaalgebaeude, Lesesaal=
bestaende, Berichte der Bibliotheken und das
Forschungspro ekt "Einheitsfragebogen".di

10 zx-12924-79
30 /Bibliothekszentrale der Universitaet Trier/.
51 In:Die/Bauverwaltung,Hannover/,52/1979/12,
S.484-491.
55 6 Abb., 9 Pl.(1 Lageplan, 6 Grundrisse, 2 De=
tails)
72 Bibliothek Baubeschreibung:Entwurf+Konstruk=
tion+Ausbau+Ver- und Entsorgung
/Bibliothek/
73 Trier (Uni)
80 ZA Bibl., Zeitschrift
85 Baubeschreibung des Bibliotheks-Neubaus der
Uni Trier, der direkt an ein bestehendes Uni=
versitaetsgebaeude angebaut ist und so die
Mitbenuetzung von verschiedenen darin unter=
gebrachten Fachbereichs-Bibliotheken ermoeg=
licht. Bei der Gestaltung der Bibliothek war
man sehr darum bemueht, von der uniformen Bau=
kastenarchitektur loszukommen. Die Bibliothek
ist eine Magazinbibliothek.bl

10 zx-12929-79
20 Hoeflich,Rainer
30 /Zentralbibliothek der Ruhr-Universitaet
Bochum/.
51 In:Die/Bauverwaltung,Hannover/,52/1979/12,
S.492-495.
55 6 Abb., 4 Pl.(1 Lageplan, 2 Grundrisse,
1 Schnitt)
72 Bibliothek Baubeschreibung:Entwurf+Konstruk=
tion
/Bibliothek/
73 Bochum (Uni)
80 ZA Bibl., Zeitschrift
85 Baubeschreibung der als Freihandbibliothek
ausgelegten Zentralbibliothek der Ruhr-Univer
sitaet Bochum. In der Eingangshalle im EG lie-
gen die Garderobe, die Buchrueckgabe und hin
ter einer Ausleihkontrolle der Zentralkatalog.
Um ein mittiges Treppenhaus mit 2 Installa-
tionskernen mit Aufzuegen liegen in fuenf Ge=
schossen die Freihandbereiche unterschiedli-
cher Groesse mit insg. 1800 Leseplaetzen. Im
6. Obergeschoss ist abgetrennt die Universi-
taetsverwaltung untergebracht.bl

10 ms-12932-79
30 /Vom Bauen neuer Bibliotheken/.
Erinnerungen, Erfahrungen, Planungen.
40 Fuhlrott,Rolf(Hrsg.)
50 Wiesbaden:Reichert/1979/.XVII,237 S.
53 /Das Buch und sein Haus.Festschrift fuer Ger=
hard Liebers.Bd.2/
54 ISBN 3-88226-067-X
55 Bibl., Abb., Tab., Pl., Gph.
56 pres.:deutsch, engl., franz.
60 ZA-bx 80-9302
71 022
72 Bibliothek:Planung+Bau
/Bibliothek/
73 Berlin; Bonn; Bremen; Dortmund; Bruessel;
Frankreich; Klagenfurt; Lausanne; Sowjetunion
80 ZA Bibl., 022 Vom
85 Sammelband mit Aufsaetzen ueber
- allgemeine Planungsfragen
- den Bibliotheksbau in verschiedenen Laen=
dern
- einzelne Bibliotheksbauten
- Einzelfragen des Bibliotheksbaus und
- die Geschichte des Bibliotheksbaus.be

10 mx 12934-79
20 Kroller,Frans
30 /Gemeinsamkeiten und Unterschiede beim Bau
wissenschaftlicher und oeffentlicher Biblio=
theken/.
52 In:Das/Buch und sein Haus,Band 2,Vom Bauen
neuer Bibliotheken/,Wiesbaden/1979/,S.39-55.
55 8 Pl.(6 Grundrisse, 2 Schnitte)
72 Wissenschaft Bibliothek*Bibliothek oeffent=
lich
/Bibliothek/
80 ZA Bibl., 022 Vom
85 Der Autor stellt fest, dass die Unterschiede
zwischen wissenschaftlichen und oeffentlichen
Bibliotheken immer mehr schwinden und setzt
sich fuer den Bau multifunktionaler Biblio=
theken ein. Er zeigt einige gebaute Beispiele
fuer die Verknuepfung von wissenschaftlicher
Bibliothek und oeffentlicher Bibliothek und
oeffentlicher Bibliothek und Schulbibliothek.
bl

10 mx-12935-79
20 Bleton,Jean
30 /Reflexions sur uel ues bibliotheques univer=
sitaires francaises construites entre 1967
et 1975/.
52 In:Das/Buch und sein Haus,Band 2,Vom Bauen
neuer Bibliotheken/,Wiesbaden/1979/,S.56-67.
55 3 Abb.
56 pres.:franz.

70 /Ueberlegungen ueber einige franzoesische Universitaetsbibliotheken, gebaut in den Jahren 1967-1975/.
72 Bibliothek Organisation
/Bibliothek/
73 Frankreich
80 ZA Bibl., 022 Vom
85 Der Artikel reflektiert die Organisation der von 1967-1975 neugebauten Bibliotheken in Frankreich. Zum einen wurde generell von der Magazinbibliothek zur Freihandbibliothek uebergegangen mit der Dezimalklassifikation als Signatur. Zum anderen wurde eine Zweiteilung der Freihandbereiche vorgenommen:
- fuer Studienanfaenger mit Lehrbuechern und Handbuechern
- fuer fortgeschrittene Studenten, Professoren und Forscher mit dem Rest der Bibliothek.
Die Erfahrung mit dieser Zweiteilung sind unterschiedlich und werden im einzelnen diskutiert.be

mx-12936-79
10
20 Pascenko,Fedor Nikolaevic
30 /Funktionale Organisation und Architektur wissenschaftlicher Fach- und Universitaetsbibliotheken in der UdSSR/.
52 In:Das/Buch und sein Haus,Band 2,Vom Bauen neuer Bibliotheken/,Wiesbaden/1979/,S.68-94.
55 3 Abb., 12 Pl.(8 Grundrisse, 3 Schnitte, 1 Ansicht)
72 Bibliothek:Organisation+Architektur
/Bibliothek/
73 UdSSR
80 ZA Bibl., 022 Vom
85 Beschreibung von Organisation, Aufbau und Bestand der sowjetischen Bibliotheken und Baubeschreibung der Hauptbibliothek der Abteilung Gesellschaftswissenschaften in Moskau, der Medizinischen Zentralbibliothek des Gesundheitsministeriums der UdSSR, der Staatlichen Wissenschaftlich-Technischen Bibliothek der Sibirischen Abteilung der Akademie der Wissenschaften der UdSSR in Novosibirsk und der Hauptbibliotheken der Staatlichen Universitaeten von Tiflis und Tartu.bl

mx-12940-79
10
20 Jammers,Antonius
30 /Zum Bedarf an Leseplaetzen in Hochschulbibliotheken/.
52 In:Das/Buch und sein Haus,Band 2,Vom Bauen neuer Bibliotheken/,Wiesbaden/1979/,S.163-178.
55 2 Tab.
72 Lesesaal Arbeitsplatz Bedarf Ermittlung
/Bibliothek; Raum Bedarfsplanung/
80 ZA Bibl., 022 Vom
85 Der Artikel beschreibt die verschiedenen Auffassungen ueber den Bedarf an Benutzerarbeitsplaetzen in Hochschulbibliotheken und ihre Konsequenzen, die Einflussfaktoren fuer eine Bedarfsbemessung und die Wege zu einer Bedarfsbemessung.bl

mx-12941-79
10
20 Schweigler,Peter
30 Die/Gestaltung von Auskunftsplaetzen in Bibliotheken/.
Einrichtung, Technische Ausstattung und Organisationsmittel.
52 In:Das/Buch und sein Haus,Band 2,Vom Bauen neuer Bibliotheken/,Wiesbaden/1979/,S.179-194.
55 4 Abb.
72 Bibliothek Gebaeude Planung:Arbeitsplatz Gestaltung+Einrichtung+Ausstattung+Organisation Mittel
/Bibliothek; Gebaeude Planung/
80 ZA Bibl., 022 Vom
85 Tips fuer die Planung von Bibliotheken mit Empfehlungen ueber Regale, Karteimoebel, Arbeitsplatz des Bibliothekars, Benutzerarbeitsplaetze, Schreibmaschinen, Kopiergeraete, Lesegeraete fuer Mikroformen, Lesehilfen, Sichtregister, Beschilderung und Beschriftung, Beschilderungen zur raeumlichen Orientierung, Beschilderung von Moebeln und Beschriftung von Buchetiketts.bl

zx-12972-80
10
20 Kahlfuss,Hans-Juergen
30 Die /Gesamthochschul-Bibliothek Kassel/. Landesbibliothek und Murhardsche Bibliothek der Stadt Kassel - Kurzinformationen ueber den Aufbaustand und die wichtigsten Dienstleistungen.
51 In:/DFW Dokumentation,Information,Hannover-Waldhausen/,27/1979/Sonderheft,S.9-13.
55 3 Abb., 1 Lagepl.
72 Bibliothek Beschreibung:Aufbau+Bestand
/Bibliothek/
73 Kassel (GHK)
80 ZA Bibl., Zeitschrift
85 Beschreibung der Entstehung des Aufbaus und des Bestandes der Gesamthochschul-Bibliothek Kassel.
Die Bibliothek ist 1976 durch die Vereinigung der Hochschulbibliothek, der Landesbibliothek und der wissenschaftlichen Stadtbibliothek entstanden.
Die Gesamthochschul-Bibliothek Kassel besteht neben der zentralen Bibliotheksverwaltung und der angegliederten zentralen Informationsstelle aus neun Bereichsbibliotheken.
bl

zx-13014-80
10
20 Wetzel
22 Volkamer; Wetzel; Beckmann,K.
30 /Bibliothek Universitaet Duesseldorf/.
51 In:/Baumeister,Muenchen/,76/1979/12,S.1246-1250.
55 9 Abb., 8 Pl.(1 Lageplan, 4 Grundrisse, 2 Schnitte, 1 Detail)
56 pres.:deutsch, res.:engl.
72 Bibliothek:Baubeschreibung
/Bibliothek/
73 Duesseldorf(Uni)
80 ZA Bibl., Zeitschrift
85 Baubeschreibung der Universitaetsbibliothek Duesseldorf.
Zwei Geschosse im Sockel sind gefuellt mit Magazinen, technischen Diensten und Haustechnik.
Darueber steht auf der Fussgaengerebene das Eingangsgeschoss mit einem eingeschobenen Zwischengeschoss fuer Ausleihe und Verwaltung. In drei fast gleichen Obergeschossen befinden sich die Freihandbereiche.
Unter denm in allen 3 Geschossen abgewalmten Dach befinden sich die Leseplaetze und kleine Raeume fuer Gruppenarbeit und Referenten.
bl

mx-13025-80
10
22 Sipinen,Arto
30 /Jyvaeskylaen yliopisto/.
Kymmenvuotiskausi 1971-1981, Rakentaminen.
(Umschl.T.)
41 Jyvaeskylaen Yliopiston Rakentamisen Neuvottelukunta(Hrsg.)
50 Jyvaeskylae:Universitaet/1975/.11 S.
55 Abb., Pl.
56 pres.:finnisch
60 ZA-bx 79-9034
70 /Universitaet Jyvaeskylae/. Zehn Jahre 1971-1981, Bauphase.
71 378.4
72 Hochschule*Bibliothek:Baubeschreibung
/Bibliothek; Universitaet Gebaeude/
73 Finnland; Jyvaeskylae (Uni)
80 ZA Bibl., 378.4 Jyvaeskylae Jyv
85 Die Gesamtflaeche des neuen Gebaeudes der Universitaetshauptbibliothek betraegt 11 500 qm, ungefaehr 43 600 cbm. Ein Drittel aller Raeume steht dem Publikum zur Verfuegung, ein Drittel sind Buchmagazine, der Rest davon sind Raeume fuer Angestellte, soziale Raeume und Verkehrsflaechen. Alle oeffentlichen Raeume befinden sich in den drei oberirdischen Stockwerken.
Bei der Planung des Gebaeudes bemuehte man sich, die Zugaenge fuer die entsprechende Fachliteratur moeglichst gut miteinander zu verbinden und ausserdem eine zentrale Moeglichkeit fuer Erfrischungen und Essen zu schaffen. Eine vielseitige Gestaltung der Arbeitsraeume, Lesesaele, kleine Arbeitsraeume, Hallen- und Gruppenarbeitsraeume, konnte realisiert werden.
Die Bibliothek ist eine Magazinbibliothek mit insgesamt 850 Arbeitsplaetzen.schr

mx-13108-80
10
21 Staatsbibliothek Preussischer Kulturbesitz
30 /Festgabe zur Eroeffnung des Neubaus in Berlin/.

40 Vesper,Ekkehart(Hrsg.)
50 Wiesbaden:Reichert/1978/.X,215 S.
54 ISBN 3-88226-035-1
55 Bibl., Abb., Tab., Pl.
60 ZA-bx 80-9327
71 022
72 Bibliothek:Entwicklungsgeschichte;
Bibliothek Baubeschreibung:Planung+Bau
Ablauf+Konstruktion+Gestaltung
/Bibliothek/
73 Berlin
80 ZA Bibl., 022 Staa
85 Geschichtlicher Ueberblick ueber die Ent=
wicklung von der Kurfuerstlichen Biblio=
thek bis zur Preussischen Staatsbibliothek;
Aufbau und Entwicklung der Staatsbibliothek
Preussischer Kulturbesitz von 1946-1978;
die Funktion der Staatsbibliothek Preussi=
scher Kulturbesitz - ueberregionale und
regionale Aufgaben;
Beschreibung von Planung, Bauablauf, Bau=
ausfuehrung und Konstruktion des Neubaus.
bl

10 ms-13110-80
30 /Inneneinrichtung von Bibliotheken/.
Tagung vom 9.11.1977 im Haus der Technik,
Essen.
40 Fuhlrott,Rolf(Bearb.)
50 Essen:Vulkan-Verlag/1978/.68 S.
53 /Haus der Technik.Vortragsveroeffentlichun=
gen.398/
54 ISBN 3-8027-398-7
55 Bibl., Reg., Abb., Tab., Pl.
60 ZA-bx 80-9328
71 022
72 Bibliothek*Einrichtung:Moeblierung+Technik
Ausstattung
/Bibliothek/
80 ZA Bibl., 022 Inn
85 Die Unterrichtung ueber Gestaltungsideen,
ueber den spezifischen Bedarf und das
Marktangebot hat in den letzten Jahren zu=
genommen. In enger Zusammenarbeit mit den
Bibliotheken wurden Einrichtungsgegenstaende
und -materialien entwickelt, die den Funk=
tionen der Bibliotheksgebaeude unmittelbar
angepasst sind. In der vorliegenden Bro=
schuere sind die wichtigsten Berichte und
Informationen einer Tagung zu diesem Thema
zusammengefasst.schr

10 mx-13204-80
30 /Zentralbibliothek Universitaet Giessen/.
(Umschl.-T.) Entwurf des Neubaus.
41 Staatliches Hochbauamt Giessen(Hrsg.)
50 Giessen:o.V./1980/.o.S.
55 Abb., Tab., Pl.
60 ZA-bx 80-6368
71 378.4 022
72 Bibliothek*Universitaet Gebaeude:Baube=
schreibung
/Bibliothek; Universitaet Gebaeude/
73 Giessen (Uni)
80 ZA Bibl., 378.4 Giessen Zen
85 Beschreibung der neuen Zentralbibliothek
Giessen mit neuer Konzeption: 500 000 Baen=
de Freihand-Aufstellung mit ausreichenden
Leseplaetzen, erweiterte Ausleihe mit Kata=
logen und bibliographischem Apparat, grosse
Lehrbuchsammlung mit mehr Raeumen und bes=
sere technische Ausstattung fuer die Bear=
tung des Buches.schr

10 mx-13211-80
20 Cohen,Aaron; Cohen,Elaine
30 /Designing and space planning for libra=
ries/. A behavioral guide.
50 Bowker:New York,London/1979/.250 S.
54 ISBN 0-8352-1150-9
55 Bibl., Reg., Abb., Tab., Gph.
56 pres.:engl.
60 ZA-bx 80-9335
71 022 72.011.2
72 Bibliothek*Raum Bedarfsplanung:Gestaltung+
Ausstattung Technik+Planung+Anforderung
/Bibliothek; Raum Bedarfsplanung/
80 ZA Bibl., 022 Coh
85 Dieses Buch liefert eine Zusammenfassung
von Kriterien bei der Gestaltung und Pla=
nung von Bibliotheken. Es werden Anforde=
rungen an Raum, Einrichtung und technische
Ausstattung beschrieben und moegliche
Loesungsansaetze geliefert.schr

10 zx-13221-80
20 Ooms,Irmgard; Weber,Manfred
30 Die /Bibliothek aus der Sicht des
Benutzers/. Umfrageaktion im Sommersemester
1979.
40 Schoene,Renate(Mitarb.)
41 Verband der Bibliotheken des Landes Nord=
rhein-Westfalen e.V.(Hrsg.)
51 In:/Mitteilungsblatt,Verband der Bibliothe=
ken des Landes Nordrhein-Westfalen,Bonn/,
N.F.30/1980/2,S.210-234.
55 Bibl., Tab., Pl. 1(Grundriss 1), Gph.
72 Bibliothek*Nutzer Befragung:Analyse
/Bibliothekswesen/
73 Bonn (Uni)
80 ZA Bibl., Zeitschrift
85 Diese Erhebung ueber Zusammensetzung,
Gewohnheiten, Anforderungen und Wuensche
der Benutzer wurde zur Klaerung von Fragen
der Organisation und der Verbesserung der
Service-Leistungen zu Beginn des SS 1979
an der Bonner Universitaetsbibliothek
durchgefuehrt.di

Liste der Referenten

Baudirektor
Georg Berthold
Universitätsbibliothek Würzburg
Kapuzinerstraße 3
87oo Würzburg

Dr. Wolfgang Budach
Universität Bremen
Bibliotheksstraße
29oo Bremen 33

OB Bibl. Rat
Dr. Hermann-Josef Dörpinghaus
Universitätsbibliothek Freiburg
Werthmannplatz 2
78oo Freiburg/Breisgau

Bibl. Dir.
Dr. Rolf Fuhlrott
Universitätsbibliothek Karlsruhe
Kaiserstraße 12
75oo Karlsruhe

Ltd. Bibl. Dir.
Prof. Dr. Günther Gattermann
Universitätsbibliothek Düsseldorf
Universitätsstraße 1
4ooo Düsseldorf 1

MR
Dr. Nikolaus Gößl
Oberste Baubehörde im Bayerischen Staatsministerium des Innern
Karl-Scharnagl-Ring 6o
8ooo München 22

Dipl.-Ing.
Wolfgang Graff
Zentralarchiv für Hochschulbau
Kienestraße 41
7ooo Stuttgart 1

BOR
Peter Hahnel
Universitätsbauamt Regensburg
Karl-Schuhmacher-Straße 23
84oo Regensburg

Dipl.-Ing.
Ulrich Hempel
Zentralarchiv für Hochschulbau
Kienestraße 41
7ooo Stuttgart 1

Dr. Rolf Kluth
(früher: Universitätsbibliothek Bremen)
Wätjenstraße 43
28oo Bremen

Bibl. Dir.
Dr. Otto Kröger
Gesamthochschulbibliothek Siegen
Adolf-Reichwein-Straße
59oo Siegen 21

Dipl.-Ing.
Roland Kutzky
Hochbauamt Bremen
Postfach
28oo Bremen

Ltd. Bibl. Dir.
Dr. Gottfried Mälzer
Universitätsbibliothek Würzburg
Domerschulstraße 16
87oo Würzburg

Ltd. Bibl. Dir.
Dr. Elmar Mittler
Universitätsbibliothek Heidelberg
Plöck 1o7 - 1o9
69oo Heidelberg 1

Ltd. RBD
Ortwin Müller
Universitätsbauamt Freiburg
Hugstetter Straße 53
78oo Freiburg/Breisgau

Dipl.-Ing.
Martin Ostermeyer
Büro Architekt Frh. von Branca
Gaußstraße 1
8ooo München 8o

Ltd. Bibl. Dir.
Dr. Max Pauer
Universitätsbibliothek Regensburg
Postfach 4o9
84oo Regensburg 1

Dipl.-Ing.
Werner Ruddigkeit
Technische Universität Berlin
Universitätsbibliothek
Straße des 17. Juni 135
1ooo Berlin 31

Prof. Erich Schneider-Wessling
Bauturm Architekt BDA
Postfach 27o526
5ooo Köln 1

Ltd. Bibl. Dir.
Dr. Peter Schweigler
Universitätsbibliothek München
Arcisstraße 21
8ooo München 2

ORBR
H. Wagner
Staatshochbauamt für die Universität
Gebäude 16.21
Universitätsstraße 1
4ooo Düsseldorf

Kolibri 360 GmbH
Ferdinand-Jühlke-Straße 7
99095 Erfurt, Deutschland
produktsicherheit@kolibri360.de